40여년간 5천만이 합격한 명품도서

CROWN BOOKS

21, Yulgok-ro 13-gil, Jongno-gu,
Seoul, Republic of Korea

T. 1566-5937
F. 02-743-2688

E-mail : marketing@crownbook.co.kr
Homapage : www.crownbook.co.kr

## ◈ 응시절차(자격증 시험 신청부터 자격증 수령까지)

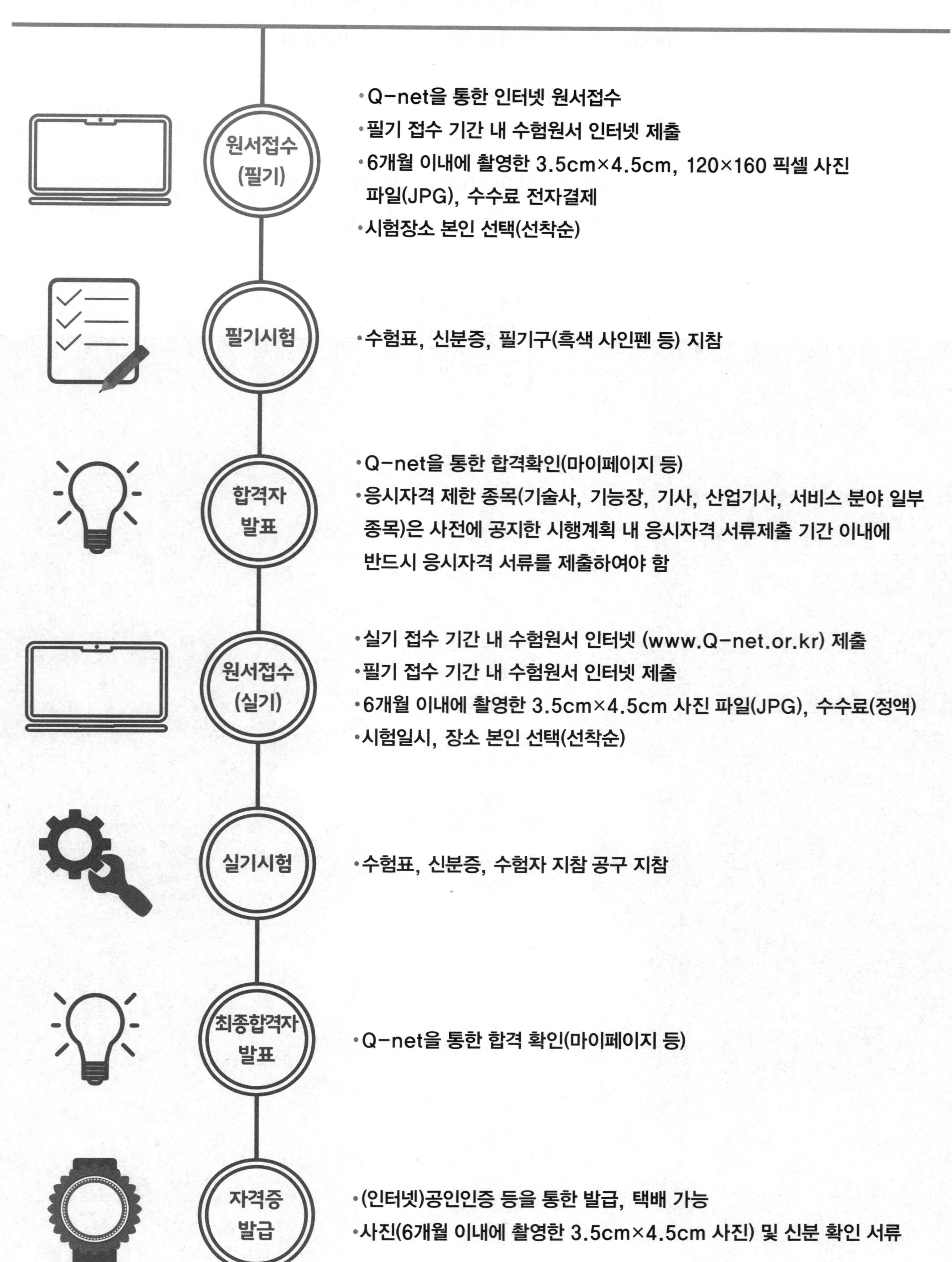

**원서접수(필기)**

- Q-net을 통한 인터넷 원서접수
- 필기 접수 기간 내 수험원서 인터넷 제출
- 6개월 이내에 촬영한 3.5cm×4.5cm, 120×160 픽셀 사진 파일(JPG), 수수료 전자결제
- 시험장소 본인 선택(선착순)

**필기시험**

- 수험표, 신분증, 필기구(흑색 사인펜 등) 지참

**합격자 발표**

- Q-net을 통한 합격확인(마이페이지 등)
- 응시자격 제한 종목(기술사, 기능장, 기사, 산업기사, 서비스 분야 일부 종목)은 사전에 공지한 시행계획 내 응시자격 서류제출 기간 이내에 반드시 응시자격 서류를 제출하여야 함

**원서접수(실기)**

- 실기 접수 기간 내 수험원서 인터넷 (www.Q-net.or.kr) 제출
- 필기 접수 기간 내 수험원서 인터넷 제출
- 6개월 이내에 촬영한 3.5cm×4.5cm 사진 파일(JPG), 수수료(정액)
- 시험일시, 장소 본인 선택(선착순)

**실기시험**

- 수험표, 신분증, 수험자 지참 공구 지참

**최종합격자 발표**

- Q-net을 통한 합격 확인(마이페이지 등)

**자격증 발급**

- (인터넷)공인인증 등을 통한 발급, 택배 가능
- 사진(6개월 이내에 촬영한 3.5cm×4.5cm 사진) 및 신분 확인 서류

## ◈ 검정방법

| 구분 | 필기시험 | 면접시험 / 실기시험 |
|---|---|---|
| 기능장 | 객관식 4지 택일형(60문항)<br>(100점 만점에 60점 이상) | 구술형 면접시험<br>(100점 만점에 60점 이상) |
| 기사 | 객관식 4지 택일형(과목당 20문항)<br>(과목당 40점 이상 전과목 평균 60점 이상) | 작업형 실기시험<br>(100점 만점에 60점 이상) |
| 산업기사 | 객관식 4지 택일형(과목당 20문항)<br>(과목당 40점 이상 전과목 평균 60점 이상) | 작업형 실기시험<br>(100점 만점에 60점 이상) |
| 기능사 | 객관식 4지 택일형(60문항)<br>(100점 만점에 60점 이상) | 작업형 실기시험<br>(100점 만점에 60점 이상) |

※ 고용노동부령으로 정하는 국가기술자격의 종목은 작업형 실기시험을 주관식 필기시험 또는 주관식 필기와 실기를 병합한 시험으로 갈음할 수 있다.

※ 고용노동부령으로 정하는 국가기술자격의 종목은 실기시험만 시행할 수 있다.

# 지게차운전기능사
# 무료 동영상 강의

완전하게 합격하는 TIP

크라운출판사 무료 동영상 강의로
자격증 시험에 필요한
핵심 이론 요점 정리 공부하기

아래 가이드를 따라 무료 동영상 강의를 시청하세요!

**STEP 1** 아래의 QR코드 및 유튜브 앱을 통해
[크라운출판사] 공식 유튜브 채널 접속

크라운출판사 공식 유튜브
www.youtube.com/@crown_books

**STEP 2** '지게차운전기능사 필기시험 무료 동영상 강의' 시청하기

# 지게차운전기능사
# 유료 동영상 강의

크라운출판사 유료 동영상 강의로
자격증 시험에 필요한
핵심 이론 요점 정리 공부하기

아래 가이드를 따라 유료 동영상 강의를 시청하세요!

아래의 QR코드 접속 및 검색창을 통해 [스마트에듀] 홈페이지 접속하기

스마트에듀 홈페이지
www.smartedu24.co.kr

STEP 2

[스마트에듀] 홈페이지에서 회원가입 후 로그인하기

[스마트에듀] 홈페이지 內 상단 검색창에서 '지게차' 검색 후 동영상 강의 선택하여 바로 구매 및 결제하기

※ PC접속의 경우 화면 왼쪽, 모바일 접속의 경우 화면 맨 하단에서 동영상 강의 배너를 확인할 수 있습니다.

[마이페이지] → [나의 학습강좌] → 구매한 '지게차' 강의 시청하기

# 머리말

이 책은 지게차운전기능사 필기시험을 준비하는 수험생들이 짧은 시간 내에 시험 준비를 마무리하고 합격할 수 있도록 중점을 두었으며, 2023년에 새롭게 적용된 한국산업인력공단 출제기준에 맞추어 이론과 문제를 재구성하였습니다.

지게차 운전기능사 필기시험은,

1. 기초가 튼튼하여야 실전에서 당황하거나 헷갈리는 일이 없습니다.
2. 문제은행 형태로 과년도 출제문제가 반복되어 출제되거나 유사한 문제가 많이 출제되므로 반복되는 문제들은 특히 잘 외워두셔야 합니다.
3. 문제와 답만 외우지 마시고 이론을 전체적으로 읽어본 뒤, 모의고사를 풀어보셔야 더 효과적인 학습이 가능합니다.

어렵고 힘들게 느껴질 수도 있는 자격증 공부이지만, 좋은 책을 골라 정공법으로 학습하시면 자격시험에 쉽게 합격할 수 있습니다.

저자가 집필하고 출판사에서 정성껏 편집하였지만, 잘못된 부분이나 오탈자가 나올 수도 있습니다. 계속해서 수정해 나가고 더 좋은 책을 만들기 위하여 노력하겠습니다.
감사합니다.

저자 올림

# 지게차운전기능사 자격시험 안내

## 개요

건설 및 유통구조가 대형화되고 기계화됨에 따라 각종 건설공사, 항만 또는 생산작업 현장에서 지게차 등 운반용 건설기계가 많이 사용되고 있다. 이에 따라 고성능 기종의 운반용 건설기계의 개발과 더불어 지게차의 안전운행과 기계수명 연장 및 작업능률 제고를 위해 숙련된 기능을 가진 인력을 양성하기 위하여 자격제도를 제정하였다.

## 수행직무

생산현장이나 창고, 부두 등에서 경화물을 적재, 하역 및 운반하기 위하여 지게차를 운전하며, 점검과 기초적인 정비업무를 수행한다.

## 진로 및 전망

주로 각종 건설업체, 건설기계 대여업체, 토목공사업체, 건설기계 제조업체, 금속제품 제조업체, 항만하역업체, 운송 및 창고업체, 건설기계 대여업체, 시 · 도 건설사업소 등으로 진출할 수 있다. 대규모 정부정책사업(고속철도, 신공항 건설 등)의 활성화와 민간부문의 주택건설 증가, 경제발전에 따른 건설촉진등에 의해 꾸준한 발전이 기대된다.

## 자격시험 안내

○ 시행처 : 한국산업인력공단

○ 훈련기관 : 공공직업훈련기관, 사업내직업훈련기관, 인정직업훈련기관

○ 시험과목

- 필기 : 지게차 주행, 화물적재, 운반, 하역, 안전관리
- 실기 : 지게차 운전 작업 및 도로주행

○ 검정방법

- 필기 : 전과목 혼합, 객관식 60문항(60분)
- 실기 : 작업형(10~30분 정도)
- 합격기준 : 필기 · 실기 100점을 만점으로 하여 60점 이상

## CBT 시험 시행 안내

국가기술자격 상시시험에 응시하는 수험생들에게 편의를 제공하고자 정기 및 상시 기능사 전 종목의 필기시험을 CBT방식으로 시행하고 있습니다.

○ 합격 발표 : 시험이 끝나면 합격 여부 바로 확인가능

○ CBT(Computer Based Test)란?

- 일반 필기시험과 같이 시험지와 답안카드를 받고 문제에 맞는 답을 답안카드에 기재(싸인펜 등을 사용)하는 것이 아니라 컴퓨터 화면으로 시험문제를 인식하고 그에 따른 정답을 클릭하면 네트워크를 통하여 감독자 PC에 자동으로 수험자의 답안이 저장되는 방식

○ 관련 문의 : 1644-8000(유료) 또는 전국 지역별 지부, 지사(https://www.hrdkorea.or.kr/5/1/1) 자격시험부로 문의

○ 자격검정 CBT 웹체험 프로그램 : 한국산업인력공단 홈페이지 (http://www.q-net.or.kr/cbt/index.html)

# 필기시험 출제기준

| 직무분야 | 건설 | 중직무분야 | 건설기계운전 | 자격종목 | 지게차운전기능사 | 적용기간 | 2025.1.1~2027.12.31 |
|---|---|---|---|---|---|---|---|
| 직무내용 | 지게차를 사용하여 작업현장에서 화물을 적재 또는 하역하거나 운반하는 직무이다. | | | | | | |
| 필기검정방법 | 객관식 | | 문제수 | 60 | 시험시간 | 1시간 | |

| 필기과목명 | 출제문제수 | 주요항목 | 세부항목 | 세세항목 |
|---|---|---|---|---|
| 지게차주행, 화물적재, 운반, 하역, 안전관리 | 60 | 1. 안전관리 | 1. 안전보호구 착용 및 안전장치 확인 | 1. 안전보호구<br>2. 안전장치 |
| | | | 2. 위험요소 확인 | 1. 안전표시 2. 안전수칙 3. 위험요소 |
| | | | 3. 안전운반 작업 | 1. 장비사용설명서 2. 안전운반<br>3. 작업안전 및 기타 안전 사항 |
| | | | 4. 장비 안전관리 | 1. 장비안전관리 2. 일상 점검표<br>3. 작업요청서 4. 장비안전관리 교육<br>5. 기계 · 기구 및 공구에 관한 사항 |
| | | 2. 작업 전 점검 | 1. 외관점검 | 1. 타이어 공기압 및 손상 점검 2. 조향장치 및 제동장치 점검<br>3. 엔진 시동 전 · 후 점검 |
| | | | 2. 누유 · 누수 확인 | 1. 엔진 누유점검 2. 유압 실린더 누유점검<br>3. 제동장치 및 조향장치 누유점검 4. 냉각수 점검 |
| | | | 3. 계기판 점검 | 1. 게이지 및 경고등, 방향지시등, 전조등 점검 |
| | | | 4. 마스트 · 체인 점검 | 1. 체인 연결부위 점검 2. 마스트 및 베어링 점검 |
| | | | 5. 엔진시동 상태 점검 | 1. 축전지 점검 2. 예열장치 점검<br>3. 시동장치 점검 4. 연료계통 점검 |
| | | 3. 화물 적재 및 하역작업 | 1. 화물의 무게중심 확인 | 1. 화물의 종류 및 무게중심 2. 작업장치 상태 점검<br>3. 화물의 결착 4. 포크 삽입 확인 |
| | | | 2. 화물 하역작업 | 1. 화물 적재상태 확인 2. 마스트 각도 조절 3. 하역 작업 |
| | | 4. 화물운반작업 | 1. 전 · 후진 주행 | 1. 전 · 후진 주행 방법 2. 주행 시 포크의 위치 |
| | | | 2. 화물 운반작업 | 1. 유도자의 수신호 2. 출입구 확인 |
| | | 5. 운전시야확보 | 1. 운전시야 확보 | 1. 적재물 낙하 및 충돌사고 예방 2. 접촉사고 예방 |
| | | | 2. 장비 및 주변상태 확인 | 1. 운전 중 작업장치 성능확인 2. 이상 소음<br>3. 운전 중 장치별 누유 · 누수 |
| | | 6. 작업 후 점검 | 1. 안전주차 | 1. 주기장 선정 2. 주차 제동장치 체결 3. 주차 시 안전조치 |
| | | | 2. 연료 상태 점검 | 1. 연료량 및 누유 점검 |
| | | | 3. 외관점검 | 1. 휠 볼트, 너트 상태 점검 2. 그리스 주입 점검<br>3. 윤활유 및 냉각수 점검 |
| | | | 4. 작업 및 관리일지 작성 | 1. 작업일지 2. 장비관리일지 |
| | | 7. 건설기계관리법 및 도로교통법 | 1. 도로교통법 | 1. 도로통행방법에 관한 사항 2. 도로표지판(신호, 교통표지)<br>3. 도로교통법 관련 벌칙 |
| | | | 2. 안전운전 준수 | 1. 도로주행 시 안전운전 |
| | | | 3. 건설기계관리법 | 1. 건설기계 등록 및 검사 2. 면허 · 벌칙 · 사업 |
| | | 8. 응급대처 | 1. 고장 시 응급처치 | 1. 고장표시판 설치 2. 고장내용 점검<br>3. 고장유형별 응급조치 |
| | | | 2. 교통사고 시 대처 | 1. 교통사고 유형별 대처 2. 교통사고 응급조치 및 긴급구호 |
| | | 9. 장비구조 | 1. 엔진구조 | 1. 엔진본체 구조와 기능 2. 윤활장치 구조와 기능<br>3. 연료장치 구조와 기능 4. 흡배기장치 구조와 기능<br>5. 냉각장치 구조와 기능 |
| | | | 2. 전기장치 | 1. 시동장치 구조와 기능 2. 충전장치 구조와 기능<br>3. 등화장치 구조와 기능 4. 퓨즈 및 계기장치 구조와 기능 |
| | | | 3. 전 · 후진 주행장치 | 1. 조향장치의 구조와 기능 2. 변속장치의 구조와 기능<br>3. 동력전달장치 구조와 기능 4. 제동장치 구조와 기능<br>5. 주행장치 구조와 기능 |
| | | | 4. 유압장치 | 1. 유압펌프 구조와 기능 2. 유압 실린더 및 모터 구조와 기능<br>3. 컨트롤 밸브 구조와 기능 4. 유압탱크 구조와 기능<br>5. 유압유 6. 기타 부속장치 |
| | | | 5. 작업장치 | 1. 마스트 구조와 기능 2. 체인 구조와 기능<br>3. 포크 구조와 기능 4. 가이드 구조와 기능<br>5. 조작레버 구조와 기능 6. 기타 지게차의 구조와 기능 |

# 차례

## Part 1 단원별 핵심이론 요약 및 출제예상문제



## Part 2 실전모의고사

Part 1

# 단원별 핵심이론 요약 및 출제예상문제

# 1단원 안전관리

## 01 안전보호구 착용 및 안전장치 확인

### (1) 안전보호구

① 개요

㉠ 보다 적극적인 방호원칙을 실시하기 어려울 경우, 근로자가 에너지의 영향을 받더라도 산업재해로 이어지지 않도록 하기 위해 개인보호구를 사용한다.

㉡ 보호구는 상해를 방지하는 것이 아니라 상해의 최소화를 위하여 인간 측에 조치하는 소극적인 안전대책이다.

㉢ 근로자가 직접 착용함으로 위험을 방지하거나 유해물질로부터의 신체보호를 목적으로 사용하며, 재해방지를 대상으로 하면 안전보호구, 건강장해 방지를 목적으로 사용하면 위생보호구로 구분하기도 한다.

② 보호구 구비조건

㉠ 사용목적에 적합한 것

㉡ 보호구 검정에 합격하고 보호 성능이 보장되는 것

㉢ 작업 행동에 방해되지 않는 것

㉣ 착용이 용이하고 크기 등 사용자에게 편리한 것

㉤ 구조와 끝마무리가 양호할 것

③ 안전인증대상 보호구 : 안전모, 보안경, 귀마개, 방진마스크, 방독마스크, 산소마스크, 보안면, 안전장갑, 안전대, 안전화, 보호복

④ 보호구 인증합격 표시 : 규격 및 형식명, 합격번호, 합격 연월일, 제조 연월일, 제조(수입)회사명

⑤ 보호구 착용대상 작업장

| | |
|---|---|
| 안전모 | 물체가 낙하하거나 날아올 위험 또는 추락할 위험이 있는 작업 |
| 보안경 | 물체가 날릴 위험이 있는 작업 |
| 안전화 | 물체의 낙하, 충격, 물체에서의 끼임이나 감전에 의한 위험이 있는 작업 |
| 안전대 | 높이 또는 깊이 2미터 이상의 추락할 위험이 있는 장소에서 하는 작업 |
| 보안면 | 용접할 때 불꽃이나 물체가 날릴 위험이 있는 작업 |
| 절연용 보호구 | 감전의 위험이 있는 작업 |
| 방열복 | 고열에 의한 화상 등의 위험이 있는 작업 |
| 방진마스크 | 분진이 심하게 발생하는 하역작업 |
| 방한모, 방한복<br>방한화, 방한장갑 | 섭씨 영하 18℃ 이하인 급랭동어창에서 하는 하역작업 |

⑥ 종류별 특성

㉠ 안전모

| 종류(기호) | 사용구분 |
|---|---|
| AB | 물체의 낙하 또는 비래 및 추락에 의한 위험을 방지 또는 경감시키기 위한 것 |
| AE | 물체의 낙하 또는 비래에 의한 위험을 방지 또는 경감하고, 머리부위 감전에 의한 위험을 방지하기 위한 것 |
| ABE | 물체의 낙하 또는 비래 및 추락에 의한 위험을 방지 또는 경감하고, 머리부위 감전에 의한 위험을 방지하기 위한 것 |

※ A – 낙하, B – 추락, E – 머리부위 감전방지

㉡ 안전대

| 종류 | 사용구분 | 구성품 |
|---|---|---|
| 벨트식<br>(안전그네식) | 1개 걸이용 | 벨트, 지탱벨트,<br>잠금장치,<br>안전그네 등 |
| | U자 걸이용 | |
| | 추락 방지대(안전그네식에만 적용) | |
| | 안전블록(안전그네식에만 적용) | |

※ 안전그네 : 신체지지의 목적으로 전신에 착용하는 띠 모양의 것

㉢ 안전화

| 종류 | 성능구분 |
|---|---|
| 절연장화 | 고압에 의한 감전을 방지하고 아울러 방수를 겸한 것 |
| 고무제 안전화 | 물체의 낙하, 충격 또는 바닥으로 날카로운 물체에 의한 찔림 위험으로부터 발을 보호하고 내수성을 겸한 것 |
| 정전기 안전화 | 물체의 낙하, 충격 또는 바닥으로 날카로운 물체에 의한 찔림 위험으로부터 발을 보호하고 아울러 정전기의 인체대전을 방지하기 위한 것 |
| 절연화 | 물체의 낙하, 충격 또는 바닥으로 날카로운 물체에 의한 찔림 위험으로부터 발을 보호하고 아울러 저압의 전기에 의한 감전을 방지하기 위한 것 |
| 발등 안전화 | 물체의 낙하, 충격 또는 바닥으로 날카로운 물체에 의한 찔림 위험으로부터 발 및 발등을 보호하기 위한 것 |
| 화학물질용 안전화 | 물체의 낙하, 충격 또는 바닥으로 날카로운 물체에 의한 찔림 위험으로부터 발을 보호하고 화학물질로부터 유해위험을 방지하기 위한 것 |

㉣ 보안경(차광)

| 종류 | 사용구분 |
|---|---|
| 자외선용 | 자외선이 발생하는 장소 |
| 적외선용 | 적외선이 발생하는 장소 |
| 복합용 | 자외선 및 적외선이 발생하는 장소 |
| 용접용 | 산소용접작업 등과 같이 자외선, 적외선 및 강렬한 가시광선이 발생하는 장소 |

㉤ 안전장갑

| 종류 | 사용구분 |
|---|---|
| 용접용 장갑(가죽) | 용접시 불꽃, 용융금속으로부터 보호 |
| 내열용 장갑(방열) | 전기, 고열로 등에서 작업 시 복사열로부터 보호 |
| 전기용 장갑(고무) | 7,500V이하의 전기작업 시 감전 방지 보호 |
| 방진용 장갑(가죽)) | 진동공구 사용시 진동 장해에 의한 보호 |
| 산업위생 장갑(고무) | 화학약품 등에 의한 피부손상으로부터 보호 |

⑦ 방진마스크 구비조건

㉠ 여과 효율이 좋을 것
- 특급 : 99.5% 이상
- 1급 : 95% 이상
- 2급 : 85% 이상 여과될 것

㉡ 흡배기 저항이 낮을 것

㉢ 중량이 가벼울 것

㉣ 시야가 넓을 것

㉤ 안면 밀착성이 좋을 것

㉥ 피부 접촉 부분의 고무질이 좋을 것

※ 산소 결핍 장소(산소농도 16% 미만)에서는 방독마스크 착용 금지
(산소농도가 16% 이하이면 우선적으로 산소마스크 착용)

⑧ 방독마스크의 흡수제 종류
㉠ 활성탄(유기가스용)
㉡ 큐프라마이트(암모니아용)
㉢ 호프칼라이트(일산화탄소용)
㉣ 실리카 겔
㉤ 소다라임(산성가스용)

## (2) 안전장치

① 지게차 전도방지
㉠ 지게차의 안전
- M1 : W×a 화물의 모멘트
- M2 : G×b 지게차의 모멘트

㉡ 지게차의 안정을 유지하기 위한 조건 : W · a 〈 G · b

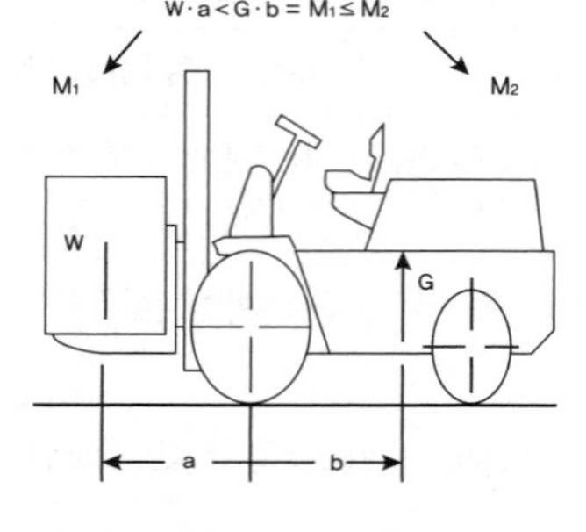


㉢ 지게차의 안정도
안정도는 지게차의 화물 하역, 운반 시 전도에 대한 안전성을 표시하는 수치로 하중을 높이 올리면 중심이 높아져서 언덕길 등의 경사면에서는 가로 위치가 되면 쉽게 전도가 된다. 이 때문에 지게차의 안정도 시험을 해서 규정된 안정도 값을 유지해야 한다.
- 하역작업 시 전후 안정도 : 4%(5t 이상 : 3.5%)
- 주행작업 시 전후 안정도 : 18%
- 하역작업 시 좌우 안정도 : 6%
- 주행 시 좌우 안정도(15+1. 1V)% (V : 최고 속도 ㎞/h)

② 지게차 위험요인
㉠ 속도가 빠르다.
- 3톤 이하(시속 20~25km) / 5톤 내외(시속 20~30km) / 축전지식(시속 9~16km)

㉡ 중량이 매우 무겁다.
- 통상 적재중량의 1.4배 자중 + 화물적재 무게
- 중량 6톤으로 시속 25km 주행 시 부딪침의 충격량은 42ton · m/s, 부딪침 시간이 0.5초이면 84ton이 작용

㉢ 후륜조향이며 급회전이 발생한다.
- 오동작, 인접작업자 상해, 전도 등의 위험이 발생

㉣ 사각지대가 항상 존재한다.
- 앞, 옆, 뒤쪽에 항상 사각지대가 존재하며, 작업자 뿐 아니라 인근 작업자, 보행자 등에게 상해를 입힐 위험이 발생

㉤ 정지거리가 길다.
- 시속 22km 주행 시 차체의 무게로 인해 비상정지거리가 15~19m 정도 필요

③ 지게차 안전장치
㉠ 주행연동 안전벨트
- 지게차의 전진, 후진 레버의 접점과 안전벨트를 연결하여 안전벨트를 착용 시에만 전진, 후진 할 수 있도록 인터록 시스템을 구축함으로써 전도, 충돌 시 운전자가 운전석에서 튕겨져 나감을 방지한다.

㉡ 후방접근 경보장치
- 지게차 후진 시 지게차 후면에 근로자의 통행 또는 물체와의 충돌로 빈번하게 발생하는 재해를 방지하기 위한 수단으로, 후방접근 상태를 감지할 수 있는 접근 경보장치를 설치하는 것으로써 지게차 후면에 근로자 등이 있을 경우 접근감지장치의 센서가 감지하여 경보음을 발생하도록 경음장치를 설치하고, 지게차와 근로자의 거리를 숫자로 표시하여 위험상황을 인지할 수 있도록 운전석 정면에 표시장치를 설치한 것이다.

㉢ 대형 후사경
- 기존의 소형 후사경으로는 지게차 후면을 확인하기 어려우므로 대형 후사경을 설치하여, 가시거리를 넓힌다.

㉣ 헤드가드(Head guard)
- 운전자 위쪽으로 적재물이 떨어져 운전자가 다치는 것을 방지하기 위해 설치하는 장치로, 머리 위 덮개를 말한다.
- 사업주는 다음 각 호에 따른 적합한 헤드가드를 갖추지 아니한 지게차를 사용해서는 안 된다. 다만, 화물의 낙하에 의해 운전자에게 위험을 미칠 우려가 없는 경우에는 그러하지 아니하다.
- 강도는 지게차의 최대하중의 2배 값(최대 4톤)의 등분포정하중에 견딜 수 있을 것
- 상부틀의 각 개구의 폭 또는 길이가 16cm 미만일 것
- 운전자가 앉아서 조작하는 방식의 지게차는 운전자 좌석 윗면에서 헤드가드 상부틀 아랫면까지의 높이가 1m 이상일 것
- 운전자가 서서 조작하는 방식의 지게차의 경우에는 운전석 바닥면에서 헤드가드 상부틀 하면까지 높이가 2m 이상일 것

㉤ 백레스트(Back rest)
- 상자 등이 적재된 팰릿을 싣거나 옮기기 위해 마스트를 뒤로 기울일 때 화물이 마스트 방향으로 떨어지는 것을 방지하기 위한 짐받이 틀을 말한다.

㉥ 포크 위치 표시
- 포크를 높이 올린 상태에서 주행함으로써 발생되는 지게차의 전복이나 화물이 떨어져 발생하는 사고를 방지하기 위하여 바닥으로부터의 포크 위치를 운전자가 쉽게 알 수 있도록 포크의 상승, 하강을 위해 설치된 지게차와 마스트와 포크 후면에 경고표지를 부착한다. 바닥으로부터 포크의 이격거리가 20~30cm인 경우 마스트와 백레스트에 페인트 또는 색상테이프가 상호 일치되도록 표지를 부착한다.

㉦ 기타 안전장치
- 룸미러 : 대형 후사경 외에 지게차 후면의 사각지역 해소를 위해 설치
- 전조등, 후미등 : 야간 작업 시 전후방의 조명을 확보할 수 있도록 전조등과 후미등을 설치
- 안전블록(안전지주) : 지게차 수리 또는 점검 시 포크의 갑작스러운 하강을 방지하기 위한 받침대
- 안전문 : 운잔자가 밖으로 튕겨나가는 것을 방지하고 소음, 기상의 악조건 등의 작업환경에서도 작업이 가능하도록 함
- 형광테이프 : 조명이 어두운 작업장에서 지게차를 식별할 수 있도록 지게차 테두리에 부착

# 02 위험요소 확인

## (1) 안전표시

① 안전표지 사용목적

㉠ 유해 위험기계 · 기구 · 자재 등의 위험성을 표시로 나타내어 작업자로 하여 예상되는 재해를 사전에 예방하고자 함

㉡ 작업대상의 유해 위험성 성질에 따라 작업 행위를 통제하고 대상물을 신속 용이하게 판별하여 안전한 행동을 하게 함으로써 재해와 사고를 미연에 방지하고자 함

② 안전표지 색채 · 색도 기준 및 용도

| 색채 | 색도기준 | 용도 | 사용예 |
|---|---|---|---|
| 빨간색 | 7.5R 4/14 | 금지 | 정지신호, 소화설비 및 그 장소, 유해행위의 금지 |
| | | 경고 | 화학물질 취급장소에서의 유해.위험 경고 |
| 노란색 | 5Y 8.5/12 | 경고 | 화학물질 취급장소에서의 유해.위험 경고 이외의 위험경고, 주의표지 또는 기계방호물 |
| 파란색 | 2.5PB 4/10 | 지시 | 특정행위의 지시 및 사실의 고지 |
| 녹색 | 2.5G 4/10 | 안내 | 비상구 및 피난소, 사람 또는 차량의 통행표지 |
| 흰색 | N 9.5 | – | 파란색 또는 녹색에 대한 보조색 |
| 검은색 | N 0.5 | – | 문자 및 빨간색 또는 노란색에 대한 보조색 |

③ 안전표지

**금지표지**

| 출입금지 | 보행금지 | 차량통행금지 | 사용금지 |
|---|---|---|---|
| 탑승금지 | 금 연 | 화기금지 | 물체이동 금지 |

**경고표지**

| 인화성물질 경고 | 산화성물질 경고 | 폭발물 경고 | 독극물 경고 |
|---|---|---|---|
| 부식성물질 경고 | 방화성물질 경고 | 고압전기 경고 | 매달린물체 경고 |
| 낙하물 경고 | 고온경고 | 저온경고 | 몸균형 상실 경고 |
| 레이저광선 경고 | 유해물질 경고 | 위험장소 경고 | |

**지시표지**

| 보안경착용 | 방독마스크 착용 | 방진마스크 착용 | 안전복 착용 | 보안면 착용 |
|---|---|---|---|---|
| 안전모 착용 | 귀마개 착용 | 안전화 착용 | 안전장갑 착용 | |

**안내표지**

| 녹십자표지 | 응급구호표지 | 들것 | 세안장치 |
|---|---|---|---|
| 비상구 | 좌측비상구 | 우측비상구 | |

## (2) 안전수칙

① 안전보호구 착용 : 작업자를 보호하기 위해 작업 조건에 맞는 안전보호구의 착용법을 숙지하고 착용한다.

② 안전 보건표지 부착 : 위험 요인에 대한 경각심을 부여하기 위해 작업장의 눈에 잘 띄는 장소에 표지를 부착한다.

③ 안전 보건교육 실시 : 보건교육을 실시하여 안전의식에 대한 경각심을 고취시키고 작업 중 안전사고에 대비한다.

④ 안전작업 절차 준수 : 각종 정비, 보수 등 잠재 위험이 존재하는 공정에서 단위별 안전작업에 대한 절차와 순서를 안전하게 작업이 될 수 있도록 유도한다.

⑤ 지게차 운전 안전수칙

| 지게차 운전 안전 수칙 | 1. 지게차는 운전면허증을 보유한 자만 운전해야 한다.<br>2. 지게차 사용 전에는 제동, 조정, 하역, 유압장치, 차륜, 전조등, 후조등, 방향지시기 및 경보장치 기능의 이상 유무를 확인하여야 한다.<br>3. 이상발생 시 관리감독자에게 보고한 후 적절한 조치를 받은 후 사용한다.<br>4. 지게차는 화물의 적재, 하역 등 주용도 외로 사용하여서는 안 된다.<br>5. 적재화물의 크기나 형상에 맞게 포크 간격을 조정하고, 고정상태를 확인한 후 주행하여야 한다.<br>6. 지게차 허용하중 이상의 화물을 적재해서는 안 된다.<br>7. 운전석 이외에서 조작해서는 안 되며, 운전자 이외 탑승을 해서는 안된다.<br>8. 사내주행속도(옥내 : 5Km/h, 옥외 : 10Km/h)를 준수하고 운행 시 전, 후방을 주시하여 운행해야 한다.<br>9. 지게차 운전자 이외에 지게차에 탑승해서는 안 된다(2인 이상 금지).<br>10. 시야 미확보 시, 교차로는 일단 정지 후 전 · 후 · 좌 · 우를 확인하고 주행한다.<br>11. 경사진 곳을 오를 때에는 전진, 내려올 때에는 후진한다.<br>12. 지게차의 마스트는 충분히 뒤로 하여 안전하게 하고 주행한다.<br>13. 지게차의 포크는 바닥에서 20cm 이상 올려 주행해서는 안 되며, 주차 시는 바닥에 내려 놓는다.<br>14. 주, 정차 시 열쇠는 반드시 관리책임자가 보관하여야 하며, 열쇠를 방치한 채 운전석을 이탈해서는 안 된다.<br>15. 하역운반 작업에 사용하는 팔레트 등은 적재화물 중량에 충분한 강도를 가져야 하며, 심한 손상, 변형 또는 부식이 되지 않은 것을 사용한다.<br>16. 지게차 포크 하부에 들어가서 작업하지 않도록 한다.<br>17. 지게차 주차는 지정된 장소에만 주차하여야 한다.<br>18. 지게차 운전자는 반드시 안전벨트, 안전모, 안전화 등 필요한 보호구를 착용하여야 한다. |
|---|---|

### (3) 위험요소

| 위험요인 | 발생원인 |
|---|---|
| 화물의 낙하 | • 불안정한 화물의 적재<br>• 미숙한 운전조작<br>• 부적당한 작업장치 선정<br>• 급출발, 급정지, 급선회 |
| 협착 및 충돌 | • 대형화물의 적재 시 전방시야 불량<br>• 후륜 주행에 따른 후부의 선회 반경 |
| 차량의 전도 | • 요철 바닥면의 미 정비<br>• 화물의 과적재<br>• 취급되는 화물에 비해서 소형의 차량<br>• 급선회, 급 출발,급정지 등의 조작 |
| 근로자의 추락 | • 운전석 이외의 근로자 탑승<br>• 지게차의 용도 이외의 작업 실시(고소작업 등)<br>• 운전자 안전벨트 미착용 작업 실시 |

① [사례1] **통행 작업자와 부딪힘**
- 사업장 내 업무 수행차 도로를 횡단하던 보행자가, 운반물에 가려 전방 시야확보가 미흡한 상태로 운행 중이던 지게차에 부딪혀 사망
- 안전수칙 : 안전작업수칙 게시 및 작업지휘자 지정/ 지게차 안전통로 구분 / 지게 차 전방 시야 확보

② [사례2] **경사로에서 지게차의 뒤집힘**
- 경사로에서 운전자가 지게차를 운행하여 올라가던 중 중심을 잃은 지게차가 전도되었고 운전자 상체가 지게차 헤드가드와 지면 사이에 끼여 사망
- 안전수칙 : 지게차 면허 취득자만 운전 / 경사 및 커브킬 안전 속도(10km/h) 이내로 유지, 급회전 금지 / 안전벨트 착용

[건설기계 조작자의 자격 및 교육 이수 여부 확인]
- 3톤 이상 지게차 : 건설기계 조종사 면허 소지자
- 3톤 미만 지게차 : 소형건설기계 조종교육 이수자

③ [사례3] **지게차 포크를 이용한 고소작업 중 떨어짐**
- 지붕 설치작업을 위해 지게차 포크 위에 팰릿을 쌓은 후 그 위에 패널을 적재하고 지면에서 약 4m 높이로 포크를 상승시켜 그 위에서 작업하던 중 바닥에 떨어져 사망
- 안전수칙 : 지게차 용도 이외의 사용금지 / 운전석 외의 탑승 금지

④ **작업장 상황 파악**
㉠ 지게차 주기 상태 파악
㉡ 지게차 작업 반경 내 위험요소 확인
㉢ 주변 시설물 위치 확인

## 03 안전운반 작업

### (1) 장비 사용설명서

지게차를 안전하게 사용하기 위한 방법과 유지 관리하는 사용방법 등을 안내하는 내용으로 구성되어 있으며 운전자매뉴얼, 정비사용설명서, 정비지침서 등이 있다.

### (2) 안전운반

평탄하고 바닥이 견고하며 장애물이 제거된 통로를 확보해야 한다.

① 지게차 운행경로의 폭
㉠ 지게차 1대의 운행경로의 폭 : (지게차의 최대폭(W1) + 60㎝) 이상
㉡ 지게차 2대의 운행경로 폭 : (지게차 2대의 최대폭(W1+W2) +90㎝) 이상
- 지게차가 지나다닐 경로 내 근로자 출입 금지
- 언덕, 경사지 등에는 지게차가 넘어지지 않도록 방호 가이드 설치 또는 유도차 배치

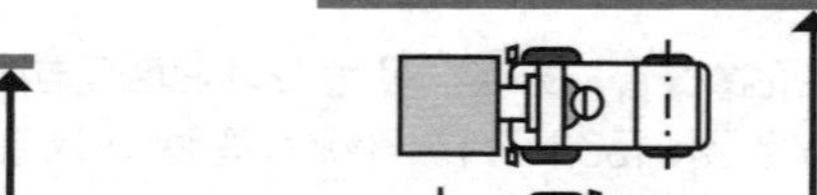
(지게차 1대의 운행경로)

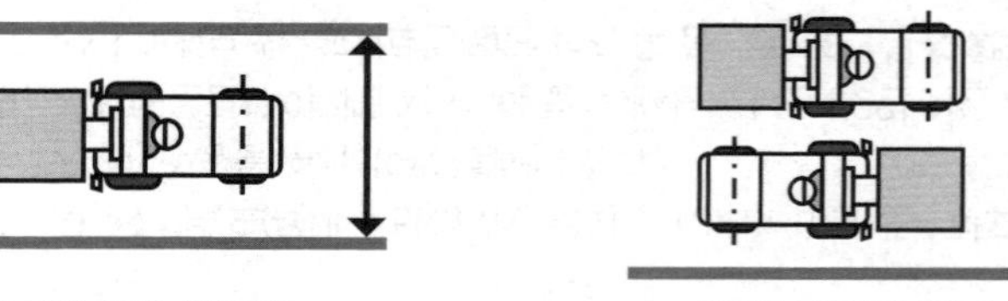
(지게차 2대의 운행경로)

### (3) 작업안전 및 기타 안전사항

① 구내 제한 속도 지정 및 준수
② 급출발, 급선회, 급브레이크 조작 등 금지
③ 운전자 시야 확보 및 시야를 가릴 경우 유도자 배치 또는 후진으로 진행
④ 안전띠 사용, 운전자 외 탑승 금지 등 안전수칙 준수

## 04 장비 안전관리

### (1) 장비 안전관리

① 작업계획서의 작성 ② 작업관리자의 지정 및 유도차 배치
③ 제한속도(10km/h)의 지정 ④ 전도 및 접촉의 방지
⑤ 제동장치 및 조정장치 기능 ⑥ 하역장치 및 유압장치 기능
⑦ 차륜상태
⑧ 전조등, 후미등, 방향지시기, 경보장치 기능

### (2) 일상 점검표

| 구분 | 점검내용 | 점검사항 | 조치사항 |
|---|---|---|---|
| 운전자격 적정여부 | 운전면허 자격 여부 | | |
| 안전장치 설치 및 사용상태 | 좌석 안전띠 설치 및 착용상태 | | |
| | 전조등 및 후미등 점등상태 | | |
| | 헤드가드 및 백레스트 설치상태 | | |
| | 후방확인 장치 설치상태<br>(후사경, 룸밀러, 후방경고장치, 후방카메라등) | | |
| 운전목적 외 사용금지 | 포크 위 작업 등 고소작업 발판으로 사용금지 | | |
| 화물적재 및 운행의 안정성 | 운전자의 시야 확보 | | |
| | 화물 과다적재 및 편하중 적재 금지 | | |
| | 포크에 화물을 매단 상태에서 운행(급선회)금지 | | |
| 안전운행을 위한 준수사항 | 사업장 내 제한속도 지정 및 준수 | | |
| | 승차석 외에 근로자 탑승한 채 운행 금지 | | |
| | 후진 시 협착위험 예방대책을 포함한 작업 계획서 작성 | | |
| | 전용통로 확보 및 운행 여부 | | |
| | 운행 경로상의 사각지대 반사경 설치 상태 | | |

### (3) 작업 요청서

화물운반 작업을 해당 업체에 의뢰하는 서류로 작업요청(규격, 중량, 운반수량, 운반거리 등)에 대한 내용을 정확하게 파악할 수 있도록 작성되어야 한다.

### (4) 장비 안전관리 교육

| | |
|---|---|
| 브레이크가 정상적으로 작동하는지 여부 | 임의로 운행하지 못하게 되어 있는지 여부(Key 관리) |
| 포크는 하물의 운반에 적당한지 여부 | 포크 부분에 손상된 곳은 없는지(휨, 균열, 마모 정도) 여부 |
| 체인이 균형 있게 당겨져 충분히 걸려 있는지 여부 | 경보장치의 작동 여부 |
| 전조등(램프), 후미등(램프) 및 브레이크(램프)가 정상인지 여부 | 타이어가 손상된 곳은 없는지, 공기압이 적당한지의 여부 |
| 페달이 잘 밟아지는지 여부 | 핸들 유격이 너무 크지 않은지 여부 |
| 헤드가드는 손상이 없는지 여부 | 연결장비가 풀리지 않게 잘 고정되어 있는지 여부 |
| 조종기구의 작동(들어 올림, 내림, 기울임, 연결기구) 이 정상인지 여부 | 높이 들어 올려진 포크 하부에서 유지·보수작업을 할 때에는 포크가 내려오지 않도록 안전블록 등으로 안전 조치를 하였는지 여부 |

### (5) 기계·기구 및 공구에 관한 사항

① 수공구 안전

| | |
|---|---|
| 수공구 안전 수칙 | 1. 수공구는 쓰기 전에 깨끗이 청소하고 점검한 다음 사용할 것<br>2. 정이나 끌과 같은 기구는 때리는 부분이 버섯모양 같이 되면 교체해야 하며 자루가 망가지거나 헐거우면 바꾸어 끼울 것<br>3. 수공구는 쓴 후에 반드시 보관함에 넣어둘 것<br>4. 끝이 예리한 수공구는 반드시 덮개나 칼집에 넣어서 보관·이동할 것<br>5. 파편이 튀길 위험이 있는 작업에는 보안경을 착용할 것<br>6. 각 수공구는 일정한 용도 이외에는 사용하지 말 것 |

② 안전색상표시

| | |
|---|---|
| 안전 색상 표시 | 1. 적색 : 소방시설, 긴급정지누름단추 등 표시<br>2. 적색과 황색 줄무늬 : 85dB 이상의 소음구역 표시<br>3. 황색과 흑색 줄무늬 : 위험물, 장해물 표시<br>4. 황색 : 압축기 공기 파이프, 최소한의 안전표시<br>5. 녹색 : 의료장비, 공장 내 보도 위, 안전샤워 전구표시<br>6. 자주색 : 방사선 장비구역 표시<br>7. 흰색 : 주차장 위치표시<br>8. 오렌지색 : 기계설비의 위험부위 표시<br>9. 녹색과 백색 줄무늬 : 긴급대피, 제반 안전지시 표시<br>10. 남색 : 스위치 제어상자, 가동정지 등 표시 |

③ 안전수칙

| | |
|---|---|
| 통행 안전 수칙 | 1. 구내 통행수칙을 잘 알아두고 준수한다.<br>2. 계단을 오르내릴 때는 난간을 붙잡고 우측통행한다.<br>3. 높은 곳이나 비계, 도크 등에서 뛰어내리지 않는다.<br>4. 통로를 보행할 때는 움직이는 기계를 잘 살피고 조심한다.<br>5. 달리는 운반차에 뛰어오르거나 뛰어내리지 않는다.<br>6. 통로에 장해물이 있으면 즉시 치우는 습관을 가진다.<br>7. 선반, 레일, 기타 물건을 넘어다니지 말고 그 위를 걷지도 않는다.<br>8. 통제구역이나 지름길을 허가없이 다니지 않는다.<br>9. 보통 통로를 이용하고 질러가지 말고 항상 주위를 살피며 함부로 뛰지 않는다.<br>10. 문의 개폐를 조용히 한다. 문을 열 때 자기 앞으로 당기게 되어있는 문은 반드시 옆으로 서서 당긴다.<br>11. 상부에서 작업 중이거나 물체가 매달려 있는 상태에서는 그 밑을 일체 통행하지 않는다.<br>12. 부득이 설비 밑으로 통행하는 경우에는 안전모를 반드시 착용한다. |
| 복장 보호구 안전 수칙 | 1. 그라인더 작업, 용접작업, 유독물질 취급작업 등에는 눈을 해칠 위험성이 있으므로 적절한 보안경을 착용할 것<br>2. 건설업, 광업 등 물체의 낙하 또는 비래의 위험이 있는 작업에는 안전모를 착용할 것<br>3. 고소작업자는 안전대를 착용할 것<br>4. 중량물을 취급하는 자는 안전화를 착용할 것<br>5. 유독물질이나 분진이 발생하는 작업에는 방독마스크나 방진마스크를 착용할 것<br>6. 뜨거운 물질, 철판, 주조물을 취급하는 근로자는 안전장갑을 착용할 것<br>7. 소음이 많이 발생하는 곳에서는 귀마개를 착용할 것<br>8. 기계 주위에서 작업할 때는 넥타이를 착용하지 말 것<br>9. 너풀거리거나 찢어진 바지를 입지 말 것 |
| 전기 안전 수칙 | 1. 물 묻은 손으로 전기기계 기구의 조작금지<br>2. 누전차단기의 동작여부는 월1회 이상 주기적으로 수동 시험하여 동작되지 않을 때는 교체<br>3. 비닐코드선을 전기배선으로의 사용 금지<br>4. 문어발식 배선으로 한 번에 많은 전기기구를 사용하면 코드가 과열되어 위험하므로 주의할 것<br>5. 플러그는 콘센트에 완전히 접속하여 접촉 불량으로 과열을 방지할 것<br>6. 습기가 있는 장소에서는 감전사고 예방을 위하여 반드시 접지시설을 갖출 것<br>7. 코드(배선)를 묶거나 무거운 물건을 올려놓지 않도록 주의할 것<br>8. 감전사고 예방을 위해 덮개가 있는 콘센트의 사용을 권장할 것<br>9. 플러그를 장기간 꽂아둔 채 사용하면 콘센트와 플러그 사이에 먼지가 쌓여 습기가 차면 누전이나 화재의 원인이 될 수 있으므로 수시로 청소할 것<br>10. 전기공사는 정부면허 전문공사업체에 의뢰할 것 |
| 기계 안전 수칙 | 1. 자기 담당기계 이외의 기계는 움직이거나 손을 대지 않는다.<br>2. 원동기와 기계의 가동은 각 직원의 위치와 안전장치의 적정 여부를 확인한 다음 행한다.<br>3. 움직이는 기계를 방치한 채 다른 일을 하면 위험하므로 기계가 완전히 정지한 다음 자리를 뜬다.<br>4. 정전이 되면 우선 스위치를 내린다.<br>5. 기계의 조정이 필요하면 원동기를 끄고, 완전히 정지할 때까지 기다려야 하며 손이나 막대기로 정지시키지 않아야 한다.<br>6. 기계는 깨끗이 청소해야 한다.<br>7. 기계작업자는 보안경을 착용해야 한다.<br>8. 기계 가동 시에는 소매가 긴 옷, 넥타이, 장갑 또는 반바지를 착용하지 않는다.<br>9. 고장 중인 기계는 고장·사용금지 등의 표지를 붙여 둔다.<br>10. 기계는 일일이 점검하고 사용 전에 반드시 점검하여 이상 유무를 확인한다. |
| 유해 위험 물질 안전 수칙 | 1. 유해물질은 소정의 장소, 용기에 격납해야 한다.<br>2. 유해물질은 지정된 표시를 해야 한다.<br>3. 취급관계자 이외에는 작업장 출입을 금한다.<br>4. 작업장 내에서는 담배, 음식을 금한다.<br>5. 음식물을 섭취하기 전에는 손을 깨끗이 닦아야 한다.<br>6. 보호구(방독마스크, 고무앞치마, 내산장갑 등)나 방호장치는 용도에 적합한 것을 사용해야 한다.<br>7. 작업장의 통풍환기에는 항상 주의한다. |

|  |  |
|---|---|
| 유해 위험 물질 안전 수칙 | 8. 신체에 이상(두통, 복통, 설사)을 느끼면 곧 의사나 보건관리자의 상담을 받는다.<br>9. 정해진 특수건강진단은 규정된 기간마다 반드시 받는다.<br>10. 강한 산이나 알카리류는 신체에 접촉되지 않도록 보호구를 착용하고 조심해서 취급한다. |
| 고압 가스 안전 수칙 | 1. 관리감독자는 안전수칙을 준수하도록 관리 감독할 것<br>2. 고압가스 제조, 저장, 취급지역에서 화기를 취급하거나 화기, 발화성물질, 인화성물질을 휴대하고 들어갈 때는 안전작업허가서를 발행할 것<br>3. 인화성가스 또는 가스설비 부근에는 작업에 필요한 양 이상의 연소하기 쉬운 물질을 두지 말 것<br>4. 고압가스 누출을 목격한 사람은 관할 부서에 누출사실을 신속히 알릴 것<br>5. 인화성가스, 독성가스 또는 질식성가스가 체류할 우려가 있는 장소에서 작업할 때는 가스검지기로 수시 측정하여 폭발, 중독, 또는 질식 우려가 없는지를 확인할 것<br>6. 발화성, 인화성물질이 있는 장소 및 그 부근에서는 함부로 화기를 취급하는 작업을 하지 말 것<br>7. 가스를 충전하거나 이입하는 작업을 할 경우 가스 설비 주변의 보기 쉬운 장소에 경계표시를 설치할 것<br>8. 인화성 가스 설비를 수리 또는 청소할 때는 미리 내부가스를 안전하게 방출한 후 잔류가스를 질소나 물 또는 스팀 등 당해 가스와 반응하지 않는 가스 또는 액체로 치환하고 가스검지기로 측정하여 잔류가스가 없음을 확인할 것<br>9. 특정가스가 누설될 우려가 있는 부분에는 위험표지를 설치할 것<br>10. 차량에 고정된 탱크에 고압가스를 충전하거나 그로부터 가스를 이어받을 때는 차량이 고정되도록 그 차량에 고임목을 설치하는 등 그 차량을 고정할 것<br>11. 차량에 고정된 탱크 및 충전에 사용하는 배관은 충전하기 전에 단면적 5.5㎡ 이상의 접지선으로 접지할 것<br>12. 고압가스 충전용기에는 넘어짐 등에 의한 충격 및 밸브의 손상을 방지하는 조치를 하고 난폭한 취급을 하지 말 것<br>13. 고압가스 충전용기는 항상 40℃ 이하의 온도를 유지하고 직사광선을 받지 않도록 보관할 것 |
| 드릴 작업 안전 수칙 | 1. 시동 전에 드릴이 올바르게 고정되어 있는지 확인 한다.<br>2. 장갑을 끼고 작업하지 않는다.<br>3. 드릴을 회전시킨 후 테이블을 고정하지 않도록 한다.<br>4. 드릴회전 중에는 칩을 입으로 불거나 손으로 털지 않도록 한다.<br>5. 큰 구멍을 뚫을 때에는 먼저 작은 구멍을 뚫은 다음에 뚫도록 한다.<br>6. 얇은 판에 구멍을 뚫을 때에는 나무판을 밑에 받치고 뚫도록 한다.<br>7. 이송레버를 파이프에 걸고 무리하게 돌리지 않는다.<br>8. 전기드릴을 사용할 때는 반드시 접지하도록 한다. |
| 밀링 작업 안전 수칙 | 1. 사용 전에 반드시 기계 및 공구를 점검, 시운전 한다.<br>2. 일감은 테이블 또는 바이스에 안전하게 고정한다.<br>3. 커터의 제거, 설치시에는 반드시 스위치를 내리고 한다.<br>4. 테이블 위에 측정구나 공구를 놓지 않도록 한다.<br>5. 칩을 제거할 때는 기계를 정지시킨 후 브러시로 행한다.<br>6. 가공 중에 얼굴을 기계에 접근시키지 않는다.<br>7. 가공 중에 손으로 가공면을 점검하지 않는다.<br>8. 황동이나 주강같이 철가루가 날리기 쉬운 작업시에는 보안경을 착용한다. |
| 연삭기 작업 안전 수칙 | 1. 연삭기의 덮개 노출각도는 90°이거나 전체 원주의 1/4을 초과하지 말 것<br>2. 연삭숫돌의 교체 시는 3분 이상 시운전할 것<br>3. 사용 전에 연삭숫돌을 점검하여 균열이 있는 것은 사용하지 말 것<br>4. 연삭숫돌과 받침대 간격은 3mm 이내로 유지할 것<br>5. 작업시는 연삭숫돌 정면으로부터 150° 정도 비켜서서 작업할 것<br>6. 가공물은 급격한 충격을 피하고 점진적으로 접촉시킬 것<br>7. 작업시 연삭숫돌의 측면을 사용하여 작업하지 말 것<br>8. 소음이나 진동이 심하면 즉시 점검할 것 |

|  |  |
|---|---|
| 선반 작업 안전 수칙 | 1. 작동 전 기계의 모든 상태를 점검할 것<br>2. 절삭작업 중에는 보안경을 착용할 것<br>3. 바이트는 가급적 짧고 단단히 조일 것<br>4. 가공물이나 척에 휘말리지 않도록 작업자는 옷 소매를 단정히 할 것<br>5. 작업 도중 칩이 많아 처리할 때에는 기계를 멈춘 다음에 행할 것<br>6. 긴 물체를 가공할 때는 반드시 방진구를 사용 할 것<br>7. 칩을 제거할 때는 압축공기를 사용하지 말고 브러시를 사용할 것 |
| 프레스 작업 안전 수칙 | 1. 작업 전 안전장치의 동작, 이상 유무와 사각지점이 없는가 확인한다.<br>2. 선택 스위치가 안전 1행정 위치에 있는가 확인한다.<br>3. 금형 안에는 신체 일부가 절대 들어가지 않도록 한다.<br>4. 양수보턴 스위치를 반드시 사용한다.<br>5. 금형 내 이물질 제거시는 메인 스위치를 끄고 조치한다.<br>6. 푸트(발)스위치는 감독자의 승인을 받고 50cm 이상 떨어진 거리에서 작업한다.<br>7. 안전공구를 사용하여 제품을 넣고 빼낸다.<br>8. 기계 이상 시 작업을 중지하고 보고한 후 조치를 받는다. |
| 용접 작업 안전 수칙 | 1. 용접작업 시 물기있는 장갑, 작업복, 신발을 절대 착용하지 않는다.<br>2. 용접작업 시 안전보호구를 철저히 착용한다.<br>3. 용접기 주변에 물을 뿌리지 않는다.<br>4. 용접기를 사용하지 않을 때는 스위치를 차단시키고 전선을 정리해 둔다.<br>5. 용접기 어스선의 접속상태를 확인한다.<br>6. 용접작업 중단 시 전원을 차단시킨다.<br>7. 용접작업장 주위에는 기름, 나무조각, 도료, 헝겊 등 타기 쉬운 물건을 두지 않는다.<br>8. 전압이 걸려 있는 홀더에 용접봉을 끼운 채 방치하지 않는다.<br>9. 절연커버가 파손되지 않은 홀더를 사용한다.<br>10. 탱크 등 좁은 공간에서 용접 시 물체에 기대지 않는다. |
| 화재 예방 안전 수칙 | 1. 금연수칙을 잘 지킬 것<br>2. 인화성물질을 취급하는 곳에서 화기작업을 할 경우 반드시 화기작업허가를 득한 후에 작업할 것<br>3. 금연구역에는 가연성물질이 있음을 뜻하므로 가연성물질이 보이지 않더라도 화기를 사용하지 말 것<br>4. 가연성 쓰레기 등은 금속용기에 모아 버려야 하며 보관 시에는 밀폐하여 둘 것<br>5. 소화기의 점검, 소화액 보급 등을 철저히 하고 점검표를 붙여서 점검, 정비, 사용, 소화액 사용 등을 상세히 기록할 것<br>6. 소화기의 비치장소를 사전에 알아둘 것<br>7. 소화기의 사용방법을 알아둘 것<br>8. 비상탈출구의 위치를 알아 두고 비상탈출구는 언제나 사용할 수 있도록 해 둘 것<br>9. 소화기나 소방호스, 소화전은 정상으로 유지해 놓을 것<br>10. 휘발유, 석유, 납사 등에 젖은 옷은 즉시 갈아 입을 것<br>11. 관리감독자가 교육한 안전교육내용에 따라 인화성물질을 취급할 것<br>12. 경보장치의 위치와 사용방법을 알아 둘 것<br>13. 화기 사용 후에는 반드시 소화 상태를 확인하고 작업장을 떠날 것<br>14. 하수구에는 절대로 유류를 버리지 말 것<br>15. 페인트 작업 시에는 특히 화기에 주의할 것 |

④ 지게차 점검 및 안전수칙

|  |  |
|---|---|
| 지게차 운전자 준수사항 | • 가스밸브를 확인한다(LPG 타입의 경우).<br>• 안전벨트를 착용한다.<br>• 사내 규정속도를 준수한다.<br>• 안전작업을 위하여 시간을 재촉하지 않는다.<br>• 무리한 작업을 하지 않는다.<br>• 작업 중에는 사람의 접근을 금한다.<br>• 규정된 정비 점검을 실시한다.<br>• 운전 중 급선회를 피한다.<br>• 물체를 높이 올린 상태로 주행하거나 선회하지 않는다.<br>• 이동 중 고장 발견 즉시 운전을 중단하고 관계자에게 보고한다.<br>• 운전자 이외의 근로자를 탑승시키지 않는다.<br>• 자격이 있고 지명된 자만 운전한다.<br>• 반드시 정해진 점검 항목에 따라서 점검한다.<br>• 연료 보급은 반드시 엔진을 중지한 후에 실시한다.<br>• 연료나 유압유가 새어나오는 경우 운전을 중지하고 관계자에게 보고한다.<br>• 작업계획에 따라 작업지시 순서를 준수하여 작업한다. |
| 운전자 점검사항 | • 브레이크가 제대로 작동하는지 여부<br>• 임의로 운행하지 못하게 되어 있는지 여부(Key 관리)<br>• 포크는 화물의 운반에 적당한지 여부<br>• 포크 부분에 손상된 곳은 없는지(휨, 균열, 마모 정도)의 여부<br>• 체인이 균형있게 당겨져 충분히 걸려 있는지 여부<br>• 경보장치의 작동 여부<br>• 전조등, 후미등 및 브레이크 등이 정상인지 여부<br>• 타이어가 손상된 곳은 없는지, 공기압이 적당한지의 여부<br>• 페달이 잘 밟아지는지의 여부<br>• 핸들 유격이 너무 크지 않은지의 여부<br>• 헤드 가드는 손상이 없는지의 여부<br>• 연결 장비가 풀리지 않게 잘 고정되어 있는지의 여부<br>• 조종기구의 작동이 정상인지(들어올림, 내림, 기울임, 연결기구)의 여부<br>• 높이 들어 올려진 포크 하부에서 유지 보수작업을 할 때에는 포크가 낙하되지 않도록 안전블록등으로 안전조치를 하였는지의 여부 |
| 주행 시 안전수칙 | • 안전벨트를 착용한 후 주행한다.<br>• 중량물을 운반중인 경우에는 반드시 제한속도를 유지한다.<br>• 평탄하지 않은 땅, 경사로, 좁은 통로 등에서는 급주행, 급브레이크, 급선회를 절대 하지 않는다.<br>• 화물은 마스트를 뒤로 젖힌 상태에서 가능한 낮추고 운행한다.<br>• 화물이 시야를 가릴 때는 후진하여 주행하거나 유도자를 배치한다.<br>• 경사로를 올라가거나 내려갈 때는 적재물이 경사로의 위쪽을 향하도록 하여 주행하고, 경사로를 내려오는 경우 엔진 브레이크, 발 브레이크를 걸고 천천히 운전한다.<br>• 지게차 자체의 무게와 화물의 무게를 감안하여 바닥 상태나 승강기 정격 하중을 확인한다.<br>• 화물을 불안정한 상태 혹은 편하중 상태로 옮겨서는 안 된다.<br>• 후륜이 뜬 상태로 주행해서는 안 된다.<br>• 포크 간격은 화물에 맞추어 조정한다.<br>• 낮은 천장이나 머리 위 장애물을 확인한다.<br>• 옥내 주행 시는 전조등을 켜고 주행한다.<br>• 운전석에서 전방 눈높이 이하로 적재한다.<br>• 모서리에서 회전할 때는 일단 정지 후 서행한다.<br>• 선회하는 경우에는 후륜이 크게 회전하므로 천천히 선회한다.<br>• 포크, 팔레트, 스키드, 밸런스 웨이트 등에 사람을 탑승시켜 주행해서는 안 된다.<br>• 도로상을 주행하는 경우에는 팔레트, 스키드를 꽂거나 포크의 선단에 표식을 부착하여 주행한다.<br>• 지게차 운전은 면허를 가진 지정된 근로자가 한다.<br>• 포크나 운반중인 화물 하부에 작업자의 출입을 금지한다. |
| 상 · 하역작업 안전수칙 | • 운반 · 적재할 화물 앞에서 일단 정지 후 마스트를 수직으로 세움<br>• 파레트 또는 시키드에 포크를 빼낼 때에는 접촉 또는 비틀리지 않도록 주의한다.<br>• 화물을 5~10㎝ 정도 들어올린 후 화물의 안정상태와 포크의 편하중 등을 확인한다.<br>• 지게차의 허용하중을 초과하지 않도록 화물 인양한다. |
| 경사로 안전수칙 | • 임식지게차는 경사진 장소에서 사용금지<br>• 급경사 언덕길을 오를 때는 포크의 선단이나 파레트 바닥부분이 노면에 접촉되지 않도록 하고, 되도록 지면 가까이 접근시켜 주행한다.<br>• 경사면을 따라 옆으로 주행하거나 방향을 전환하지 않도록 한다.<br>• 올라가거나 내려갈 때에는 적재된 화물이 언덕길의 위쪽을 향하도록 주행한다.<br>• 지게차가 앞쪽으로 기울어진 상태에서 화물을 올리지 않도록 주의한다. |

# Part 1 안전관리 단원평가

**1** **지게차 안전장치로 볼 수 없는 것은?**

① 네비게이션
② 대형 후사경
③ 룸미러
④ 주행 연동 안전벨트

해설
지게차 안전장치로는 주행연동 안전벨트, 후방 접근 경보장치, 대형 후사경, 룸미러, 포크위치표시, 포크받침대, 헤드가드 등이 있다.

**2** **다음 지게차 전도재해 예방에 대한 내용으로 적절하지 않은 것은?**

① 연약한 지반에서 편하중에 주의하여 작업한다.
② 지게차를 이용한 고소작업을 금지한다.
③ 급선회, 급제동 등을 하지 않는다.
④ 화물의 적재중량보다 작은 소형 지게차로 작업하지 않는다.

해설
**지게차 전도재해 예방**
① 연약한 지반에서는 받침판을 사용하고 작업한다.
② 연약한 지반에서 편하중에 주의하여 작업한다.
③ 지게차의 용량을 무시하고 무리하게 작업하지 않는다.
④ 급선회, 급제동, 오작동 등을 하지 않는다.
⑤ 화물의 적재중량보다 작은 소형 지게차로 작업하지 않는다.

**3** **안전보건표지의 종류별 용도 · 사용장소 · 형태 및 색채에서 바탕은 흰색, 기본모형은 빨간색, 관련부호 및 그림은 검정색으로 된 표지는?**

① 지시 ② 주의
③ 금지 ④ 보조

해설
금지표지는 바탕은 흰색, 기본모형은 적색, 관련부호 및 그림은 흑색으로 되어 있다.

**4** **안전보건표지의 종류에서 아래 표지그림의 내용으로 맞는 것은?**

① 차량 주차 금지
② 차량 시동 금지
③ 차량 탑승 금지
④ 차량 통행 금지

**5** **안전보건표지의 형태 · 종류에서 그림의 안전표지가 나타내는 내용은?**

① 냉각물질 경고
② 균형상실 경고
③ 폭발물질 경고
④ 매달린 물체경고

**6** **안전보건표지의 종류형태에서 그림의 표지내용으로 맞는 것은?**

① 안전모 착용
② 안전복 착용
③ 방독면 착용
④ 보안면 착용

**7** **산업재해의 분류에서 작업자가 평면상으로 넘어졌을 때(미끄러짐 포함)를 나타내는 말은?**

① 낙하 ② 추락
③ 전도 ④ 충돌

**8.** **안전장치를 선정할 때 고려해야 할 사항으로 맞지 않는 것은?**

① 강도면, 기능면에서 신뢰도가 클 것
② 안전장치 사용에 따른 방호장치가 완전할 것
③ 안전장치를 제거하거나 기능의 정지를 쉽게 할 것
④ 정기점검 이외에 사람이 별도 조정할 필요가 없을 것

해설
안전장치를 선정할 때 고려해야 할 사항으로는 안전장치를 제거하거나 또는 기능의 정지를 하지 못하도록 할 것

**9.** **보호구는 한국산업안전보건공단으로부터 검정을 받아야 하는데 예외인 것은?**

① 보안경
② 방한복
③ 안전장갑
④ 안전화

**10.** **전기기기에 의한 감전 사고를 방지하기 위해 필수적인 요소는?**

① 저항계 설치
② 애자방호 설비
③ 고압계 설비
④ 접지 설비

해설
접지설비는 전기 기기에 의한 감전 사고를 예방하기 위해 설치한다.

**11.** **화재예방의 조치로 적합한 내용이 아닌 것은?**

① 유류취급 장소에는 방화수를 준비한다.
② 흡연은 정해진 장소에서 한다.
③ 화기는 정해진 장소에서 사용한다.
④ 가연성 물질은 인화장소에 두지 않는다.

정답 1 ① 2 ② 3 ③ 4 ④ 5 ④ 6 ④ 7 ③ 8 ③ 9 ② 10 ④ 11 ①

**12.** 전기화재 시 가장 적당한 소화기는?

① 포말 소화기
② 이산화탄소 소화기
③ 중성 알카리 소화기
④ 암모니아 소화기

**13.** 다음은 화재 분류에 대한 설명으로 맞는 내용으로 연결된 것은?

① B급 화재 – 금속화재
② D급 화재 – 유류화재
③ D급 화재 – 금속화재
④ C급 화재 – 유류화재

해설
- A급 화재 : 일반 가연성 물질(종이, 목재, 석탄 등 물질이 연소된 후에 재를 남기는)화재
- B급 화재 : 유류(액상 또는 기체상의 연료)화재
- C급 화재 : 전기화재
- D급 화재 : 금속화재

**14.** 수공구를 사용할 때 주의사항으로 적절한 내용이 아닌 것은?

① 토크렌치는 볼트를 풀 때 사용한다.
② 공구사용 후 일정장소에 잘 정리해 놓는다.
③ 수공구 사용법에 대한 내용을 충분히 숙지한다.
④ 무리하게 공구를 사용하지 않는다.

**15.** 일반 스패너 사용시 주의할 내용과 거리가 먼 것은?

① 미끄러지지 않도록 조심히 쥘 것
② 스패너는 당기지 않고 밀어서 사용할 것
③ 스패너 손잡이에 긴 파이프를 연결해서 사용하지 말 것
④ 스패너와 볼트 · 너트사이에 다른 물질을 넣어 사용하지 말 것

**16.** 복스렌치가 오픈렌치에 비해 많이 사용되는 이유는?

① 가벼우며 양손으로 사용하는 데 무리가 없다.
② 값이 싸고 적은 힘으로 작업이 수월하다.
③ 볼트와 너트 주위를 완전히 감싸서 사용 중 미끄러지지 않는다.
④ 파이프 피팅 조임 등 작업용도가 다양하다.

해설
복스렌치를 오픈엔드렌치보다 많이 사용하는 이유는 볼트와 너트 주위를 완전히 감싸게 되어있어 사용 중에 미끄러지지 않기 때문이다.

**17.** 드라이버의 사용법으로 안전상 적합하지 않은 내용은?

① 전기 작업 시 절연된 손잡이를 사용한다.
② 강하게 조여있는 작은 공작물은 손으로 잡고 행한다.
③ 날 끝이 재료의 홈에 맞는 것을 사용한다.
④ 작은 크기의 부품인 경우에라도 바이스에 고정 후 작업한다.

해설
작은 공작물이라도 손으로 잡고 작업해서는 안된다.

**18.** 드릴링 머신으로 구멍을 뚫을 때 공작물 자체가 회전하기 쉬울 때는 언제인가?

① 구멍을 처음 뚫기 시작할 때
② 구멍을 중간쯤 뚫었을 때
③ 구멍을 거의 뚫었을 때
④ 구멍을 처음 뚫기 시작할 때와 거의 뚫었을 때

**19.** 전기용접의 아크 빛으로 인해 눈이 빨갛게 되거나 붓는 경우가 있다. 이때 응급조치로 맞는 내용은?

① 소금물로 눈을 세정하고 작업한다.
② 안약을 넣고 작업한다.
③ 눈을 잠시 감았다가 휴식을 취한 후 작업한다.
④ 냉습포를 눈 위에 올려놓고 안정을 취한다.

해설
용접 시 아크 빛에 의해 눈이 빨갛게 되거나 부을 때는 냉습포를 눈 위에 올려놓고 안정을 취한다.

**20.** 작업장에서 지켜야 할 안전수칙으로 잘못된 내용은?

① 밀폐된 실내에서는 시동을 걸지 않는다.
② 작업 중 부상자 발생시 신속히 응급조치를 하고 보고한다.
③ 기름걸레나 인화물질 등은 나무상자에 잘 보관한다.
④ 작업 후 공구나 부품을 그대로 방치하지 않는다.

해설
기름걸레나 기타 인화물질은 철제 상자에 보관한다.

**21.** 작업장 내 중량물 작업 시 올바른 방법은?

① 지렛대를 이용한다.
② 로프를 묶어서 작업한다.
③ 많은 인원을 동원해 작업한다.
④ 체인블록을 이용해 작업한다.

**22.** 기계시설의 안전 주의사항으로 틀린 것은?

① 발전기, 아크용접기, 엔진 등 소음이 나는 기계는 한 곳에 모아서 보관한다.
② 작업장 통로는 안전하게 다닐 수 있도록 정리정돈 한다.
③ 작업장 바닥이 미끄러워 보행에 지장을 주지 않도록 한다.
④ 회전부분 등은 위험하므로 반드시 방호장치를 해 둔다.

해설
발전기, 아크 용접기, 엔진 등 소음이 나는 기계는 분산시켜 배치한다.

**23.** 작업장에서 재해가 발생하지 않도록 하기 위한 방법으로 옳지 않은 것은?

① 폐기물은 지정장소에 보관한다.
② 작업장 통로나 창문등에 물건을 놓아서는 안된다.
③ 소화기 부근에 물건을 적재한다.
④ 공구는 일정장소에 보관한다.

정답 12 ② 13 ③ 14 ① 15 ② 16 ③ 17 ② 18 ③ 19 ④ 20 ③ 21 ④ 22 ① 23 ③

**24. 안전사항으로 모래, 쇳가루 등이 옷에 묻었을 경우 안전한 방법과 거리가 먼 내용은?**

① 솔로 털어낸다.
② 털이개를 이용하여 털어낸다.
③ 작업복을 벗고 털어낸다.
④ 작업복을 입은 채 압축공기를 이용하여 털어낸다.

**25. 작업 중 손이 끼어들어가는 안전사고 발생 시 우선 조치사항은?**

① 기계의 전원을 끈다.
② 장비를 해체한다.
③ 응급처치 한다.
④ 신고한다.

**26. 동력전달 장치 안전수칙에 맞는 내용이 아닌 것은?**

① 회전중인 기어에 손을 대지 않는다.
② 벨트 장착시 저속으로 운전해서 장착한다.
③ 벨트 및 기어장치에 방호장치를 한다.
④ 커플링 연결 시 키 등이 이탈되지 않도록 한다.

해설
벨트를 풀리에 걸 때에는 회전을 정지시킨 상태에서 안전하게 작업한다.

**27. 평탄한 노면에서 지게차 운전 하역작업 시 올바른 내용이 아닌 것은?**

① 불안정한 적재의 경우에는 빠르게 작업을 진행한다.
② 포크를 삽입하고자 하는 곳과 평행하게 한다.
③ 화물 앞에서 정지한 후 마스트가 수직이 되도록 기울여야 한다.
④ 파레트에 실은 짐이 안정되고 확실하게 실려 있는가를 확인한다.

해설
화물은 불안정한 상태 혹은 편하중 상태로 옮겨서는 안된다.

**28. 지게차 주차 시 안전조치로 틀린 것은?**

① 포크를 지면에서 20㎝ 정도 높이로 고정시킨다.
② 시동스위치의 키를 빼어 보관한다.
③ 엔진을 정지시키고 주차 브레이크를 잡아당겨 놓는다.
④ 포크의 끝단이 지면에 닿도록 마스트를 기울여 놓는다.

해설
주차 시 보행자의 안전을 위하여 지게차의 포크는 반드시 지면에 완전히 밀착시키고 엔진을 정지시킨다.

**29. 지게차에 대한 설명으로 잘못된 것은?**

① 포크를 상승시킬때는 리프트 레버를 뒤쪽으로, 하강시킬 때는 앞쪽으로 민다.
② 목적지에 도착하여 물건을 내릴 때는 틸트 실린더를 후경으로 전진한다.
③ 틸트레버는 앞으로 밀면 마스트가 앞으로 기울고 포크가 앞으로 기운다.
④ 짐을 싣기 위해 마스트를 약간 전경시키고  포크를 끼워 물건을 싣는다.

**30. 경사로에서 운전자가 지게차를 운행하여 올라가던 중 중심을 잃어 전도되었고 운전자 상체가 지게차 헤드가드와 지면 사이 끼여 사망하는 사고가 발생되었을 때의 안전수칙에 위배되는 내용으로 적절하지 않은 것은?**

① 지게차 무면허자가 운전
② 전방 시야 확보
③ 경사 및 커브길 안전속도(10km/h)이내로 유지하면서 급회전 함
④ 안전벨트 미착용

정답 24 ④ 25 ① 26 ② 27 ① 28 ① 29 ② 30 ②

## 01 외관점검

지게차를 효율적으로 운용하기 위한 점검 사항으로 작업 전에 실시하는 작업 전 점검, 작업 중에 확인하는 작업 중 점검, 작업 후 실시하는 작업 후 점검이 있다.

- **작업 전 점검**
  외관 점검, 누수, 누유 점검, 엔진오일 양 점검, 냉각수 양 점검, 유압오일 양 점검, 팬 벨트 장력 점검, 타이어 외관 상태 점검, 공기청정기 엘리먼트 청소, 축전지 점검 등이 있다.

- **작업 중 점검**
  지게차 작업 중 하는 점검으로 이상한 소리, 이상한 냄새, 배기색을 확인한다.

- **작업 후 점검**
  작업을 마치고 하는 점검으로 지게차 외관의 변형 및 균열 점검, 누유, 누수 점검, 등을 확인한다.

### (1) 타이어 공기압 및 손상 점검

① 타이어 : 엔진 시동 전 타이어의 공기압, 타이어의 손상, 림의 변형, 휠너트의 헐거움 등을 점검한다.

| 점검 내용 | 점검기준 |
|---|---|
| 1. 공기압을 점검한다.<br>2. 균열, 손상 및 편마모 유무를 점검한다.<br>3. 금속편, 돌, 기타 이물질이 끼어 있는지 점검한다.<br>4. 홈의 깊이를 점검한다.<br>5. 휠 너트 및 볼트가 헐거운지 점검한다.<br>6. 림, 사이드 링 및 휠 디스크의 균열, 손상 및 변형 유무를 점검한다.<br>7. 차륜을 공중에 띄워서 구동하거나 손으로 움직여 휠 베어링부의 덜거덕거림이나 이상음 유무를 점검한다. | 1. 제조업체가 지정한 기준값 이내일 것<br>2. 주행에 지장을 주는 균열, 손상 및 편마모가 없을 것.<br>3. 규정값 이상일 것<br>4. 이물질이 끼어있지 않을 것<br>5. 헐겁지 않을 것<br>6. 주행에 지장을 주는 균열, 손상 및 변형이 없을 것<br>7. 덜거덕거림 또는 이상음이 없을 것 |

### (2) 조향장치 및 제동장치 점검

① 브레이크 : 시동 전 오일양을 체크하고 시동을 건 후에는 페달의 여유, 작동상태를 점검 한다.

② 조향 : 핸들의 유격상태를 점검하고 핸들에 이상 진동발생 여부 확인 후 조작력에 차이가 있는지를 점검한다.

| 제동 점검 내용 | 조향 점검 내용 |
|---|---|
| 1. 페달의 유격 및 페달을 밟았을 때의 페달과 바닥판의 간격을 점검한다.<br>2. 주행 시 브레이크의 제동상태 및 편측 제동 유무를 점검한다.<br>3. 페달을 밟는 정도에 따른 에어 혼입 유무를 점검한다.<br>4. 페달을 조작하고 브레이크 개방 상태 및 잠금 상태와 스위치 개폐 타이밍을 점검한다. | 1. 핸들의 유격이 많은지 여부를 점검한다.<br>2. 핸들 조작 시 무거워 지는지를 점검한다.<br>3. 핸들 조작 시 타이어의 각도 여부를 점검한다.<br>4. 에어 혼입 유무를 확인한다.<br>5. 핸들 조작 시 이상소음이 발생하는지 여부를 확인한다. |

### (3) 엔진 시동 전·후 점검

| 시동 전 · 후 확인사항 | • 기어변속, 각 작용 레버가 정 위치(중립)에 있는지 확인한다.<br>• 핸드 브레이크가 확실히 당겨져 있는지 확인한다.<br>• 시동 후에는 저속 회전인지 확인한다.<br>• 엔진의 회전음, 폭발음, 배기가스의 상태, 엔진의 이상 유무를 확인한다.<br>• 기계의 작동상태를 확인한다. |
|---|---|

## 02 누유·누수 확인

### (1) 엔진 누유 점검

① 엔진 부위에서 누유된 부분이 있는지 육안으로 확인한다. 지게차의 지면을 확인하여 엔진오일의 누유 흔적을 확인한다.

② 엔진오일 유량 점검 방법 : 유면표시기를 빼어 유면표시기에 묻은 오일을 깨끗이 닦은 후 유면표시기를 다시 끼웠다 빼어 오일이 묻은 부분이 상한선과 하한선의 중간 부분에 위치하면 정상이다.

### (2) 유압 실린더 누유 점검

① 유압펌프 배관 및 호스와의 이음새 누유, 컨트롤밸브의 누유, 리프트 실린더 및 틸트 실린더의 누유를 확인한다.

② 유압 오일량 보충 시 유면표시기는 아래쪽에 L(low or min) 위쪽에 F(full or max)의 눈금이 표시되어 있다. 유압오일 양이 유면표시기의 L과 F 중간에 위치하고 있으면 정상이다.

### (3) 제동장치 및 조향장치 누유 점검

① 마스터 실린더 및 제동회로 라인 파이프 연결부위의 누유를 점검한다.

② 조향회로 라인 파이프 연결 부위 누유를 점검한다.

### (4) 냉각수 점검

① 냉각장치에서 누수된 부분이 있는지 육안으로 확인한 후 지게차의 지면을 확인하여 냉각수의 누수 흔적이 있는지 확인한다.

② 엔진 과열을 방지하기 위해 냉각장치 호스 클램프의 풀림 여부 및 각 이음 부위에서의 냉각수의 누수를 육안으로 확인하고 냉각수 양 부족 시 냉각수를 보충한다.

## 03 계기판 점검

### (1) 게이지 및 경고등, 방향지시등, 전조등 점검

① 엔진오일 윤활압력 게이지
윤활장치 내를 순환하는 오일 압력을 알려주는 게이지로 엔진이 작동하는 도중 엔진 압력이 규정값 이하로 떨어지면 경고등이 점등한다. 경고등이 점등되면 엔진 시동을 끄고 윤활장치를 점검한다.

② 냉각수 온도게이지
냉각수 온도게이지를 점검하여 냉각수 정상 순환 여부를 확인한다. 냉각수 온도 게이지는 엔진 가동 중 온도 증가를 보이도록 작동된다.

③ **연료게이지** : 연료게이지를 확인하여 연료를 주유한다.
④ **방향지시등 및 전조등** : 방향지시등 및 전조등을 확인하여 미점등 시 전구를 교환한다.
⑤ **아워미터** : 아워미터를 점검하여 지게차 누적 가동시간을 확인한다.

## 04 마스트·체인 점검

### (1) 체인 연결 부위 점검

① 포크와 리프트 체인 연결부의 균열 여부를 확인하여 포크의 휨, 이상 마모, 균열 및 핑거보드와의 연결 상태를 점검한다.
② 마스트의 휨, 이상 마모, 균열 여부 및 변형을 확인하며 리프트 실린더를 조작하여 마스트의 정상 작동 상태를 점검한다.

### (2) 마스트 및 베어링 점검

① 리프트 레버를 조작, 리프트 실린더를 작동하여 리프트 체인 고정핀의 마모 및 헐거움을 점검하고 마스트 베어링의 정상 작동 상태를 점검한다.
② 좌우 리프트 체인의 유격 상태를 확인한다.

## 05 엔진시동 상태 점검

### (1) 축전지 점검

축전지 단자 부식 및 결선 상태를 점검한다.
MF 축전지의 점검방법은 점검 창의 색깔로 확인 할 수 있다.
① **녹색** : 충전된 상태
② **검정색** : 방전된 상태(충전 필요)
③ **흰색** : 축전지 점검(축전지 교환)

### (2) 예열장치 점검

예열플러그 작동 여부 및 예열시간을 점검한다.

| 예열플러그 단선 원인 | 1. 엔진이 과열되었을 때<br>2. 엔진 가동 중에 예열시킬 때<br>3. 예열플러그에 규정 이상의 과대 전류가 흐를 때<br>4. 예열시간이 너무 길 때<br>5. 예열플러그 설치 시 조임 불량일 때 |
|---|---|

### (3) 시동장치 점검

시동전동기 작동 상태를 점검한다.

| 시동전동기가 회전하지 않는 원인 | 1. 기동 스위치 접촉 및 배선 불량일 때<br>2. 계자코일이 손상되었을 때<br>3. 브러쉬가 정류자에 밀착이 안 될 때<br>4. 전기자 코일이 단선되었을 때 |
|---|---|

### (4) 연료계통 점검

연료계통에 수분 및 이물질 혼입 또는 연료라인 내에 공기 혼입으로 연료 공급에 문제가 있거나 연료공급펌프의 작동 불량으로 압력이 저하되어 노즐 점검을 필요로 한다.

# Part 2 작업 전 점검 단원평가

**1. 건설기계 등록을 하지 않아도 되는 타이어로 카운터 밸런스 전동지게차에 주로 사용되며 실내에서 작업능률이 좋은 타이어는?**

① 클램프 타이어 ② 와이어 타이어
③ 고압 타이어 ④ 솔리드 타이어

해설
솔리드 타이어
건설기계관리법에 따라 등록을 안해도 되며 비포장 실외보다는 실내작업에서 능률이 좋다.

**2. 지게차 인칭조절 장치에 대한 설명으로 맞는 것은?**

① 트랜스미션 내부에 있다.
② 브레이크 드럼 내부에 있다.
③ 디셀레이터 페달이다.
④ 작업장치의 유압상승을 억제한다.

**3. 지게차에서 작업 전 점검사항으로 적절하지 않은 것은?**

① 바닥에 오일이 누유되어 있다.
② 이상 소음의 발생 여부를 확인한다.
③ 엔진 오일량이 부족하다.
④ 팬 벨트 장력을 점검한다.

해설
지게차에서 작업 전 점검사항으로는 각부 누유, 누수 점검, 엔진오일량, 냉각수량, 유압오일 량, 팬 벨트 장력점검, 타이어 외관상태 등을 점검하고 소음은 작동 중 점검사항이다.

**4. 다음 내용 중 지게차의 브레이크 페달 자유 유격에 대한 내용으로 맞는 것은?**

① 페달을 밟았을 때 조향 실린더의 유압이 릴리스 레버를 밀어서 드럼에 닿을 때 까지의 간격을 말한다.
② 페달을 밟았을 때 마스터 실린더의 유압이 릴리스 레버를 밀어서 드럼에 닿을 때 까지의 간격을 말한다.
③ 페달을 밟았을 때 조향 실린더의 유압이 브레이크 라이닝을 밀어서 드럼에 닿을 때 까지의 간격을 말한다.
④ 페달을 밟았을 때 마스터 실린더의 유압이 브레이크 라이닝을 밀어서 드럼에 닿을 때 까지의 간격을 말한다.

해설
브레이크 페달 자유 유격은 운전자가 브레이크 페달을 밟았을 때 마스터 실린더의 유압이 브레이크 라이닝을 밀어서 드럼에 닿을 때 까지의 간격을 말한다.

**5. 장비의 뒷부분에 설치되어 화물을 실었을 때 앞쪽으로 기울어지는 것을 방지하기 위해 설치되어 있는 것은?**

① 기관 ② 클러치
③ 변속기 ④ 평형추

해설
평형추는 지게차의 뒷부분에 설치되어 화물을 실었을 때 앞쪽으로 기울어지는 것을 방지하기위해 설치되어 있다.

**6. 지게차 조종레버의 구성으로 틀린 것은?**

① 로우어링
② 덤핑
③ 리프팅
④ 틸팅

해설
① 로우어링 : 포크하강
② 리프팅 : 포크상승
③ 틸팅 : 마스트 기울임

**7. 지게차에서 마스트 · 체인 점검내용과 관련없는 것은?**

① 리프트 체인 및 마스트 베어링 상태를 점검한다.
② 포크와 체인의 연결부위 균열상태를 점검한다.
③ 마스트 상하 작동상태를 확인한다.
④ 좌, 우 포크상태를 확인한다.

해설
좌 · 우 리프트 체인을 점검한다.

**8. 지게차 디젤 엔진 시동 시 시일드형 예열플러그의 내용이 아닌 것은?**

① 병렬 결선 되어 있다.
② 발열량이 크고 열용량도 크다.
③ 예열시간이 짧고 직렬 결선 되어 있다.
④ 발열부가 열선으로 되어 있다.

해설
시일드형 예열플러그는 튜브 속에 열선이 들어있어 연소실에 노출이 되지 않으며 병렬 결선되어 있다.

**9. 지게차 화물취급 작업 시 준수해야 할 사항으로 틀린 것은?**

① 화물 앞에서 일단 정지해야 한다.
② 화물 근처에 왔을 때 가속페달을 밟는다.
③ 지게차를 화물 쪽으로 반듯하게 향하고 포크가 파레트를 마찰하지 않도록 주의한다.
④ 파레트에 실려 있는 물체의 안전한 적재 여부를 확인한다.

해설
화물작업에서 화물근처에 왔을때는 브레이크 페달을 밟는다.

**10. 지게차 화물운반 작업 중 적당한 것은?**

① 댐퍼를 뒤로 3° 정도 경사시켜 운반한다.
② 마스트를 뒤로 4° 정도 경사시켜 운반한다.
③ 샤퍼를 뒤로 6° 정도 경사시켜 운반한다.
④ 바이브레이터를 뒤로 8° 정도 경사시켜 운반한다.

해설
지게차로 화물을 운반할때는 마스트 경사를 뒤로 4° 정도 경사시켜 운반한다.

정답 1 ④ 2 ① 3 ② 4 ④ 5 ④ 6 ② 7 ④ 8 ③ 9 ② 10 ②

# 3단원 화물적재 및 하역작업

## 01 화물의 무게중심 확인

### (1) 화물의 종류 및 무게중심

화물 크기와 무게에 따라 화물의 중심을 파악하여 안전한 적재 방법을 결정한다.

무게중심은 물체의 양쪽이 균형을 이루는 점으로 두 직선이 만나는 점이 물체의 무게중심이다. 지게차로 화물 적재 시 화물의 종류 및 형상에 따라 적정한 규격의 지게차를 사용하여야 하며, 화물 낙하에 의한 재해를 예방해야 한다. 화물의 무게중심 위치를 표시하는 데 표시 방법은 무게중심의 위치가 쉽게 보이도록 필요한 곳에 표시한다.

### (2) 작업장치 상태 점검

① 적재할 화물의 무게중심을 확인하여 포크의 넓이를 조정한다. 조정 방식은 수동방식과 자동방식이 있다.

② 수동 조정 방식

포크 위 핑거보드 고정장치를 해제하고 수동으로 포크 넓이를 조정한다.

③ 자동 조정 방식

포크 넓이 자동조절장치로 운전석에서 포크 포지셔너 레버를 조작하여 포크 넓이를 조정한다.

| | |
|---|---|
| 하이마스트 | 상승과 하강이 신속하고 높은 위치에서 적당하며 공간 활용과 작업능률이 좋다. |
| 사이드 시프트 마스트 | 방향을 바꾸지 않고 중심에서 벗어나 용이하게 작업할 수 있다. |
| 프리 리프트 마스트 | 천정이 낮은 작업의 적재작업에 우수하다. |
| 로드 스태빌라이저 | 포크상단에 압력판을 부착하여 깨지기 쉬운 화물이나 적재물 낙하방지를 한다. |
| 트리플 스테이지 마스트 | 3단 마스트로 천정이 높은 장소의 작업에 적합하다. |
| 로테이팅 클램프 마스트 | 화물에 손상과 빠짐을 방지하기 위해 고무판이 있으며, 원추형 화물을 회전이동시켜 작업 시 적합하다. |
| 힌지 포크 | 원목이나 파이프 등의 화물운반에 적합하다. |
| 힌지 버킷 | 모래, 소금, 석탄, 비료 등 흐르기 쉬운 작업에 적합하다. |

### (3) 화물의 결착

중량물 운반 작업 시에는 화물의 높이, 균형, 부피 등의 위험 요소를 점검하여 와이어, 로프, 체인블럭 등으로 견고하게 묶는다.

### (4) 포크 삽입 확인

포크는 L자형의 2개이며 핑거보드에 체결되어 화물을 받쳐드는 부분이다. 포크의 폭은 파레트 폭의 1/2 ~ 3/4 정도가 좋다.

## 02 화물 하역 작업

### (1) 화물 적재 상태 확인

| | |
|---|---|
| 적재 작업 | • 적재 장소 가까이에서는 속도를 줄이고 화물 앞에서 일단 정지를 한다.<br>• 화물에 포크를 직각으로 댄다.<br>• 포크의 삽입 위치를 확인하고 서서히 포크를 삽입한다.<br>• 화물이 한쪽으로 쏠리지 않도록 적재하고 화물의 낙하에 대비해서 로프 등으로 견고히 묶는다.<br>• 운전자의 시야를 가리지 않도록 눈높이 밑으로 화물을 적재한다.<br>• 파레트에 적재된 화물이 안전하며, 확실하게 쌓여 있는가를 확인한다.<br>• 화물을 적재할 때는 포크 안에 깊숙히 적재하여 화물의 안정성을 높인다.<br>• 밑에 걸리는 물건이 없는지 확인 후 마스트를 뒤로 기울여 적재한다. |

### (2) 마스트 각도 조절

① 마스트의 전경각 : 지게차의 기준 무부하 상태에서 지게차의 마스트를 쇠스랑 쪽으로 가장 기울인 경우 마스트가 수직면에 대하여 이루는 기울기를 말한다.

② 마스트의 후경각 : 지게차의 기준 무부하 상태에서 지게차의 마스트를 조종실 쪽으로 가장 기울인 경우 마스트가 수직면에 대하여 이루는 기울기를 말한다.

③ 마스트의 전경각 및 후경각 : 다음 각 호의 기준에 맞아야 한다. 다만, 철판 코일을 들어 올릴 수 있는 특수한 구조인 경우 또는 안전에 지장이 없도록 안전경보장치 등을 설치한 경우에는 그러하지 아니하다.

- 카운터밸런스 지게차의 전경각은 6° 이하, 후경각은 12° 이하일 것
- 사이드 포크형 지게차의 전경각 및 후경각은 각각 5° 이하일 것

### (3) 하역 작업

| | |
|---|---|
| 하물의 하역 순서 | • 내리고자 하는 하물의 바로 앞에 오면 지게차 속도를 감속한다<br>• 하물 앞에 가까이 접근하였을 때에는 일단 정지한다<br>• 적재되어 있는 하물의 무너짐이나 그 밖의 위험이 없는지 확인한다<br>• 마스트를 수직으로 하고, 포크를 수평으로 하여 적재된 팰릿과 스키드의 위치까지 상승시킨다<br>• 포크는 꽂는 위치를 확인한 후 정면으로 향하여 천천히 꽂는다<br>• 꽂아 넣은 후 5~10㎝ 상승시키고, 팰릿과 스키드를 10~20㎝ 정도 앞으로 당겨서 일단 내린다<br>• 다시 한 번 포크를 끝까지 깊숙이 꽂아 넣고, 하물이 포크의 수직 전면 또는 백레스트에 가볍게 접촉하면 상승시킨다<br>• 하물을 상승시킨 후 안전하게 내릴 수 있는 위치까지 천천히 운전하여 밑으로 내린다<br>• 지상으로부터 5~10㎝의 높이까지 내리고, 마스트를 충분히 뒤로 기울인 후 포크를 바닥에서 약 15~20㎝의 위치에 놓고 목적하는 장소로 운반한다 |

# Part 3 화물적재 및 하역작업 단원평가

**1. 둥근 목재나 파이프 등을 작업하는 데 적합한 지게차의 작업 장치는?**

① 블록 클램프 ② 사이드 시프트
③ 하이 마스트 ④ 힌지드 포크

해설
① 블록 클램프 : 콘크리트 블록 등 집게 작업을 할 수 있는 장치를 지닌 것이다.
② 사이드 시프트 : 방향을 바꾸지 않고도 백레스트와 포크를 좌우로 움직여 지게차 중심에서 벗어난 파레트의 화물을 용이하게 작업할 수 있다.
③ 하이 마스트 : 가장 일반적이며 작업공간을 최대한 활용할 수 있다. 또 포크의 승강이 빠르고 높은 능률을 발휘할 수 있는 표준형 마스트이다.
④ 힌지드 포크 : 둥근목재, 파이프등의 화물을 운반 및 적재하는 데 적합하다.

**2. 지게차 화물취급 작업 시 준수해야 할 사항으로 틀린 것은?**

① 화물 앞에서 일단 정지해야 한다.
② 화물 근처에 왔을 때 가속페달을 밟는다.
③ 지게차를 화물 쪽으로 반듯하게 향하고 포크가 파레트를 마찰하지 않도록 주의한다.
④ 파레트에 실려 있는 물체의 안전한 적재 여부를 확인한다.

해설
화물작업에서 화물 근처에 왔을 때는 브레이크 페달을 밟는다.

**3. 지게차의 하역방법 중 틀린 것은?**

① 짐을 내릴 때 가속페달은 사용하지 않는다.
② 짐을 내릴 때 마스트를 앞으로 약 4° 정도 기울인다.
③ 리프트 레버를 사용할 때 눈은 마스트를 주시한다.
④ 짐을 내릴 때 틸트 레버 조작은 필요 없다.

**4. 지게차로 적재작업을 할 때 유의사항으로 틀린 것은?**

① 화물 앞에서 일단 정지한다.
② 운반하려고 하는 화물 가까이 가면 속도를 줄인다.
③ 화물이 무너지거나 파손 등의 위험성 여부를 확인한다.
④ 화물을 높이 들어 올려 아랫부분을 확인하며 천천히 출발한다.

해설
지게차로 적재작업 시 화물을 높이 들어 올리면 전복되기 쉽다.

**5. 다음 중 지게차의 마스터 경사각에 대한 내용으로 잘못된 것은?**

① 사이드 포크형 지게차의 전경각 및 후경각은 각각 5° 이하일 것
② 카운터밸런스 지게차의 전경각은 6° 이하, 후경각은 12° 이상일 것
③ 마스트의 전경각이란 지게차의 기준 무부하 상태에서 지게차의 마스트를 쇠스랑쪽으로 가장 기울인 경우 마스트가 수직면에 대하여 이루는 기울기를 말한다.
④ 마스트의 후경각이란 지게차의 기준 무부하 상태에서 지게차의 마스트를 조종실쪽으로 가장 기울인 경우 마스트가 수직면에 대하여 이루는 기울기를 말한다.

해설
카운터밸런스 지게차의 전경각은 6° 이하, 후경각은 12° 이하일 것

**6. 지게차에 대한 설명으로 틀린 것은?**

① 짐을 싣기 위해 마스트를 약간 전경시키고 포크를 끼워 물건을 싣는다.
② 틸트 레버는 앞으로 밀면 마스트가 앞으로 기울고 따라서 포크가 앞으로 기운다.
③ 포크를 상승시킬때는 리프트 레버를 뒤쪽으로 하강시킬때는 앞쪽으로 민다.
④ 목적지에 도착 후 물건을 내리기 위해 틸트 실린더를 후경시켜 전진한다.

**7. 지게차를 운전할 때 유의사항으로 틀린 것은?**

① 주행할때는 포크를 가능한 한 낮게 내려 주행한다.
② 적재물이 높아 전방 시야가 가릴때는 후진하여 주행한다.
③ 포크 간격은 적재물에 맞게 수시로 조정한다.
④ 후방 시야 확보를 위해 뒤쪽에 사람을 탑승시켜야 한다.

해설
지게차를 운전할 때 유의할 사항은 ①,②,③ 이외에 후방 시야 확보를 위해 뒤쪽에 사람을 탑승시켜서는 안된다.

**8. 지게차의 포크삽입 주의사항으로 관련 없는 것은?**

① 화물 바로 앞에 도달했을 때 일단 정지하여 마스트를 전경각으로 놓는다.
② 포크의 간격은 파레트 폭의 1/2 이상 3/4 이하 정도 유지하여 적재한다.
③ 파레트 스키드에 꽂아 넣을 때는 화물에 똑바로 향하고 포크 삽입 위치를 확인한다.
④ 단위 포장 화물은 무게 중심에 따라 포크 폭을 조정하고 천천히 넣는다.

해설
화물앞에 도착했을 때는 일단 정지 후 마스트를 수직으로 한다.

**9. 지게차 포크에 화물을 적재하고 주행할 때 포크와 지면과의 간격으로 적합한 것은?**

① 지면으로부터 0~10㎝ ② 지면으로부터 20~30㎝
③ 지면으로부터 40~50㎝ ④ 지면으로부터 60~80㎝

해설
화물을 적재하고 주행 시 포크와 지면과의 거리간격은 20~30㎝가 좋다.

**10. 마스트 및 포크에 관한 내용으로 잘못된 것은?**

① 포크 이송장치에 좌우 폭 조정 장치가 없는 기계식은 수동으로 포크를 조정한 후 안전핀을 꽂아야 한다.
② 마스트(Mast)란 포크 장착장치(Cage)를 상하 또는 전후로 작동하게 하는 장치를 말한다.
③ 포크 이동장치(Side shift)란 포크를 장착하고 화물의 적재 및 하역을 용이하게 하기 위하여 포크의 폭 또는 좌우를 조정하는 유압 실린더를 탑재하고 포크케이지에 장착된 후 안전핀을 꽂아야 한다.
④ 포크란 차체의 앞에 부착된 지게차 주목적 부착장치로써 화물을 적재하는 데 사용하는 장치를 말한다.

해설
포크 이동장치(Side shift)란 포크를 장착하고 화물의 적재 및 하역을 용이하게 하기 위하여 포크의 폭 또는 좌우를 조정하는 유압 실린더를 탑재하고 포크케이지에 장착된 장치로서 안전핀이 필요 없다.

정답 1 ④ 2 ② 3 ④ 4 ④ 5 ② 6 ④ 7 ④ 8 ① 9 ② 10 ③

# 4단원 화물운반작업

## 01 전·후진 주행

전 · 후진 레버를 중립 위치에서 앞으로 밀면 전진이 되고 뒤쪽으로 당기면 후진이 선택된다.

### (1) 전·후진 주행 방법

노면과 주변 상황에 따라 후진작업 시 후사경과 후진경고음을 확인하며 주행한다.

① 전 · 후진 주행 작동원리 및 후진작업(주행)

㉠ 엔진에서 생성된 동력이 유체 클러치(torque converter)를 회전시키고 일체로 장착된 유체 트랜스미션 또는 기계식 미션을 작동하며 연결된 엑슬 샤프트를 회전타이어가 회전하여 전 · 후진에 동력을 얻게 되는 원리이다.

㉡ 전 · 후진 속도는 보통 저속, 고속 2단 형태로 작업 시 저속을 사용하며 공차 주행 시는 고속을 사용한다.

㉢ 대형 지게차의 경우는 고출력을 얻기 위하여 최종 구동부에 종감속(Final drive) 장치를 장착하여 사용한다.

㉣ 유체 크러치를 사용함에도 화물을 적재하고 전 · 후진 레버 작동 시 엔진 회전이 공회전 이상일 경우 지게차에 충격 및 비정상 작동이 발생될 수 있으므로 항상 가속기에서 발을 뗀 후 전 · 후진 레버 작동을 원칙으로 하고 급출발, 급제동을 자제하여 서서히 전 · 후진을 하여야 한다.

㉤ 적재 후 후진작업 시에는 후진 레버 작동 전 후사경으로 확인 후 주행코자 하는 방향을 주시하여 이상 유무 확인 후 레버를 조작하여야 하며 조작 후 경고등 및 경고음 작동상태에서 가속기를 서서히 밟아 후진한다.

※ 운행경로 및 통로 바닥에 관해 사전 숙지한다.

② 운행경로

㉠ 지게차 1대가 다니는 통로는 운행 지게차의 최대폭에 60cm 이상의 여유를 확보한다.

㉡ 지게차 2대가 다니는 통로는 지게차 2대의 최대폭에 90cm 이상의 여유를 확보한다.

㉢ 지게차를 이용하여 화물을 싣거나 하역하는 작업장은 평탄하고 지게차 하중과 화물의 하중을 견딜 수 있는 견고한 구조여야 한다.

㉣ 지게차의 운행통로는 지반에 부등 침하, 노견의 붕괴에 의한 전도 위험이 없어야 한다.

㉤ 지게차의 운행통로에는 운행을 방해하는 장애물이 제거되어야 한다.

㉥ 적재 후 언덕, 경사지 등에는 운행 중 전도의 위험이 없도록 가드레일 또는 안전판을 설치하도록 한다.

| 경사지 주행 방법 | |
|---|---|
| 적재 시 | 전진 ↗, 후진 ↙ |
| 공차 시 | 전진 ↙, 후진 ↗ |

㉦ 주행 도로는 지정된 곳만 주행하여야 한다.

㉧ 작업장 내 도로 주행의 속도는 작업장 규정 속도로 주행하고 일반 도로와 연결되는 경우 신호수를 세우고 신호수 지시에 따라 운행한다.

㉨ 비포장도로, 좁은 통로, 언덕길 등에서는 급출발이나, 급브레이크 조작, 급선회 등을 하지 않는다.

㉩ 지게차는 전방 시야가 나쁘므로 전후좌우를 충분히 관찰하여야 하며 적재된 화물이 시야를 방해할 때는 보조자의 수신호를 따른다.

③ 주행 시 안전

㉠ 지게차 주행속도는 10km/h를 초과할 수 없다.

㉡ 비포장 및 좁은 통로, 굴곡이 있는 곳 등에서는 급출발이나 급브레이크 사용, 급 선회전 등을 하지 않는다.

㉢ 탑재한 화물이 시야를 현저하게 방해할 때에는 보조자를 배치하여야 하며 화물 적재 상태에서 지상에서부터 30cm 이상 들어 올리거나 마스트가 수직이거나 앞으로 기울인 상태에서 주행하여서는 아니 된다.

㉣ 선회 시에는 감속하고, 수송물의 안전에 유의하며, 차체 뒷부분이 주변에 접촉되지 않도록 주의한다.

㉤ 후진 시에는 경광등과 후진경고음 경적 등을 사용한다.

㉥ 도로상을 주행할 때에는 포크의 선단에 표식을 부착하는 등 보행자와 작업자가 식별할 수 있도록 한다.

㉦ 적재화물이나 지게차에는 사람을 태우고 주행하지 않는다.

㉧ 적재하중이 무거워 지게차의 뒷쪽이 들리는 듯한 상태로 주행해서는 안 된다.

㉨ 포크 밑으로 사람을 출입하게 하여서는 안 된다.

<table>
<tr><td>적치작업</td><td>① 화물을 적치하는 경우에는 다음과 같은 순서로 한다.<br>㉠ 적치하는 장소의 바로 앞에 오면 안전한 속도로 감속한다.<br>㉡ 적치하는 장소의 앞에 접근하였을 때에는 일단 정지한다.<br>㉢ 적치하는 장소에 화물의 붕괴, 파손 등의 위험이 없는지 확인한다.<br>㉣ 마스트를 수직으로 하고 포크를 수평으로 한 후, 내려놓을 위치보다 약간 높은 위치까지 올린다.<br>㉤ 내려놓을 위치를 잘 확인한 후, 천천히 전진하여 예정된 위치에 내린다.<br>㉥ 천천히 후진하여 포크를 10~20㎝ 정도 빼내고, 다시 약간 들어올려 안전하고 올바른 적재 위치까지 밀어 넣고 내려야 한다.<br>② 적치하는 경우에 포크를 완전히 올린 상태에서는 틸트(뒤로 기울임)장치를 거칠게 조작하지 않는다.<br>③ 적치를 하는 상태에서는 절대로 차에서 내리거나 이탈하여서는 안된다.</td></tr>
<tr><td>적치된 화물 내리기 조작</td><td>① 내리고자 하는 화물의 바로 앞에 오면 안전한 속도로 감속한다.<br>② 화물 앞에 가까이 접근하였을 때에는 일단 정지한다.<br>③ 적재되어 있는 화물이 붕괴나 그 밖의 위험이 없는지를 확인한다.<br>④ 마스트를 수직으로 하고, 포크를 수평으로 하여 파렛트 또는 스키드의 위치까지 올린다.<br>⑤ 포크를 화물 밑 끝까지 깊숙이 꽂아 넣고, 화물이 포크의 수직 전면 또는 백레스트에 가볍게 접촉한 후에 올린다.<br>⑥ 안전하게 내릴 수 있는 위치까지 천천히 후진하여 밑으로 내린다.<br>⑦ 바닥면으로부터 5~10㎝의 높이까지 내리고, 마스트를 충분히 뒤로 기울인 후, 포크를 바닥면으로부터 약 15~30㎝의 높이로 한 상태에서 목적하는 장소로 이송한다.</td></tr>
</table>

### (2) 주행시 포크의 위치

1) 주행 시 안전수칙

① 안전벨트를 착용한 후 주행한다.
② 중량물을 운반 중인 경우에는 반드시 제한속도를 유지한다.
③ 평탄하지 않은 땅, 경사로, 좁은 통로 등에서는 급주행, 급브레이크, 급선회를 절대 하지 않는다.
④ 화물은 마스트를 뒤로 젖힌 상태에서 가능한 한 낮추고 운행한다.
⑤ 화물이 시야를 가릴 때는 후진하여 주행하거나 유도자를 배치한다.
⑥ 경사로를 올라가거나 내려갈 때는 적재물이 경사로의 위쪽을 향하도록 하여 주행하고 경사로를 내려오는 경우 엔진 브레이크, 발 브레이크를 걸고 천천히 운전한다.
⑦ 지게차 자체의 무게와 화물의 무게를 감안하여 바닥 상태 등을 확인한다.
⑧ 화물을 불안정한 상태 혹은 편하중 상태로 옮겨서는 안 된다.
⑨ 후륜이 뜬 상태로 주행해서는 안 된다.
⑩ 포크 간격은 화물에 맞추어 조정한다.
⑪ 낮은 천장이나 머리 위 장애물을 확인한다.
⑫ 옥내 주행 시는 전조등을 켜고 주행한다.
⑬ 운전석에서 전방 눈높이 이하로 적재한다.
⑭ 모서리에서 회전할 때는 일단 정지 후 서행한다.
⑮ 선회하는 경우에는 후륜이 크게 회전하므로 천천히 선회한다.
⑯ 포크, 파렛트, 스키드, 밸런스 웨이트 등에 사람을 탑승시켜 주행해서는 안 된다.
※ **스키드** : 지게차 포크 길이를 연장하기 위해 덧신처럼 끼우는 연장 포크
⑰ 도로상을 주행하는 경우에는 파렛트, 스키드를 꽂거나 포크의 선단에 표식을 부착하여 주행한다.
⑱ 지게차 운전은 면허를 가진 지정된 근로자가 한다.
⑲ 포크나 운반 중인 화물 하부에 작업자의 출입을 금지한다.

## 02 화물운반 작업

### (1) 유도자의 수신호

| | |
|---|---|
| 유도자의 조건 | ① 유도자는 안전한 위치에 있어야 한다.<br>② 지게차운전 작업자가 신호자를 확실히 볼 수 있어야 한다.<br>③ 유도자는 지게차 및 적재한 화물을 확실하게 볼 수 있어야 한다.<br>④ 지게차운전 작업자에 대한 신호는 한 사람이 보내도록 한다.<br>(단, 긴급중지 신호일 때는 제외한다) |
| 수신호의 요건 | ① 수신호는 지게차운전 작업자가 완전히 숙지하여야 한다.<br>② 수신호는 명확하고 간결하여야 한다.<br>③ 한 손 신호는 다른 쪽 손으로도 사용할 수 있어야 한다. |

| NO | 구분 | 행동 |
|---|---|---|
| 1 | 호 출 | 오른팔을 높이 들어 올린다. |
| 2 | 포크 상승 | 오른팔을 들고 오른손 중지손가락으로 원을 그린다. |
| 3 | 포크 하강 | 오른팔을 들고 내리는 동작을 한다. |
| 4 | 화물 이동 | 오른팔을 들고 오른손 중지손가락으로 이동할 이동 위치를 반복하여 가리킨다. |
| 5 | 포크 전경 | 오른팔을 들고 오른손 엄지손가락을 아래쪽으로 반복하여 가리킨다. |
| 6 | 포크 후경 | 오른팔을 들고 오른손 엄지손가락을 위쪽으로 반복하여 가리킨다. |
| 7 | 작업 완료 | 오른손으로 거수경례를 한다. |
| 8 | 정지 | 오른팔을 들고 주먹을 쥔다. |
| 9 | 급정지 | 두 손을 넓게 올려 좌우로 크게 흔든다. |
| 10 | 작업 종료 | 양 손을 배에 대고 가볍게 모은다. |

### (2) 출입구 확인

① 차 폭과 입구의 폭을 확인하도록 한다.
② 부득이 포크를 올려서 출입하는 경우에는 출입구 높이에 주의한다.
③ 얼굴 및 손이나 발을 차체 밖으로 내밀지 않도록 한다.
④ 반드시 주위 안전상태를 확인한 후 출입해야 한다.

# Part 4 화물운반작업 단원평가

**1. 지게차에 짐을 싣고 창고나 공장을 출입할 때 주의사항 중 틀린 것은?**

① 팔이나 몸을 차체 밖으로 내밀지 않는다.
② 차폭이나 출입구의 폭은 확인할 필요가 없다.
③ 주위 장애물 상태를 확인 후 이상이 없을 때 출입한다.
④ 짐이 출입구 높이에 닿지 않도록 주의한다.

**2. 지게차 전 · 후진에 대한 내용으로 맞는 것은?**

① 가속페달 밟은 상태로 전 · 후진 레버를 작동해도 된다.
② 전 · 후진 속도는 보통 저속, 고단 4단 형태로 사용한다.
③ 대형 지게차의 경우 고출력을 얻기 위해 최종 구동부에 터보를 장착한다.
④ 적재 후 후진작업시 후진레버 작동전 후사경으로 주행방향을 주시한다.

해설
가속페달을 밟은 상태로 전 · 후진 레버 작동 시 충격, 비정상 작동으로 위험하기 때문에 해서는 안된다.

**3. 지게차 운행경로에 대한 설명으로 옳지 않은 것은?**

① 지게차의 운행통로에 쌓여있는 장애물이 있을 경우 서행으로 피해서 주행한다.
② 지반에 부등 침하, 노견의 붕괴에 의한 전도 위험이 없어야 한다.
③ 지게차 1대가 다니는 통로는 운행 지게차의 최대폭에 60㎝ 이상의 여유를 확보한다.
④ 지게차 2대가 다니는 통로는 운행 지게차 2대의 최대폭에 90㎝ 이상의 여유를 확보한다.

해설
지게차 통로 주행 시 운행을 방해하는 장애물이 있으면 위험하므로 제거해야 한다.

**4. 지게차에서 화물운반 시 유도자의 수신호에 대한 내용으로 옳은 것은?**

① 작업종료 → 양팔을 수평상태로 든다.
② 포크 상승 → 오른팔을 들고 오른손 엄지손가락으로 원을 그린다.
③ 포크 전경 → 오른팔을 들고 엄지손가락으로 아래 위치를 반복 지시한다.
④ 정지 → 양팔을 들고 주먹을 쥔다.

해설
- 정지 → 오른팔을 들고 주먹을 쥔다.
- 작업종료 → 양손을 배에 대고 가볍게 모은다.
- 포크 상승 → 오른팔을 들고 오른손 중지손가락으로 원을 그린다.

**5. 지게차를 주행할 때 주의사항으로 틀린 것은?**

① 급유 중은 물론 운전 중에도 화기를 가까이 하지 않는다.
② 적재 시 급제동을 하지 않는다.
③ 내리막길에서는 브레이크를 밟으면서 서서히 주행한다.
④ 적재 시에는 최고속도로 주행한다.

**6. 주행 시 안전에 대한 내용으로 잘못된 것은?**

① 후진 시에는 경광등과 후진경고음 경적등을 사용한다.
② 적재하중이 무거워 지게차의 뒷쪽이 들리는 듯한 상태로 주행해서는 안 된다.
③ 지게차에는 운전자와 신호 유도자 외에 사람을 태우고 주행하지 않는다.
④ 지게차 주행속도는 10km/h를 초과할 수 없다.

해설
지게차에는 운전자만 탑승하고 다른 사람을 탑승시켜서는 안된다.

**7. 지게차의 운행 방법으로 틀린 것은?**

① 화물을 싣고 경사지를 내려갈 때도 후진으로 운행해서는 안된다.
② 이동 시 포크는 지면으로부터 300mm의 높이를 유지한다.
③ 주차 시 포크는 바닥에 내려 놓는다.
④ 급제동하지 말고 균형을 잃게 할 수도 있는 급작스런 방향전환도 삼간다.

**8. 지게차를 운전하여 화물운반 시 주의사항으로 적합하지 않은 것은?**

① 노면이 좋지 않을때는 저속으로 주행한다.
② 경사로를 운전 시 화물을 위쪽으로 한다.
③ 화물운반 거리는 5m 이내로 한다.
④ 노면에서 약 20~30㎝ 상승 후 주행한다.

해설
지게차 화물운반 작업에 관한 내용은 ①,②,④ 이외에 화물운반 거리는 약 100m 이내이다.

**9. 유도자의 수신호 조건이 아닌 것은?**

① 신호 수단으로 파이프 연장 공구를 사용해도 된다.
② 작업자가 신호자를 확실하게 볼 수 있어야 한다.
③ 긴급중지 신호일 때 유도자 외에 다른 사람이 중지신호를 할 수 있다.
④ 안전한 위치에 있어야 한다.

**10. 지게차로 짐을 싣고 경사지에서 운반을 위한 주행 시 안전상 올바른 운전 방법은?**

① 포크를 높이들고 주행한다.
② 내려갈때는 저속 후진한다.
③ 내려갈때는 변속레버를 중립에 위치한다.
④ 내려갈때는 시동을 끄고 타력으로 주행한다.

해설
경사로를 내려올 때는 화물이 언덕쪽으로 가도록 저속 후진 주행한다.

정답 1 ② 2 ④ 3 ① 4 ③ 5 ④ 6 ③ 7 ① 8 ③ 9 ① 10 ②

# 5단원 운전시야 확보

## 01 운전시야 확보

① 제한속도는 화물의 종류와 지면의 상태에 따라서 운전자가 반드시 준수하여야 한다.
② 운행 통로를 확인하여 장애물을 제거하고 주행동선을 확인한다.
③ 작업장 내 안전표지판은 목적에 맞는 표지판이 정위치에 설치되어 있는지 확인한다.
④ 지게차는 조종사 앞쪽에서 화물 적재작업이 주목적이기 때문에 적재 후 이동할 때 통로의 확인 및 하역할 때 하역 장소에 대한 사전답사가 반드시 필요하다.

### (1) 적재물 낙하 및 충돌사고 예방

| | |
|---|---|
| 낙하 또는 충돌 주의 (운행동선 확인) | ① 적재화물의 폭을 측정하여 운행동선을 확인하고 통행 가능 여부를 확인하여야 하며 착오로 작업에 중단이 발생되지 않도록 한다.<br>② 출입구 진입 시 높이와 폭을 확인하여 진입 가능 여부를 판단하도록 한다.<br>③ 주행 시 적재화물의 낙하에 주의하여야 하며 사전에 통행로에 문제점이 있는지를 확인하여야 한다.<br>④ 주행 시 노면의 상태에 따라 덜컹거림이 발생한다. 이때는 화물의 중량, 내용물(유체), 체적, 및 도로의 요철 상태에 따라 동하중이 발생되므로 적재 전 공차로 현장 답사를 하여 예측 가능한 속도 및 장애물의 대처 능력을 검토해야 한다.<br>⑤ 보조자의 배치 시는 항상 신호수의 위치를 확인하고 수신호에 따라 작업한다. |

### (2) 접촉사고 예방

| | |
|---|---|
| 작업자와 보행자의 안전거리 확보 | ① 제한속도는 현장 여건에 맞추어 시행하여야 하며 화물의 종류와 지면의 상태에 따라서 운전자가 필히 속도에 따른 제동거리를 준수하여야 한다.<br>② 일반차도 주행 시는 지역별 통행 제한구역 및 시간이 있으므로 관련 법규를 준수하여야 이동이 가능하므로 목적지까지 이동 가능 여부가 사전 확인되어야 한다.<br>※ 예외 규정 : 통행허가를 받은 장비는 통행제한 대상에서 제외된다.<br>③ 도로상을 주행할 때에는 포크의 선단에 표식을 부착하는 등 보행자와 작업자가 식별할 수 있도록 하며 주행속도에 비례한 안전거리를 확보한 방어운전을 하여야 한다. |

## 02 장비 및 주변상태 확인

① 동력전달장치의 이상 소음 여부를 확인한다.
② 조향핸들의 유격이 정상인지 상하좌우 및 앞뒤로 덜컹거림의 발생 여부를 확인한다.
③ 주차 브레이크 레버를 완전히 당긴 상태에서 여유를 확인하고 평탄한 노면에서 저속으로 주행한다.
④ 주행할 때 레버 작동으로 브레이크 작동상태 및 소음발생 여부를 확인한다.
⑤ 브레이크 페달의 여유 및 페달을 밟았을 때 페달과 바닥판의 간격 유무를 확인한다.
⑥ 마스트 고정 핀과 부싱, 가이드 및 롤러 베어링, 리프트 실린더 연결핀과 부싱, 브래킷 및 연결부분, 리프트 체인 마모 및 좌우 균형 상태, 마스트를 올림 상태에서 정지시켰을 때 자체하강이 없는지(실린더 내 피스톤 실 누유상태 확인)등을 점검한다.

### (1) 운전 중 작업장치 성능확인

| | |
|---|---|
| 1. 마스트 작동상태 확인 | ① 마스트 작동 레버를 당기어 마스트가 정상 상승 속도로 작동되는지를 확인하고 레버를 밀어서 하강 작동하면 마스트 가이드 레일 및 레일 베어링의 윤활 상태를 확인하고 마모 및 이상 유무를 점검한다.<br>② 마스트 작동 시 리프트 체인의 양쪽 균형이 맞는지 확인하고 윤활유 주유 상태 및 각종 볼트 체결 상태를 확인한다.<br>③ 유압호스의 정렬 상태를 확인하고 호스 텐션릴(tension rill) 및 가이드 활차(sheave) 와의 유압호스 접촉면의 마모 이상 유무를 확인한다.<br>④ 유압호스와 실린더 연결 부위의 누유 여부를 확인한다. |
| 2. 포크 작동상태 확인 | ① 포크 폭 및 이동장치의 정상 유무를 확인하고 작동한 후 유압 작동유 누유와 장치 부분의 마모 상태를 확인한다.<br>② 유압 호스와 실린더 연결 부위를 확인하고 누유 여부를 확인한다.<br>③ 포크에 장착된 추가 작업 장치가 있는 경우 장착물의 균열, 마모 등 정상작동 상태를 확인한다.<br>④ 포크는 단조강으로 절곡 부위에 하중이 가장 많이 받기 때문에 육안으로 수시로 점검하여 균열이 의심되면 발생 부위에 형광탐색 검사(dye panetration)를 시행하여 확인하여야 한다. |
| 3. 주행장치 이상 유무 점검 | ① 토크 컨버터와 트랜스미션은 유체식 커플링을 통해서 습식 트랜스미션으로 동력이 전달되며, 대형 지게차의 경우 파이널 드라이브 장치가 장착되었으며 유성기어와 선기어 장치로 구동된다.<br>② 모든 작동장치가 윤활 오일의 공급이나 오일의 교환 시기를 지키지 않으면 고장의 원인이 되므로 교환 시기를 지켜야 한다.<br>③ 작동 중 동력전달장치의 움직임의 이상 감각이나 이상 소음이 발생하거나 트랜스미션 및 동력 전달장치에서 이상 소음이 발생하면 즉시 이상 부위의 발열 상태 등을 확인한 후 작업을 중단하고 전문 정비요원에게 의뢰한다.<br>④ 동력전달장치의 누유 부분은 트랜스미션의 메인 샤프트 리테이너(main shaft rearretainer)와 디퍼런셜(differencial)씰, 허브씰 등으로 누유 상태를 육안으로 점검한다.<br>⑤ 트랜스미션은 유니버설 조인트 쪽으로 연결되는 샤프트의 리테이너에서 누유가 가장 많으며 케이스의 커버 개스킷에서도 누유가 발생한다.<br>⑥ 차동장치 오일의 누유가 가장 많이 발생하는 곳은 차동 장치의 피니언기어의 리테이너이며 그 다음으로는 파이널 드라이브 장치 커버 개스킷에서 누유가 발생한다. |
| 4. 기어오일과 변속기오일 | ① 기어오일과 변속기오일은 기어와 베어링이 포함된 밀폐된 곳에서 사용하는 오일로 기어의 마모를 방지하고 기어에서 발생하는 열을 냉각시키는 역할을 한다.<br>② 기어오일의 교환이나 선택은 반드시 제작사 매뉴얼에 따라 수행하여야 한다. |

## (2) 이상 소음

|  |  |
|---|---|
| 1. 동력전달장치 | ① 클러치 및 클러치 페달 (기계식 경우)<br>중립상태에서 클러치를 밟고 이상 소음 발생 여부 확인 및 변속기어 변속 시 클러치의 이상 상태 여부 확인<br>② 파워 트랜스미션의 경우 주행 레버 작동 시 덜컹거림 발생 여부 확인 후 이상 소음 없이 주행하는지 확인 |
| 2. 조향장치 | 핸들의 유격이 정상인지 상하좌우 및 앞뒤로 덜컹거림의 발생 여부 확인 |
| 3. 주차 브레이크 | 레버를 완전히 당긴 상태에서 여유를 확인하고 평탄 노면에서 저속주행 시 레버 작동으로 브레이크 작동 상태 및 소음 이상 유무 확인 |
| 4. 주행 브레이크 | 페달의 여유 및 페달을 밟았을 때 페달과 바닥판의 간격 유무 확인 |
| 5. 작업장치의 소음 상태 판단 | ① 마스트 고정핀(foot pin) 및 부싱 상태 확인<br>② 가이드 및 롤러 베어링 정상 작동 확인<br>③ 마스트 리프트 실린더 및 연결핀, 부싱 상태 확인<br>④ 브라켓 및 연결부 상태 확인<br>⑤ 리프트 체인 마모 및 좌우 균형 상태 확인<br>⑥ 마스트를 올림 상태에서 정지 시 자체 하강이 없는지 확인 (실린더 내 피스톤씰 누유상태 확인) |
| 6. 포크 이송장치 소음 상태 판단 | ① 유압실린더 고정 핀, 부싱 정상 연결 확인<br>② 호스 연결 확인 및 고정 상태 확인<br>③ 구조물의 손상 및 외관 상태 확인<br>④ 가이드 및 롤러 베어링 정상작동 확인<br>⑤ 포크 이동 및 각 부 주유 상태 확인 |
| 7. 작동장치 이상 소음 확인 및 조치 능력 | ① 마스트를 최대한 올리고 내림을 2~3회 반복하여 이상 소음 확인<br>② 마스트를 앞뒤로 2~3회 반복 조종하여 이상 소음 확인<br>③ 포크 폭을 2~3회 반복 조종하여 이상 소음 확인 |
| 8. 후각에 의한 판단 | ① 엔진 과열로 엔진오일의 타는 냄새 구분<br>② 클러치 디스크 및 브레이크 라이닝 타는 냄새 구분<br>③ 작동유의 과열로 인한 냄새 구분<br>④ 각종 구동 부위의 베어링 타는 냄새 구분 |

## (3) 운전 중 장치별 누유·누수

|  |  |
|---|---|
| 1. 엔진오일 누유 확인 | • 엔진에서 누유된 부분이 있는지 육안으로 확인한다. 주기된 지게차의 지면을 확인하여 엔진오일의 누유 흔적을 확인한다.<br>• 엔진오일량 확인, 헤드가스킷, 크랭크축 부위 점검 |
| 2. 엔진 냉각수 누수 확인 | • 냉각장치에서 누수된 부분이 있는지 육안으로 확인한다. 주기된 지게차의 지면을 확인하여 냉각수의 누수 흔적을 확인한다.<br>• 냉각수량 확인, 워터펌프, 라디에이터 러버 호스 부위 등 점검 |
| 3. 작동유의 누유 확인 | • 유압오일이 유압장치에서 누유된 부분이 있는지 육안으로 확인한다. 주기된 지게차의 지면을 확인하여 유압오일의 누유 흔적을 확인한다.<br>• 유압장치의 정상 작동을 위해 각 실린더 및 유압호스의 누유 상태를 점검한다. |
| 4. 제동장치의 누유 점검 | • 마스터 실린더 및 제동계통 파이프 연결 부위의 누유를 점검한다. |
| 5. 조향장치의 누유 점검 | • 조향계통 파이프 연결 부위에서의 누유를 점검한다. |

# Part 5 운전시야 확보 단원평가

**1. 지게차에 대한 설명으로 틀린 것은?**

① 짐을 싣기 위해 마스트를 약간 전경시키고 포크를 끼워 물건을 싣는다.
② 틸트 레버는 앞으로 밀면 마스트가 앞으로 기울고 따라서 포크가 앞으로 기운다.
③ 포크를 상승시킬때는 리프트 레버를 뒤쪽으로 하강시킬 때는 앞쪽으로 민다.
④ 목적지에 도착 후 물건을 내리기 위해 틸트 실린더를 후경시켜 전진한다.

**2. 지게차 작업 운전시야를 확보하기 위해 확인해야 될 요소가 아닌 것은?**

① 야간작업에 필요한 후레시 준비
② 제한속도 준수 표지 인식
③ 매뉴얼에 명시된 안전 경고 라벨 인식
④ 야외작업시 햇빛으로 인한 보호안경 착용

해설 시야확보를 위해서 각 위험요소를 파악할 수 있는 요구사항이 필요하다. 야간작업시에는 불분명한 시야로 시야확보를 위한 조명시설이 필요하다.

**3. 지게차에서 적재화물에 가려 주위가 잘 보이지 않을 때 전방시야를 확보하기 위한 내용으로 가장 적절한 내용은?**

① 운전자 혼자서 전방을 잘 살피며 작업한다.
② 적재한 포크를 높이 든 상태로 시야를 확보한다.
③ 보조 신호수와 항상 서로 맞대면으로 통하여야 한다.
④ 운전자가 수시로 얼굴과 몸을 움직여 주위를 살피면서 작업한다.

해설 시야가 확보되지 않은 작업 시에는 반드시 보조 신호수를 요구하여 충돌과 낙하 사고를 예방하여야 한다.

**4. 지게차 포크 이송장치에서 소음이 발생하여 점검하고자 한다. 점검 부위로 틀린 것은?**

① 호스 연결 및 고정상태 확인
② 포크 이동 및 각 부 주유상태 확인
③ 유압실린더 고정 핀, 부싱 정상연결 확인
④ 파워 트랜스미션 작동 여부 확인

해설 파워 트랜스미션 작동 여부는 동력전달장치의 소음상태를 확인하는 부분이다.

**5. 지게차를 운전하여 화물운반 시 주의사항으로 적합하지 않은 것은?**

① 노면이 좋지 않을때는 저속으로 주행한다.
② 경사로를 운전시 화물을 위쪽으로 한다.
③ 화물운반 거리는 5m 이내로 한다.
④ 노면에서 약 20~30㎝ 상승 후 주행한다.

해설 지게차 화물운반 작업에 관한 내용은 ①, ②, ④ 이외에 화물운반 거리는 약 100m 이내이다.

**6. 지게차의 균열 의심부위 점검방법으로 형광탐색 검사를 실시하여 대형사고를 예방하는 장치부위는?**

① 마스트 ② 틸트 ③ 리프팅 ④ 포크

해설
포크
적재 하중이 많은 포크의 절곡 부위에 균열이 발생할 수 있어 형광탐색 검사를 실시한다.

**7. 지게차의 주행장치 성능확인 점검 내용으로 맞지 않는 것은?**

① 차동장치 오일의 누유가 가장 많이 발생하는 곳은 차동장치의 피니언기어의 리테이너이다.
② 트랜스미션은 유니버설 조인트 쪽으로 연결되는 샤프트의 리테이너에서 누유가 가장 많다.
③ 모든 작동장치가 영구적이라 윤활 오일의 공급이나 오일의 교환이 따로 필요없다.
④ 트랜스미션 및 동력 전달장치에서 이상 소음이 발생하면 즉시 이상 부위의 발열 상태 등을 확인한 후 작업을 중단하고 전문 정비요원에게 의뢰한다.

해설 모든 작동장치가 윤활 오일의 공급이나 오일의 교환 시기를 지키지 않으면 고장의 원인이 되므로 교환 시기를 지켜야 한다.

**8. 지게차의 엔진 정상작동 확인 점검 내용으로 맞지 않는 것은?**

① 터보차저가 부착된 엔진은 터보차저 임펠라 샤프트에 충분한 윤활유가 공급되도록 시동을 걸 때나 끌 때 약 2~3분간 저속에서 워밍업을 해야 한다.
② 터보차저의 누유는 흡입계통의 문제이므로 누유와는 큰 문제가 되지 않는다.
③ 엔진오일 누유 점검 부분은 윤활계통 전체이나 특히 회전부위 리테너 씰과 기밀을 유지시켜 주는 패킹씰 부분에서 누유가 발생한다.
④ 경사지 35° 이상에서 작업 시 엔진오일 순환이 안 되어 엔진에 치명적인 고장이 발생되므로 35° 이하의 경사지에서 작업을 해야 한다.

해설 터보차저의 누유는 배기가스와 함께 외부로 배출되기 때문에 주의 깊은 관찰이 필요하며 배기구 쪽 연결부에 오일이 관찰되면 누유를 확인하여야 한다.

**9. 유압유 누유 시 문제점에 해당하지 않는 내용은?**

① 유압 장치 계통 내의 윤활 부족으로 마모와 열이 발생한다.
② 공기를 흡입하여 유압장치에 스펀지현상을 일으키고 스펀지현상으로 각 작동부와 압력부에 고열로 열화 현상을 만들어 유압 부품에 고장을 일으킨다.
③ 누유로 유압유 부족량이 많으면 유압장치가 작동되지 않는다.
④ 누유되는 곳으로 이물질이 혼입되어 유압장치의 수명을 단축시킨다.

해설 스펀지 현상 : 제동 회로 내에 공기 함입 시 제동 페달을 밟아도 압력이 생기지 않고 페달이 쑥 들어가 제동이 되지 않는 현상

**10. 지게차를 주행할 때 주의사항으로 틀린 것은?**

① 급유 중은 물론 운전 중에도 화기를 가까이 하지 않는다.
② 적재 시 급제동을 하지 않는다.
③ 내리막길에서는 브레이크를 밟으면서 서서히 주행한다.
④ 적재 시에는 최고속도로 주행한다.

정답 1 ④ 2 ① 3 ③ 4 ④ 5 ③ 6 ④ 7 ③ 8 ② 9 ② 10 ④

# 6단원 작업 후 점검

## 01 안전주차

① 건설기계 관련 시행규칙에 따른 주기장을 선정한다.
② 전 · 후진 레버는 중립에 놓는다.
③ 포크를 지면에 완전히 내린다.
④ 포크의 끝부분이 지면에 닿도록 마스트를 앞으로 적절히 기울인다.
⑤ 시동 스위치를 OFF로 하여 기관의 가동을 정지시킨 후 주차브레이크를 작동시키고 시동키는 빼둔다.
⑥ 경사지에 주차했을 때 안전을 위하여 바퀴에 고임목을 사용하여 주차한다.

### (1) 주기장 선정

① (건설기계대여업의 등록 등) 법 제21조 및 영 제13조에 따라 건설기계대여업을 등록하려는 자는 별지 제28호서식의 건설기계대여업 등록신청서(전자문서로 된 등록신청서를 포함한다)에 다음 각 호의 서류(전자문서를 포함한다)를 첨부하여 건설기계대여업을 영위하는 사무소의 소재지를 관할하는 시장 · 군수 또는 구청장(자치구의 구청장을 말한다. 이하 같다)에게 제출하여야 한다.
다만, 영 제13조 제3항의 규정에 의하여 2 이상의 법인 또는 개인이 공동으로 건설기계대여업을 영위하기 위하여 등록하는 경우에는 연명등록자의 제2호의 서류를 각각 첨부하여야 한다.
  ㉠ 건설기계 소유 사실을 증명하는 서류
  ㉡ 사무실의 소유권 또는 사용권이 있음을 증명하는 서류
  ㉢ 주기장소재지를 관할하는 시장 · 군수 · 구청장이 발급한 별지 제29호서식의 주기장시설 보유확인서
  ㉣ 영 제13조 제4항의 규정에 의한 계약서 사본

② 건설기계대여업을 영위하는 사무소가 2이상인 경우에는 그 사무소를 관할하는 시장 · 군수 또는 구청장에게 각각 등록(전자문서에 의한 등록을 포함한다)하여야 하며 그 사무소별로 제59조에 따른 등록기준을 갖추어야 한다.

③ 제1항에 따라 등록신청을 받은 시장 · 군수 또는 구청장은 제59조에 따른 등록기준에의 적합 여부를 확인한 후 별지 제30호 서식의 건설기계대여업 등록증을 교부(전자문서에 의한 교부를 포함한다)하여야 한다.

④ (일반건설기계대여업) 영 제13조 제3항의 규정에 의하여 2 이상의 법인 또는 개인이 공동으로 일반건설기계 대여업을 영위하고자 하는 경우에는 그 대표자 및 각 구성원은 각각 건설기계를 소유한 자이어야 한다.
영 제13조 제4항의 규정에 의한 계약서에는 다음 각 호의 사항을 명시하여야 한다.
  ㉠ 계약의 기간 및 계약해지에 관한 사항
  ㉡ 사무실 및 주기장의 관리책임을 포함한 대표자의 권리 · 의무에 관한 사항
  ㉢ 사업운영비용의 분담, 사무실 · 주기장의 사용 및 건설기계 대여 등을 포함한 연명등록자의 권리 · 의무에 관한 사항
  ㉣ 기타 필요한 사항

⑤ (건설기계사업자의 변경신고) 건설기계사업자(영 제13조 제3항의 규정에 의하여 공동으로 설기계대여업을 영위하는 경우에는 그 대표자를 말한다)가 법 제24조의 규정에 의한 변경신고를 하고자 하는 경우에는 변경신고 사유가 발생한 날부터 30일 이내에 별지 제33호서식의 건설기계사업자 변경신고서에 변경사실을 증명하는 서류와 등록증을 첨부하여 건설기계사업의 등록을 한 시장 · 군수 또는 구청장에게 제출하여야 한다.

⑥ 법 제24조에서 등록한 사항에 변경이란 다음 각 호의 어느 하나에 해당하는 사항의 변경을 말한다.
  ㉠ 상호 또는 대표자
  ㉡ 사무실 · 주기장 또는 정비장의 규모
  ㉢ 사무실 · 주기장 또는 정비장의 소재지
  ㉣ 건설기계의 보유대수(보유대수의 변경으로 건설기계대여업의 구분이 변경되는 경우에 한한다)

⑦ 주기장이란 바닥이 평탄하여 지게차를 주차하기에 적합하여야 하며 진입로는 건설기계 및 수송용 트레일러가 통행할 수 있는 곳을 말한다.

### (2) 주차 제동장치 체결

| | |
|---|---|
| 주기장에 주차 후 주차 제동장치를 체결 | 운전석을 떠나는 경우에 주차 시 전 · 후진 레버를 중립에 위치하고 주차 브레이크를 체결 후 안전하게 주차함을 말한다. |
| 주차 시 지게차 포크의 위치 | 주차 시 보행자의 안전을 위하여 지게차의 포크는 반드시 지면에 완전히 밀착시키고 엔진을 정지시킨다. |

### (3) 주차 시 안전조치

| | |
|---|---|
| 지게차 주차 공간 필요시 주기장을 임차하여 선정한다. | • 지게차 주차 시 전 · 후진 레버를 중립에 위치하게 하고 주차 브레이크를 체결할 수 있어야 한다.<br>• 지게차 주차 시 마스트를 앞으로 기울이고 포크는 지면에 완전히 밀착 시킬 수있어야 한다.<br>• 지게차 운행 종료 후 장비 시동키는 안전하게 보관 할 수 있어야 한다.<br>• 지게차를 경사지에 임시 주차 시 바퀴에 고임대를 설치할 수 있어야 한다. |

## 02 연료상태 점검

① 연료게이지를 확인하고 부족 시 연료를 보충한다.
② 동절기에는 온도차에 따른 결로현상 방지를 위해 연료를 가득 채워 놓아야 한다.
③ 연료게이지를 점검하여 연료 상태 확인을 한다.
④ 연료게이지 고장 시 판단하여 이상 유무를 확인 할 수 있다.

### (1) 연료량 및 누유 점검

| | |
|---|---|
| 연료 주입시 주의사항 | ① 급유 중에는 기관 가동을 멈추고 지게차에서 내린다.<br>② 급유 중 흡연을 하거나 불꽃을 일으켜서는 안된다.<br>③ 급유는 안전한 장소에서 실시한다.<br>④ 연료를 완전히 소진하거나 연료 수준이 너무 낮게까지 내려가지 않도록 주의한다. |
| 연료 주입방법 | ① 지정된 안전한 장소에 주차한다.<br>② 전 · 후진 레버를 중립에 두고 포크를 지면까지 내린다.<br>③ 주차 브레이크를 체결하고 엔진을 정지시킨다.<br>④ 연료주입구 캡을 열고 연료를 채운다.<br>⑤ 연료 주입 시 주입구에 연료가 새어나오지 않도록 주의한다. |

## 03 외관 점검

| | |
|---|---|
| 운전 작업 전 점검사항 | ① 연료 · 냉각수 및 기관 오일 보유량과 상태를 점검한다.<br>② 유압유의 유량과 상태를 점검한다.<br>③ 각 작업장치 핀 부분의 니플에 그리스를 주유한다.<br>④ 타이어 공기압을 점검한다.<br>⑤ 각종 부품의 볼트나 너트의 풀림 여부를 점검한다.<br>⑥ 각종 윤활유 및 냉각수의 누출 부위는 없는지 점검한다. |
| 운전 작업 중 점검사항 | ① 엔진의 이상 소음 및 배기가스 색깔을 점검한다.<br>(배기가스 색은 무색이어야 정상)<br>② 유압경고등, 충전경고등, 온도계 등 각종 경고등과 계기들을 점검한다.<br>③ 각 부분의 오일 누출 여부를 점검한다.<br>④ 각종 레버 및 페달의 작동상태를 점검한다.<br>⑤ 운전 중 경고등이 점등하거나 결함이 발생하면 즉시 정차시킨 후 점검한다. |
| 작업 완료 후 점검사항 | ① 각 부품의 변경 및 파손 유무, 볼트나 너트의 풀림 여부를 점검한다.<br>② 지게차 내 · 외부를 청소한다.<br>③ 연료를 보충한다. 전동지게차의 경우에는 축전지 전해액 높이를 점검하고, 전해액이 부족하면 증류수를 극판 위 10mm 정도 보충한다.<br>④ 전동지게차의 경우에는 축전지를 충전시킨다. |

### (1) 휠 볼트, 너트 상태 점검

① 휠의 볼 시트 또는 휠 너트의 볼 면에는 윤활유를 주입하지 않고 허브의 설치면, 휠 너트 및 평 설치면들이 깨끗한지 확인한 후 24시간 운전한 후에 휠 너트들을 다시 조인다.

② 이중 휠로 되어있는 경우 두 휠에 대해서 동일한 조임 순서를 따른다.

| | |
|---|---|
| 조향륜 | ① 조향륜을 설치하고 서로 맞은편(180° )의 두 너트를 끼우고 조이고 나머지 너트들도 설치하고 모든 너트를 서로 맞은편(180° )끼리 순차로 조인다. 440±35 N · m (325±25 lb · ft)의 토크까지 조인다. |
| 구동륜 | ① 구동륜을 설치하고 서로 맞은편(180° )의 두 너트를 끼우고 조인다.<br>② 나머지 너트들도 설치하고 모든 너트를 서로 맞은편(180° ) 끼리 순차로 조인다.<br>600±90 N · m (440±60 lb · ft)의 토크까지 조인다. |

### (2) 그리스 주입 점검

| | |
|---|---|
| 그리스 주입 | ① 솔이나 헝겊으로 깨끗이 닦은 후 그리스를 주입한다.<br>㉠ 마스트 서포트 – 2개소<br>㉡ 틸트 실린더 핀 – 4개소<br>㉢ 킹 핀 – 4개소<br>㉣ 조향 실린더 링크 – 4개소 |
| 각 부의 그리스 급유 | ① 급유할 부분을 깨끗이 닦고 급유한다.<br>㉠ 리프트 체인 : SAE 30 ~ 40 정도의 오일로 닦은 후 그리스를 바른다.<br>㉡ 마스트 가이드 레일 롤러의 작동 부위 : 그리스를 주입한다.<br>㉢ 슬라이드 가이드 및 슬라이드 레일 : 전체적으로 고르게 그리스를 바른다.<br>㉣ 내, 외측 마스트 사이의 미끄럼부 : 전체적으로 고르게 그리스를 바른다.<br>㉤ 포크와 핑거바 사이의 미끄럼부 : 그리스를 바른다. |

### (3) 윤활유 및 냉각수 점검

| | |
|---|---|
| 기관오일 교환 시 주의사항 | • 기관에 알맞은 오일을 선택한다.<br>• 주유할 때 사용지침서 및 주유표에 의한다.<br>• 오일 교환 시기를 맞춘다.<br>• 재생오일(사용하다가 빼낸 오일)은 사용하지 않는다. |
| 냉각수 점검 | • 기관이 과열된 경우에는 기관의 시동을 정지시킨 후 라디에이터에 냉각수를 천천히 부어 주어야 한다.<br>• 실린더헤드 개스킷의 불량, 헤드 볼트의 풀림 등이 발생하면 냉각 계통에서 배기가스가 누출된다.<br>• 기관을 시동한 후 충분히 시간이 지났는데도 냉각수 온도가 정상적으로 상승하지 못하는 원인은 서머스 탯(정온기, 온도 조절기)이 열린 채로 고장이며 과랭하는 상태이다.<br>• 냉각수가 동결이 되면 냉각수의 체적이 늘어나기 때문에 기관이 동파된다. |

## 04 작업 및 관리일지 작성

① 운전 중 발생하는 특이사항에 대해 작업일지에 작성해야 한다.

② 장비의 효율적 관리 목적으로 작업의 시간, 종류 등을 일지에 작성해야 한다.

③ 연료게이지를 확인하여 연료 상태를 점검하여 부족시 보충하고 기록을 해야 한다.

④ 장비 안전관리 목적으로 정비 부분 요소와 사용 부품을 일지에 기록해야 한다.

### (1) 작업일지

- 운전 중 발생하는 특이 사항을 관찰하여 작업일지에기록
- 장비의 효율적인 관리를 위하여 사용자의 성명과 작업의 종류, 가동시간 등을 작업 일지에기록
- 연료 게이지를 확인하여 연료를 주입하고 작업일지에 기록

### (2) 장비 관리일지

- 장비 관리일지는 장비명, 장비규격, 등록번호, 정비개소, 부품사용내역, 정비일자, 정비내용, 정비업소 등을 포함 한다.
- 장비 안전관리를 위하여 정비 개소 및 사용 부품 등을 장비 관리일지에 기록

| | |
|---|---|
| 수시 정비 | 1. 수 분리기 – 배수<br>2. 연료계통의 프라이밍(디젤엔진에만 해당)<br>3. 퓨즈, 전구 및 전원차단기 – 교환, 리셋 |
| 매 10 사용 시간 또는 일간 정비 | 1. 엔진 액체 누설 검사<br>2. 엔진오일 레벨 점검<br>3. 냉각수 레벨 점검, 청소<br>4. 에어클리너 지시기 점검 |
| 최초 50~100 사용 시간 또는 일주일 후 정비 | 1. 엔진오일 및 오일 필터 교환<br>2. 변속기유, 오일필터 및 스트레이너 청소, 교환<br>3. 드라이브 액셀 오일 점검, 청소, 교환<br>4. 주차 브레이크 시험, 조정 |
| 최초 250 사용 시간 또는 1개월 후 정비 | 1. 유압 리턴필터 교환 |

|  |  |
| --- | --- |
| 매 250 사용 시간 또는 매월 주기 정비 | 1. 필터 엘리먼트 정비<br>2. 유압오일 레벨 점검<br>3. 흡기계통 점검, 청소<br>4. 드라이브 액셀 오일 레벨 점검<br>5. 마스트, 캐리지, 리프트 체인 및 어태치먼트 검사, 주유<br>6. 조향장치 점검, 주유<br>7. 배터리 단자 청소, 검사<br>8. 엔진오일 및 필터 교환 |
| 매 500 사용 시간 또는 3개월 주기 정비 | 1. 벨트 점검, 조정<br>2. 마스트 힌지 핀 주유<br>3. 틸트 실린더 점검, 조정, 주유<br>4. 크로스헤드 롤러 검사<br>5. 구동자축 오일 및 스트레이너 점검, 청소, 교환<br>6. 경음기와 지시등 (설치되었을 경우) 점검<br>7. 오버헤드 가드 검사<br>8. 조향 현가장치 검사 |
| 매 1,000 사용 시간 또는 6개월 주기 정비 | 1. 연료 필터 교환<br>2. 흡기계통 교환<br>3. 연료관 및 피팅 점검<br>4. 유압리턴 필터 – 교환<br>5. 에어 브리더 교환<br>6. 리프트 체인 시험, 점검, 조정<br>7. 유니버설 조인트 검사 |
| 매 2,000 사용 시간 또는 연간 주기 정비 | 1. 조향륜 베어링 재조립<br>2. 냉각계통 청소, 교환 |
| 매 2,500 사용 시간 또는 15개월 간 주기 정비 | 1. 유압유 점검, 청소, 교환<br>2. 배터리 계통 검사 |

# Part 6 작업 후 점검 단원평가

**1. 건설기계관리법상 주기장의 의미는?**

① 주기장이란 토지가 적합하여 지게차를 주차하기에 적합하여야 하며 진입로는 건설기계및 수송용 트레일러가 통행할 수 있는 곳을 말한다.
② 주기장이란 바닥이 평탄하여 지게차를 주차하기에 적합하여야 하며 진입로는 건설기계및 수송용 트레일러가 통행할 수 있는 곳을 말한다.
③ 주기장이란 적재가 수월하여 지게차를 주차하기에 적합하여야 하며 진입로는 건설기계및 수송용 트레일러가 통행할 수 있는 곳을 말한다.
④ 주기장이란 바닥이 평탄하여 지게차를 주차하기에 적합하여야 하며 경사로는 건설기계및 수송용 트레일러가 통행할 수 있는 곳을 말한다.

해설
주기장이란 바닥이 평탄하여 지게차를 주차하기에 적합하여야 하며 진입로는 건설기계및 수송용 트레일러가 통행할 수 있는 곳을 말한다.

**2. 지게차 안전주차 방법으로 틀린 내용은?**

① 변속레버를 전진에 놓고 포크를 바닥면에 내려 놓는다.
② 엔진을 정지시키고 브레이크를 완전히 체결한다.
③ 마스트를 앞으로 기울여 포크끝이 바닥에 닿게 한다.
④ 경사로 주차 시 바퀴에 고임목을 사용해서 주차한다.

해설
변속레버를 중립으로 한 후 포크를 바닥면에 내리고 엔진을 정지시킨다.

**3. 지게차에서 연료주입 시 주의사항으로 틀린 것은?**

① 가급적 옥내보다는 옥외에서 급유한다.
② 급유 중에는 엔진을 정지하고 차량에서 하차한다.
③ 연료레벨이 낮을 때 연료를 완전히 소진시켜 급유한다.
④ 급유 중 폭발성 가스로 인해 폭발 위험으로 흡연을 해서는 안된다.

해설
연료를 완전히 소진시키면 탱크 내의 침전물이나 기타 불순물이 연료계통으로 흡수되어 시동불량이나 부품의 손상을 입힐 수 있다.

**4. 지게차 외관 점검 항목 내용으로 잘못된 것은?**

① 장비사용 설명서에 따라 휠 볼트, 너트 풀림 상태를 점검한다.
② 장비사용 설명서에 따라 타이어 공기압 및 손상 상태를 점검한다.
③ 조향 및 작업장치 그리스 주입상태를 점검한다.
④ 윤활계통 오일펌프 불량으로 펌프를 분해 · 조립 점검한다.

해설
분해 · 조립 점검은 외관 점검항목은 아니다.

**5. 지게차에서 그리스 각 설치부위와 주입부위가 잘 짝지어진 것은?**

① 마스트 서포트 – 4개소 ② 조향 실린더 링크 – 4개소
③ 틸트 실린더 핀 – 2개소 ④ 킹 핀 – 1개소

해설
• 마스트 서포트 – 2개소 • 틸트 실린더 핀 – 4개소
• 킹 핀 – 4개소 • 조향 실린더 링크 – 4개소

**6. 지게차 운전 중 점검 사항이 아닌 것은?**

① 각종 볼트, 너트 풀림 상태 ② 각 레버 작동 및 페달 작동
③ 엔진의 이상소음 ④ 배기가스 색깔

해설
각종 볼트, 너트 풀림상태는 운전전, 후 점검해야 할 사항이다.

**7. 지게차에 짐을 싣고 창고나 공장을 출입할 때 주의사항 중 틀린 것은?**

① 팔이나 몸을 차체 밖으로 내밀지 않는다.
② 차폭이나 출입구의 폭은 확인할 필요가 없다.
③ 주위 장애물 상태를 확인 후 이상이 없을 때 출입한다.
④ 짐이 출입구 높이에 닿지 않도록 주의한다.

**8. 지게차 작업 관리일지에 대한 내용으로 잘못된 것은?**

① 운전 중 발생하는 특이사항에 대해 작업일지에 작성해야 한다.
② 장비의 효율적 관리 목적으로 작업의 시간, 종류 등을 일지에 작성해야 한다.
③ 연료게이지를 확인하여 연료상태를 점검하여 부족 시 보충하고 기록해야 한다.
④ 장비 안전관리 목적으로 정비 부분 요소와 대여 일자을 일지에 기록해야 한다.

**9. 지게차 주차시 주의해야 할 안전조치로 틀린 것은?**

① 포크를 지면으로부터 약 20㎝ 정도 높이에 고정시킨다.
② 엔진을 정지시키고 주차 브레이크를 당겨 주차상태를 유지한다.
③ 포크 선단이 지면에 닿도록 마스트 경사를 전방으로 약간 기울인다.
④ 시동스위치의 키를 빼어 보관한다.

**10. 지게차 작업 정비 개소 및 주기의 내용으로 맞는 것은??**

① 최초 50~100 사용 시간 또는 일간 정비
② 매 250 사용 시간 또는 일개월 주기 정비
③ 매 1,000 사용 시간 또는 6개월 주기 정비
④ 매 2,000 사용 시간 또는 15개월간 주기 정비

해설
(1) 수시 정비
(2) 매 10 사용 시간 또는 일간 정비
(3) 최초 50~100 사용 시간 또는 일주일 후 정비
(4) 최초 250 사용 시간 또는 일개월 후 정비
(5) 매 250 사용 시간 또는 매월 주기 정비
(6) 매 500 사용 시간 또는 3개월 주기 정비
(7) 매 1,000 사용 시간 또는 6개월 주기 정비
(8) 매 2,000 사용 시간 또는 연간 주기 정비
(9) 매 2,500 사용 시간 또는 15개월 간 주기 정비

정답 1 ② 2 ① 3 ③ 4 ④ 5 ② 6 ① 7 ② 8 ④ 9 ① 10 ③

# 7단원 도로주행

## 01 교통법규 준수

### (1) 도로주행 관련 도로교통법

도로에서 일어나는 교통상의 모든 위험과 장해를 방지하고 제거하여 안전하고 원활한 교통을 확보함을 목적으로 한다.

① 안전표지의 종류

| | |
|---|---|
| 주의표지 | 도로상태가 위험하거나 도로 또는 그 부근에 위험물이 있는 경우에 필요한 안전 조치를 할 수 있도록 이를 도로사용자에게 알리는 표지 ⇒ 도로공사중/비행기/터널/야생동물보호/내리막경사/철길건널목/어린이보호/횡단보도 등 |
| 규제표지 | 도로교통의 안전을 위하여 각종 제한 · 금지 등의 규제를 하는 경우에 이를 도로 사용자에게 알리는 표지 ⇒ 통행금지/앞지르기금지/일시정지/최고속도제한/주차금지 등 |
| 지시표지 | 도로의 통행방법 · 통행구분 등 도로교통 안전을 위해 필요한 지시를 하는 경우 이에 따르도록 알리는 표지 ⇒ 횡단보도/일방통행 등 |
| 보조표지 | 주의표지 · 규제표지 또는 지시표지의 주기능을 보충하여 도로 사용자에게 알리는 표지 ⇒ 거리/안전속도/견인지역/어린이보호구역 등 |
| 노면표지 | 도로교통의 안전을 위해 각종 주의 · 규제 · 지시 등의 내용을 노면에 기호 · 문자 또는 선으로 알리는 표지 ⇒ 중앙선표시/버스전용차로표시 등 |

② 신호등

㉠ 4색등 신호 순서 : 적색 및 녹색 화살 표시 → 황색 → 녹색 → 황색 → 적색

㉡ 3색등 신호 순서 : 녹색 → 황색 → 적색

| | |
|---|---|
| 녹색등화 | 1. 보행자는 횡단보도를 횡단할 수 있다.<br>2. 차마는 직진 가능하고 다른 교통에 방해 되지 않도록 우회전할 수 있다.<br>3. 비보호좌회전 표지가 있는 곳에서는 좌회전 할 수 있다.<br>(단, 다른 교통에 방해가 될 때는 신호위반 책임을 진다) |
| 황색등화 | 1. 보행자는 횡단을 해서는 안되며 횡단중인 보행자는 신속히 횡단하거나 돌아와야 한다.<br>2. 차마는 보행자의 횡단을 방해하지 않는 한 우회전 할 수 있다.<br>3. 차마는 정지선이 있거나 횡단보도가 있을 때 그 직전이나 교차로의 직전에 정지해야 하고 이미 교차로에 진입했을 경우에는 신속히 교차로 밖으로 진행해야 한다. |
| 적색등화 | 1. 보행자는 횡단해서는 안된다.<br>2. 차마는 정지선에 있거나 횡단보도에 있을 때는 그 직전이나 교차로의 직전에 정지해야 한다.<br>3. 차마는 신호에 따라 측면 교통을 방해하지 않으면서 우회전 할 수 있다. |
| 황색등화의 점멸 | 차마는 다른 교통 또는 안전표지에 주의하면서 진행할 수 있다. |
| 녹색 화살 표시 등화 | 차마는 화살 표시 방향으로 진행할 수 있다. |
| 적색등화의 점멸 | 차마는 정지선이나 횡단보도가 있을 때는 그 직전이나 교차로의 직전에 일시 정지한 후 다른 교통에 주의하면서 진행할 수 있다. |
| 보행등의 녹색 점멸 | 보행자는 횡단을 시작해서는 안되고 횡단 중인 보행자는 신속하게 횡단을 완료하거나 그 횡단을 중지하고 다시 돌아와야 한다. |
| 녹색 화살 표시 | 차마는 화살표로 지정한 차로로 진행할 수 있다. |
| 적색×표시 | 차마는 ×표가 있는 차로로 진행해서는 안된다. |
| 적색×표시 점멸 | 차마는 적색×표가 있는 차로로 진입할 수 없고 이미 진입한 경우에는 신속히 그 차로 밖으로 진로를 변경주행해야 한다. |

③ 법정 운행 속도

| 구분 | 도로별 | 최저속도(㎞/h) | | 최고속도(㎞/h) |
|---|---|---|---|---|
| 일반도로 | 편도 2차로 미만 | 규제 없음 | | 60 이내 |
| | 편도 2차로 이상 | | | 80 이내 |
| 자동차 전용도로 | 차로에 상관없음 | 30 이상 | | 90 이내 |
| 고속도로 | 편도 2차로 이상 | 경부, 경인 모든고속도로 | 50 이상 | 100 이내 |
| | | | | 80 이내 – 화물차(적재중량 1.5톤 초과) – 위험물 운반자동차 – 건설기계 – 특수자동차 |
| | | 중부, 제2중부, 서해안, 천안~논산 경찰고시지정 | 50 이상 | 120 이내 |
| | | | | 90 이내 – 화물차(적재중량 1.5톤 초과) – 위험물 운반자동차 – 건설기계 – 특수자동차 |
| | 편도 1차로 | 50 이상 | | 80 이내 |

④ 운전가능한 차량의 종류

| 구분 | 승용 및 승합자동차 | 화물자동차 | 긴급자동차 | 위험물운반 화물자동차 | 특수자동차 (트레일러 · 레커제외) |
|---|---|---|---|---|---|
| 2종 보통면허 | 10인 이하 | 4톤 이하 | ×(무면허) | ×(무면허) | 3.5톤 이하 |
| 1종 보통면허 | 15인 이하 | 12톤 미만 | 12인 이하 (승용, 승합에 한함) | 3톤 이하, 3,000ℓ 이하 | 10톤 미만 |
| 1종 대형면허 | 모든 자동차(트레일러, 레커, 이륜자동차는 제외) | | | | |

⑤ 자동차에 해당하는 건설기계(1종 대형면허로 도로에서 운행가능)

| | | | |
|---|---|---|---|
| ① 덤프트럭 | ② 아스팔트살포기 | ③ 노상안정기 | ④ 콘크리트믹서트럭 |
| ⑤ 콘크리트펌프, 천공기 (트럭적재식) | ⑥ 콘크리트믹서 트레일러 | ⑦ 아스팔트 콘크리트재생기 | ⑧ 도로보수트럭 |
| ⑨ 3톤 미만의 지게차(12시간 교육 이수 후 1종 대형 · 보통면허로 도로에서 운행 가능) | | | |
| ⑩ 3톤 미만의 굴착기(12시간 교육 이수 후 1종 대형 · 보통면허로 도로에서 운행 가능) | | | |

⑥ 이상기후 감속 규정속도

| | |
|---|---|
| 최고속도를 100분의 20을 줄인 속도로 운행하여야 할 경우 | ① 비가 내려 노면에 습기가 있을 때<br>② 눈이 20mm 미만 쌓인 때 |
| 최고속도를 100분의 50을 줄인 속도로 운행하여야 할 경우 | ① 폭우 · 폭설 · 안개 등으로 가시거리가 100m 이내일 때<br>② 눈이 20mm 이상 쌓인 때 |

### (2) 도로표지판(신호, 교통표지)

| +자형교차로 | T자형교차로 | Y자형교차로 | ㅏ자형교차로 | ㅓ자형교차로 |
|---|---|---|---|---|
| 우선도로 | 우합류도로 | 좌합류도로 | 회번형교차로 | 철길건널목 |

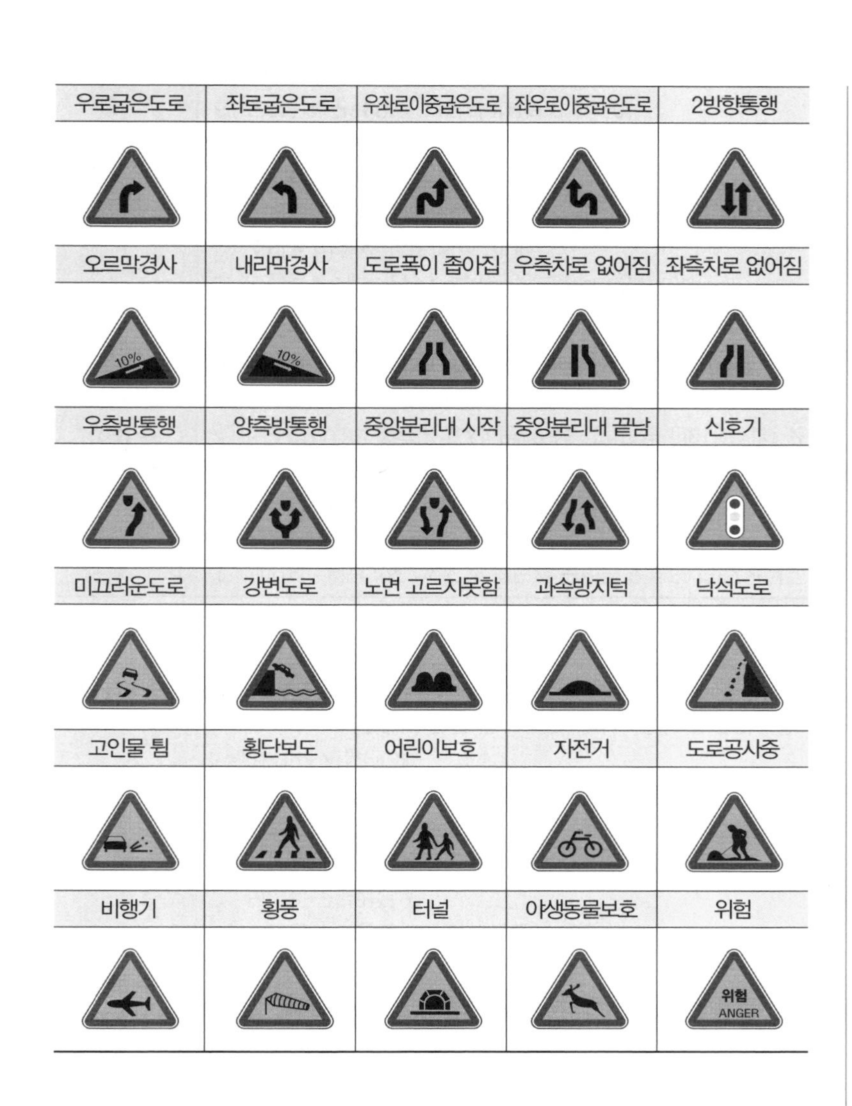


### (3) 도로교통법 관련 벌칙

| 벌칙 | 내용 |
|---|---|
| 5년 이하의 징역이나 1,500만원 이하의 벌금 | 교통사고 발생 시의 조치를 하지 아니한 사람<br>1. 사상자를 구호하는 등 필요한 조치<br>2. 피해자에게 인적 사항(성명 · 전화번호 · 주소 등) 제공 |
| 3년 이하의 징역이나 700만원 이하의 벌금 | 신호기를 조작하거나 교통안전시설을 철거 · 이전하거나 손괴한 사람(이에 따른 행위로 인하여 도로에서 교통위험을 일으키게 한 사람은 5년 이하의 징역이나 1천500만원 이하의 벌금에 처한다.) |
| 2년 이하의 금고나 500만원 이하의 벌금 | 운전자가 업무상 필요한 주의를 게을리하거나 중대한 과실로 다른 사람의 건조물이나 그 밖의 재물을 손괴한 경우 |
| 1년 이하의 징역이나 500만원 이하의 벌금 | • 자동차등을 난폭운전한 사람<br>• 최고속도보다 시속 100킬로미터를 초과한 속도로 3회 이상 자동차등을 운전한 사람 |
| 1년 이하의 징역이나 300만원 이하의 벌금 | • 운전면허를 받지 아니하고 자동차를 운전한 사람<br>• 운전면허를 받지 아니한 사람에게 자동차를 운전하도록 시킨 고용주 등<br>• 거짓으로 운전면허를 발급받은 사람<br>• 교통에 방해가 될 만한 물건을 함부로 도로에 내버려둔 사람<br>• 교통안전교육강사가 아닌 사람으로 하여금 교통안전교육을 하게 한 교통안전교육기관의 장<br>• 유사명칭 등을 사용한 사람 |
| 6개월 이하의 징역이나 200만원 이하의 벌금 또는 구류 | • 정비불량차를 운전하도록 시키거나 운전한 사람<br>• 경찰공무원의 요구 · 조치 또는 명령에 따르지 아니하거나 이를 거부 또는 방해한 사람<br>• 교통단속을 회피할 목적으로 교통단속용 장비의 기능을 방해하는 장치를 제작 · 수입 · 판매 또는 장착한 사람<br>• 교통단속용 장비의 기능을 방해하는 장치를 한 차를 운전한 사람<br>• 교통사고 발생 시의 조치 또는 신고 행위를 방해한 사람<br>• 함부로 교통안전시설이나 그 밖에 그와 비슷한 인공구조물을 설치한 사람 |

| 벌칙 | | 내용 |
|---|---|---|
| 30만원 이하의 벌금이나 구류 | | • 자동차등에 도색 · 표지 등을 하거나 그러한 자동차 등을 운전한 사람<br>• 원동기장치자전거를 운전할 수 있는 운전면허를 받지 아니하고 원동기장치자전거를 운전한 사람 및 운전하도록 시킨 고용주 등<br>• 과로 · 질병으로 인하여 정상적으로 운전하지 못할 우려가 있는 상태에서 자동차등 또는 노면전차를 운전한 사람<br>• 보호자를 태우지 아니하고 어린이통학버스를 운행한 운영자<br>• 어린이나 영유아가 하차하였는지를 확인하지 아니한 운전자<br>• 어린이 하차확인장치를 작동하지 아니한 운전자.<br>• 보호자를 태우지 아니하고 운행하는 어린이통학버스에 보호자 동승표지를 부착한 자<br>• 사고발생 시 조치상황 등의 신고를 하지 아니한 사람<br>• 고속도로등을 통행하거나 횡단한 사람<br>• 경찰서장의 명령을 위반한 사람<br>• 최고속도보다 시속 80킬로미터를 초과한 속도로 자동차등을 운전한 사람 |
| 20만원 이하의 벌금 또는 구류 | | 경찰공무원의 운전면허증등의 제시 요구나 운전자 확인을 위한 진술 요구에 따르지 아니한 사람 |
| 20만원 이하의 벌금이나 구류 또는 과료(科料) | | • 좌석안전띠를 매지 아니하거나 인명보호 장구를 착용하지 아니한 운전자<br>• 자율주행시스템의 직접 운전 요구에 지체 없이 대응하지 아니한 자율주행자동차의 운전자<br>• 경찰공무원의 운전면허증 회수를 거부하거나 방해한 사람<br>• 주 · 정차된 차만 손괴한 것이 분명한 경우에 피해자에게 인적 사항을 제공하지 아니한 사람<br>• 술에 취한 상태에서 자전거등을 운전한 사람 |
| 과태료 | 500만원 이하 | • 교통안전교육기관 운영의 정지 또는 폐지 신고를 하지 아니한 사람<br>• 강사의 인적 사항과 교육 과목을 게시하지 아니한 사람<br>• 수강료등을 게시하지 아니하거나 게시된 수강료등을 초과한 금액을 받은 사람<br>• 수강료등의 반환 등 교육생 보호를 위하여 필요한 조치를 하지 아니한 사람<br>• 학원이나 전문학원의 휴원 또는 폐원 신고를 하지 아니한 사람<br>• 어린이통학버스를 신고하지 아니하고 운행한 운영자 |
| | 20만원 이하 | • 동승자에게 좌석안전띠를 매도록 하지 아니한 운전자<br>• 동승자에게 인명보호 장구를 착용하도록 하지 아니한 운전자<br>• 어린이통학버스 안에 신고증명서를 갖추어 두지 아니한 어린이통학버스의 운영자<br>• 어린이통학버스에 탑승한 어린이나 영유아의 좌석안전띠를 매도록 하지 아니한 운전자<br>• 어린이통학버스 안전교육을 받지 아니한 운전자와 운영자<br>• 안전운행기록을 제출하지 아니한 어린이통학버스의 운영자<br>• 고속도로등에서의 준수사항(고장자동차의 표지를 항상 비치하며, 고장이나 그 밖의 부득이한 사유로 자동차를 운행할 수 없게 되었을 때에는 자동차를 도로의 우측 가장자리에 정지시키고 행정안전부령으로 정하는 바에 따라 그 표지를 설치하여야 한다)을 위반한 운전자<br>• 긴급자동차의 운전업무에 종사하는 사람으로서 긴급자동차의 안전운전 등에 관한 교육을 받지 아니한 사람<br>• 운전면허증 갱신기간에 운전면허를 갱신하지 아니한 사람<br>• 정기 적성검사 또는 수시 적성검사를 받지 아니한 사람 |

*음주 운전

| 혈중알코올농도 | 벌칙 |
|---|---|
| 0.2퍼센트 이상 | 2년 이상 5년 이하의 징역이나 1천만원 이상 2천만원 이하의 벌금 |
| 0.08퍼센트 이상 0.2퍼센트 미만 | 1년 이상 2년 이하의 징역이나 500만원 이상 1천만원 하의 벌금 |
| 0.03퍼센트 이상 0.08퍼센트 미만 | 1년 이하의 징역이나 500만원 이하의 벌금 |

## 02 안전운전 준수

### (1) 도로주행 시 안전운전

① 앞지르기

|  |  |
|---|---|
| 금지시기 | 1. 앞차의 좌측에 다른 차가 앞차와 나란히 진행하고 있을 때(병진 시 금지)<br>2. 앞차가 다른차를 앞지르고 있거나 앞지르고자 할 때(이중 금지)<br>3. 도로교통법을 따라 또는 경찰공무원의 지시를 따라 또는 위험을 방지하기 위해 정지하거나 서행하고 있을 때 |
| 금지장소 | 1. 교차로 · 터널 안 또는 다리 위<br>2. 도로의 구부러진 곳<br>3. 비탈길의 고갯마루 부근 또는 가파른 비탈길의 내리막 또는 황색실선의 중앙선이 설치되어 있는 곳<br>4. 지방경찰청장이 도로에서의 위험을 방지하고 교통의 안전과 원활한 소통을 확보하기 위해 필요하다고 인정하여 안전표지에 의하여 지정한 곳 |
| 방법위반 | 1. 모든 차는 다른 차를 앞지르고자 할 때 앞차의 좌측을 통행하여야 하며 반대 방향의 교통 및 앞차의 전방교통에도 충분한 주의를 기울여야 한다.<br>2. 앞차의 속도나 진로 그 밖의 도로상황에 따라 방향지시기 · 등화 또는 경음기를 사용하는 등 안전한 속도와 방법으로 앞지르기를 하여야 한다. |

② 일시정지 및 서행장소

|  |  |
|---|---|
| 일시정지 장소 | 1. 교통정리가 행해지고 있지 아니하고 건물 기타 건조물 등의 장애로 좌우의 교통상황을 파악할 수 없거나 교통이 빈번한 교차로<br>2. 지방경찰청장이 도로에서의 위험을 방지하고 교통의 안전과 원활한 소통을 확보하기 위해 필요하다고 인정하여 안전표시에 의해 지정한 곳<br>3. 보도의 횡단, 철길 건널목의 통과, 보행자가 횡단보도를 통행하고 있을 때, 보행자가 횡단보도 설치가 안 된 도로를 횡단하고 있을 때, 교차로 또는 그 부근에서 긴급자동차가 접근할 때<br>※ 일시정지 : 차의 운전자가 그 차의 바퀴를 일시적으로 완전히 정지시키는 것 |
| 서행장소 | 1. 교통정리가 행해지고 있지 않은 교차로<br>2. 도로의 구부러진 곳<br>3. 비탈길의 고갯마루 부근 또는 가파른 비탈길의 내리막<br>4. 지방경찰청장이 도로에서의 위험을 방지하고 교통의 안전과 원활한 소통을 확보하기 위해 필요하다고 인정하여 안전표시에 의해 지정한 곳<br>※ 서행 : 운전자가 차를 즉시 정지시킬 수 있는 정도의 느린 속도로 진행하는 것 |

③ 금지장소

|  |  |
|---|---|
| 주차 및 정차 금지장소 | 1. 교차로, 횡단보도, 차도와 보도가 구분된 도로의 보도(노상주차장 제외)또는 건널목<br>2. 교차로 가장자리 또는 도로의 모퉁이로부터 5m 이내인 곳<br>3. 안전지대로부터 사방으로 각각 10m 이내의 곳<br>4. 버스여객차의 정류를 표시하는 기둥, 판 또는 선이 설치된 곳으로부터 10m 이내의 곳<br>5. 건널목 가장자리 또는 횡단보도로부터 10m 이내의 곳<br>6. 지방경찰청장이 지정한 곳(안전표지 설치) |
| 주차 금지장소 | 1. 소방용 기계 · 기구가 설치된 곳으로부터 5m 이내<br>2. 소방용 방화물로부터 5m 이내<br>3. 소화전, 소방용 방화물통의 흡수구, 흡수관으로부터 5m 이내<br>4. 화재경보기로부터 3m 이내<br>5. 터널 안, 다리 위<br>6. 도로공사구역 양쪽 가장자리로부터 5m 이내<br>7. 지방경찰청장이 지정한 곳(안전표지 설치) |

## 03 건설기계관리법

건설기계의 등록 · 검사 · 형식승인 및 건설기계사업과 건설기계조종사면허 등에 관한 사항을 정하여 건설기계를 효율적으로 관리하고 건설기계의 안전도를 확보하여 건설공사의 기계화를 촉진함을 목적으로 한다.

### (1) 건설기계의 등록 및 검사

|  |  |
|---|---|
| 건설기계 등록 | 건설기계소유자의 주소지 또는 건설기계의 사용본거지를 관할하는 특별시장 · 광역시장 · 도지사 또는 특별자치도지사(이하 "시 · 도지사"라 한다)에게 제출하여야 한다. |
| 등록시 첨부서류 | 1. 국내에서 제작한 건설기계 : 건설기계제작증<br>2. 수입한 건설기계 : 수입면장 등 수입사실을 증명하는 서류<br>3. 행정기관으로부터 매수한 건설기계: 매수증서<br>4. 건설기계의 소유자임을 증명하는 서류<br>5. 건설기계제원표<br>6. 보험 또는 공제의 가입을 증명하는 서류 |
| 등록기간 | 건설기계등록신청은 건설기계를 취득한 날(판매를 목적으로 수입된 건설기계의 경우에는 판매한 날을 말한다)부터 2월 이내에 하여야 한다. 다만, 전시 · 사변 기타 이에 준하는 국가비상사태하에 있어서는 5일 이내에 신청하여야 한다. |

① 건설기계의 등록변경

|  |  |
|---|---|
| 건설기계 변경 | 건설기계의 소유자는 건설기계등록사항에 변경이 있는 때에는 시 · 도지사에게 제출하여야 한다. |
| 변경 기간 | 그 변경이 있은 날부터 30일(상속의 경우에는 상속개시일부터 6개월)이내에 건설기계등록사항변경신고서(전자문서로 된 신고서를 포함한다)에 다음 각 호의 서류(전자문서를 포함한다)를 첨부하여 제출한다. 다만, 전시 · 사변 기타 이에 준하는 국가비상사태하에 있어서는 5일 이내에 하여야 한다. |
| 변경신청 서류 | 1. 변경내용을 증명하는 서류<br>2. 건설기계등록증　　3. 건설기계검사증 |
| 등록이전 | 건설기계의 소유자는 등록한 주소지 또는 사용본거지가 변경된 경우(시 · 도간의 변경이 있는 경우에 한한다)에는 그 변경이 있은 날부터 30일(상속의 경우에는 상속개시일부터 6개월) 이내에 건설기계등록이전신고서에 소유자의 주소 또는 건설기계의 사용본거지의 변경사실을 증명하는 서류와 건설기계등록증 및 건설기계검사증을 첨부하여 새로운 등록지를 관할하는 시 · 도지사에게 제출(전자문서에 의한 제출을 포함한다)하여야 한다. |

② 건설기계의 등록말소 사유

|  |  |
|---|---|
| 등록 말소 | 시 · 도지사는 등록된 건설기계가 다음 각 호의 어느 하나에 해당하는 경우에는 그 소유자의 신청이나 시 · 도지사의 직권으로 등록을 말소할 수 있다. 다만, 제1호, 제8호(제34조의2제2항에 따라 폐기한 경우로 한정한다) 또는 제12호에 해당하는 경우에는 직권으로 등록을 말소하여야 한다. 〈개정 2018 · 9 · 18〉 |
| 소유자의 신청 또는 시 · 도지사 직권 (1,8,12호) | 1. 거짓이나 그 밖의 부정한 방법으로 등록을 한 경우 (직권)<br>2. 건설기계가 천재지변 또는 이에 준하는 사고 등으로 사용할 수 없게 되거나 멸실된 경우<br>3. 건설기계의 차대가 등록 시의 차대와 다른 경우<br>4. 건설기계가 제12조에 따른 건설기계안전기준에 적합하지 아니하게 된 경우<br>5. 제13조제5항에 따른 최고를 받고 지정된 기한까지 정기검사를 받지 아니한 경우<br>6. 건설기계를 수출하는 경우<br>7. 건설기계를 도난당한 경우<br>8. 건설기계를 폐기한 경우 (직권)<br>9. 제21조에 따라 건설기계해체재활용업을 등록한 자에게 폐기를 요청한 경우<br>10. 구조적 제작 결함 등으로 건설기계를 제작자 또는 판매자에게 반품한 경우<br>11. 건설기계를 교육 · 연구 목적으로 사용하는 경우<br>12. 제20조의3제1항에 따라 대통령령으로 정하는 내구연한을 초과한 건설기계. 다만, 제20조의3제2항 단서에 따른 정밀진단을 받아 연장된 경우는 그 연장기간을 초과한 건설기계 (직권) |

③ 건설기계의 등록번호표

| | |
|---|---|
| 등록표식 | 1. 등록된 건설기계에는 국토교통부령으로 정하는 바에 따라 등록번호표를 부착 및 봉인하고, 등록번호를 새겨야 한다. 〈개정 2012 · 2 · 22, 2013 · 3 · 23〉<br>2. 건설기계 소유자는 등록번호표 또는 그 봉인이 떨어지거나 알아보기 어렵게 된 경우에는 시 · 도지사에게 등록번호표의 부착 및 봉인을 신청하여야 한다.<br>3. 누구든지 제1항에 따른 등록번호표를 부착 및 봉인하지 아니한 건설기계를 운행하여서는 아니 된다. 다만, 제4조제2항에 따라 임시번호표를 부착하여 일시적으로 운행하는 경우에는 그러하지 아니하다. 〈신설 2012 · 2 · 22〉<br>4. 누구든지 등록번호표를 가리거나 훼손하여 알아보기 곤란하게 하여서는 아니 되며, 그러한 건설기계를 운행하여서도 아니 된다. [전문개정 2009 · 12 · 29] |
| 등록표 반납 | 등록된 건설기계의 소유자는 다음 각 호의 어느 하나에 해당하는 경우에는 10일 이내에 등록번호표의 봉인을 떼어낸 후 그 등록번호표를 국토교통부령으로 정하는 바에 따라 시 · 도지사에게 반납하여야 한다. 다만, 제6조제1항제2호 · 제7호 또는 제8호의 사유로 등록을 말소하는 경우에는 그러하지 아니하다. 〈개정 2013 · 3 · 23〉<br>1. 건설기계의 등록이 말소된 경우<br>2. 건설기계의 등록사항 중 대통령령으로 정하는 사항이 변경된 경우<br>3. 제8조제2항에 따라 등록번호표의 부착 및 봉인을 신청하는 경우 |
| 색깔 및 번호 | – 색상<br>• 비사업용(관용 또는 자가용) : 흰색 바탕에 검은색 문자<br>• 대여사업용: 주황색 바탕에 검은색 문자<br>– 일련번호<br>• 관용 : 0001~0999<br>• 자가용 : 1000~5999<br>• 대여사업용 : 6000~9999 |
| 부착위치 및 (매수) 〈신설 2016.12.30〉 | • 불도저 : 라디에이터 셀 상부(1)<br>• 굴착기 : 타이어식[선회체 후부](1)<br>• 무한궤도식[전부 차대 중앙]<br>• 로더 : 후부 라디에이터 셀 상부(1)<br>• 지게차 : 후부 보디 중앙(1) |
| 기종별 기호표시 | 01 : 불도저<br>02 : 굴착기<br>03 : 로더<br>04 : 지게차<br>05 : 스크레이퍼<br>06 : 덤프트럭<br>07 : 기중기<br>08 : 모터그레이더<br>09 : 롤러<br>10 : 노상안정기<br>11 : 콘크리트뱃칭플랜트<br>12 : 콘크리트피니셔<br>13 : 콘크리트살포기<br>14 : 콘크리트믹서트럭<br>15 : 콘크리트펌프<br>16 : 아스팔트믹싱플랜트<br>17 : 아스팔트피니셔<br>18 : 아스팔트살포기<br>19 : 골재살포기<br>20 : 쇄석기<br>21 : 공기압축기<br>22 : 천공기<br>23 : 항타 및 항발기<br>24 : 자갈채취기<br>25 : 준설선<br>26 : 특수 건설기계<br>27 : 타워크레인 |

④ 건설기계의 임시운행

| | |
|---|---|
| 임시운행 | 건설기계의 등록전에 일시적으로 운행을 할 수 있는 경우는 다음 각호와 같다. 〈개정 2015. 9. 25.〉 |
| 임시운행 허가사유 | 1. 등록신청을 하기 위하여 건설기계를 등록지로 운행하는 경우<br>2. 신규등록검사 및 확인검사를 받기 위하여 건설기계를 검사장소로 운행하는 경우<br>3. 수출을 하기 위하여 건설기계를 선적지로 운행하는 경우 수출을 하기 위하여 등록말소한 건설기계를 점검 · 정비의 목적으로 운행하는 경우<br>4. 신개발 건설기계를 시험 · 연구의 목적으로 운행하는 경우<br>5. 판매 또는 전시를 위하여 건설기계를 일시적으로 운행하는 경우 |
| 임시운행기간 | 임시운행기간은 15일 이내로 한다. 다만, 제4호의 경우에는 3년 이내로 한다. 〈개정 2012. 10. 31.〉 |

⑤ 건설기계의 검사

| | |
|---|---|
| 신규 등록검사 | 건설기계를 신규로 등록할 때 실시하는 검사 |
| 정기검사 | 건설공사용 건설기계로서 3년의 범위에서 국토교통부령으로 정하는 검사유효기간이 끝난 후에 계속하여 운행하려는 경우에 실시하는 검사와 「대기환경보전법」 제62조 및 「소음 · 진동관리법」 제37조에 따른 운행차의 정기검사 |
| 구조변경검사 | 제17조에 따라 건설기계의 주요 구조를 변경하거나 개조한 경우 실시하는 검사 |
| 수시검사 | 성능이 불량하거나 사고가 자주 발생하는 건설기계의 안전성 등을 점검하기 위하여 수시로 실시하는 검사와 건설기계 소유자의 신청을 받아 실시하는 검사 |
| 최고 고지 | 시 · 도지사는 제1항제2호에 따른 정기검사를 받지 아니한 건설기계의 소유자에게 정기검사의 유효기간이 끝난 날부터 3개월 이내에 국토교통부령으로 정하는 바에 따라 10일 이내의 기한을 정하여 정기검사를 받을 것을 최고하여야 한다. 〈개정 2013.3.23〉 |
| 검사연장 및 조치 | 시 · 도지사는 건설기계 소유자가 천재지변이나 그 밖에 부득이한 사유로 제1항제2호부터 제4호까지의 검사를 받을 수 없다고 인정하는 경우에는 국토교통부령으로 정하는 바에 따라 그 기간을 연장할 수 있다. 〈개정 2013.3.23〉 |
| 운행 | 시 · 도지사는 건설기계의 소유자가 제5항부터 제7항까지의 규정에 따른 정기검사 최고, 수시검사 명령 또는 정비 명령에 따르지 아니하는 경우에는 해당 건설기계의 등록번호표를 영치할 수 있다. 이 경우 시 · 도지사는 등록번호표를 영치한 사실을 해당 건설기계의 소유자에게 통지하여야 한다. 〈신설 2012.2.22〉 |

⑥ 정기검사 유효기간

■ 건설기계관리법 시행규칙 [별표 7] 〈개정 2019. 3. 19.〉

정기검사 유효기간(제22조 관련)

| 기종 | 구분 | 검사유효기간 |
|---|---|---|
| 1. 굴착기 | 3년 | 1년 |
| 2. 로더 | 타이어식 | 2년 |
| 3. 지게차 | 1톤 이상 | 2년 |
| 4. 덤프트럭 | – | 1년 |
| 5. 기중기 | 타이어식, 트럭적재식 | 1년 |
| 6. 모터그레이더 | – | 2년 |
| 7. 콘크리트 믹서트럭 | – | 1년 |
| 8. 콘크리트펌프 | 트럭적재식 | 1년 |
| 9. 아스팔트살포기 | – | 1년 |
| 10. 천공기 | 트럭적재식 | 2년 |
| 11. 타워크레인 | – | 6개월 |
| 12. 특수건설기계 | | |
| 가. 도로보수트럭 | 타이어식 | 1년 |
| 나. 노면파쇄기 | 타이어식 | 2년 |
| 다. 노면측정장비 | 타이어식 | 2년 |
| 라. 수목이식기 | 타이어식 | 2년 |
| 마. 터널용 고소작업차 | 타이어식 | 2년 |
| 바. 트럭지게차 | 타이어식 | 1년 |
| 사. 그 밖의 특수건설기계 | – | 3년 |
| 13. 그 밖의 건설기계 | | 3년 |

비고

1. 신규등록 후의 최초 유효기간의 산정은 등록일부터 기산한다.
2. 신규등록일(수입된 중고건설기계의 경우에는 제작연도의 12월 31일)부터 20년 이상 경과된 경우 검사유효기간은 1년(타워크레인은 6개월)으로 한다.
3. 타워크레인을 이동설치하는 경우에는 이동설치할 때마다 정기검사를 받아야 한다.

① 정기검사 유효기간

② 건설기계 특별 표지판 부착대상

㉠ 길이가 16.7m 이상인 경우　㉡ 너비가 2.5m 이상인 경우

㉢ 최소회전반경이 12m 이상인 경우　㉣ 높이가 4m 이상인 경우

㉤ 총중량이 40톤 이상인 경우　㉥ 축하중이 10톤 이상인 경우

## (2) 면허·벌칙·사업

### ① 면허

|  |  |
|---|---|
| 조종사 면허 | 건설기계를 조종하려는 사람은 시장·군수 또는 구청장에게 건설기계 조종사면허를 받아야 한다. |
| 조종사 면허서류 | 건설기계조종사면허를 받고자 하는 자는 별지 제36호서식의 건설기계조종사면허증발급신청서에 다음 각호의 서류를 첨부하여 시장·군수 또는 구청장에게 제출하여야 한다.<br>1. 제76조제5항에 따른 신체검사서<br>2. 소형건설기계조종교육이수증(소형건설기계조종사면허증을 발급 신청하는 경우에 한정한다)<br>3. 건설기계조종사면허증(건설기계조종사면허를 받은 자가 면허의 종류를 추가하고자 하는 때에 한한다)<br>4. 6개월 이내에 촬영한 탈모상반신 사진 2매 |
| 면허의 특례 | 「도로교통법」 제80조의 규정에 의한 운전면허를 받아 조종하여야 하는 건설기계의 종류<br>1. 덤프트럭<br>2. 아스팔트살포기<br>3. 노상안정기<br>4. 콘크리트믹서트럭<br>5. 콘크리트펌프<br>6. 천공기(트럭적재식을 말한다)<br>7. 영 별표 1의 규정에 의한 특수건설기계중 국토교통부장관이 지정하는 건설기계<br>국토교통부령으로 정하는 소형 건설기계의 건설기계조종사면허의 경우에는 시·도지사가 지정한 교육기관에서 실시하는 소형 건설기계의 조종에 관한 교육과정의 이수로 「국가기술자격법」에 따른 기술자격의 취득을 대신할 수 있다. 〈개정 2015.8.11.〉<br>1. 5톤 미만의 불도저<br>2. 5톤 미만의 로더<br>2의2. 5톤 미만의 천공기. 다만, 트럭적재식은 제외한다.<br>3. 3톤 미만의 지게차<br>4. 3톤 미만의 굴착기<br>4의2. 3톤 미만의 타워크레인<br>5. 공기압축기<br>6. 콘크리트펌프. 다만, 이동식에 한정한다.<br>7. 쇄석기<br>8. 준설선<br>3톤미만의 지게차를 조종하고자 하는 자는 「도로교통법 시행규칙」 제53조에 적합한 종류의 자동차운전면허를 소지하여야 한다. 〈신설 1999. 1. 27., 2016. 12. 30.〉 |
| 면허의 결격사유 | 1. 18세 미만인 사람<br>2. 정신질환자 또는 뇌전증환자로서 국토교통부령으로 정하는 사람<br>3. 앞을 보지 못하는 사람, 듣지 못하는 사람, 기타 국토교통부령으로 정하는 장애인<br>4. 마약·대마·향정신성의약품 또는 알코올중독자<br>5. 건설기계조종사면허가 취소된 날부터 1년(거짓·부정한 방법으로 면허를 취득했거나 면허 효력정지기간 중 건설 기계를 조종할 때는 2년)이 지나지 아니하였거나 건설기계조종사면허의 효력정지 처분 기간 중에 있는 사람 |
| 적성검사 기준 | 건설기계조종사의 적성검사의 기준은 다음 각호와 같다. 〈개정 1997.4.7, 1999.10.19〉<br>1. 두 눈을 동시에 뜨고 잰 시력이 0.7이상이고 두 눈의 시력이 각각 0.3 이상일 것<br>2. 55데시벨(보청기를 사용하는 사람은 40데시벨)의 소리를 들을 수 있고, 언어분별력이 80퍼센트 이상일 것<br>3. 시각은 150° 이상일 것 |
| 면허 취소 정지 | 1. 거짓이나 그 밖의 부정한 방법으로 건설기계조종면허를 받은 경우<br>2. 건설기계조종사면허의 효력정지기간 중 건설기계를 조종한 경우<br>3. (건설기계관리법) 제27조제2호부터 제4호까지의 규정 중 어느 하나에 해당하게 된 경우<br>• 제27조제2호 건설기계 조종상의 위험과 장해를 일으킬 수 있는 정신질환자 또는 뇌전증환자로서 국토교통부령으로 정하는 사람<br>• 제3호 앞을 보지 못하는 사람, 듣지 못하는 사람, 그 밖에 국토교통부령으로 정하는 장애인<br>• 제4호 건설기계 조종상의 위험과 장해를 일으킬 수 있는 마약·대마·향정신성의약품 또는 알코올중독자로서 국토교통부령으로 정하는 사람<br>4. 건설기계의 조종 중 고의 또는 과실로 중대한 사고를 일으킨 경우<br>5. 「국가기술자격법」에 따른 해당 분야의 기술자격이 취소되거나 정지된 경우<br>6. 건설기계조종사면허증을 다른 사람에게 빌려 준 경우<br>7. 제27조의2제1항을 위반하여 술에 취하거나 마약 등 약물을 투여한 상태 또는 과로·질병의 영향이나 그 밖의 사유로 정상적으로 조종하지 못할 우려가 있는 상태에서 건설기계를 조종한 경우<br>(제27조의2제1항) 술에 취하거나 마약 등 약물을 투여한 상태<br>8. 제29조에 따른 정기적성검사를 받지 아니하거나 적성검사에 불합격한 경우 |

면허 취소 정지

※ 면허 취소·정지 처분

■ 건설기계관리법 시행규칙 [별표 22] 〈개정 2020. 7. 1.〉

| 위반행위 | 처분기준 |
|---|---|
| 1) 인명피해 | |
| ① 고의로 인명피해(사망·중상·경상 등을 말한다)를 입힌 경우 | 취소 |
| ② 과실로 「산업안전보건법」 제2조제7호에 따른 중대재해가 발생한 경우 | 취소 |
| ③ 그 밖의 인명피해를 입힌 경우 | |
| • 사망 1명마다 | 면허효력정지 45일 |
| • 중상 1명마다 | 면허효력정지 15일 |
| • 경상 1명마다 | 면허효력정지 5일 |
| 2) 재산피해 : 피해금액 50만원마다 | 면허효력정지 1일 (90일을 넘지 못함) |
| 3) 건설기계의 조종 중 고의 또는 과실로 「도시가스사업법」 제2조제5호에 따른 가스공급시설을 손괴하거나 가스공급시설의 기능에 장애를 입혀 가스의 공급을 방해한 경우 | 면허효력정지 180일 |

※ 면허의 종류

■ 건설기계관리법 시행규칙 [별표 21] 〈개정 2019. 3. 19.〉

건설기계조종사면허의 종류(제75조 관련)

| 면허의 종류 | 조종할 수 있는 건설기계 |
|---|---|
| 1. 불도저 | 불도저 |
| 2. 5톤 미만의 불도저 | 5톤 미만의 불도저 |
| 3. 굴착기 | 굴착기 |
| 4. 3톤 미만의 굴착기 | 3톤 미만의 굴착기 |
| 5. 로더 | 로더 |
| 6. 3톤 미만의 로더 | 3톤 미만의 로더 |
| 7. 5톤 미만의 로더 | 5톤 미만의 로더 |
| 8. 지게차 | 지게차 |
| 9. 3톤 미만의 지게차 | 3톤 미만의 지게차 |
| 10. 기중기 | 기중기 |
| 11. 롤러 | 롤러, 모터그레이더, 스크레이퍼, 아스팔트피니셔, 콘크리트피니셔, 콘크리트살포기 및 골재살포기 |
| 12. 이동식 콘크리트펌프 | 이동식 콘크리트펌프 |
| 13. 쇄석기 | 쇄석기, 아스팔트믹싱플랜트 및 콘크리트뱃칭플랜트 |
| 14. 공기압축기 | 공기압축기 |
| 15. 천공기 | 천공기(타이어식, 무한궤도식 및 굴진식을 포함한다. 다만, 트럭적재식은 제외한다), 항타 및 항발기 |
| 16. 5톤 미만의 천공기 | 5톤 미만의 천공기(트럭적재식은 제외한다) |
| 17. 준설선 | 준설선 및 자갈채취기 |
| 18. 타워크레인 | 타워크레인 |
| 19. 3톤 미만의 타워크레인 | 3톤 미만의 타워크레인 |

비고

1. 영 별표 1의 특수건설기계에 대한 조종사면허의 종류는 제73조에 따라 운전면허를 받아 조종하여야 하는 특수건설기계를 제외하고는 위 면허 중에서 국토교통부장관이 지정하는 것으로 한다.
2. 3톤 미만의 지게차의 경우에는 「도로교통법 시행규칙」 제53조에 적합한 종류의 자동차운전면허가 있는 사람으로 한정한다.

② 벌칙

| | |
|---|---|
| 2년 이하의 징역 또는 2천만원 이하의 벌금에 처한다. | 1. 등록되지 아니한 건설기계를 사용하거나 운행한 자<br>2. 등록이 말소된 건설기계를 사용하거나 운행한 자<br>3. 시 · 도지사의 지정을 받지 아니하고 등록번호표를 제작하거나 등록번호를 새긴 자<br>4. 건설기계의 주요 구조나 원동기, 동력전달장치, 제동장치 등 주요 장치를 변경 또는 개조한 자<br>5. 무단 해체한 건설기계를 사용 · 운행하거나 타인에게 유상 · 무상으로 양도한 자<br>3의4. 제20조의2제2항에 따른 시정명령을 이행하지 아니한 자<br>6. 등록을 하지 아니하고 건설기계사업을 하거나 거짓으로 등록을 한 자<br>7. 등록이 취소되거나 사업의 전부 또는 일부가 정지된 건설기계사업자로서 계속하여 건설기계사업을 한 자 |
| 1년 이하의 징역 또는 1천만원 이하의 벌금에 처한다. | 1. 거짓이나 그 밖의 부정한 방법으로 등록을 한 자<br>2. 등록번호를 지워 없애거나 그 식별을 곤란하게 한 자<br>3. 구조변경검사 또는 수시검사를 받지 아니한 자<br>4. 정비명령을 이행하지 아니한 자<br>5. 형식승인, 형식변경승인 또는 확인검사를 받지 아니하고 건설기계의 제작등을 한 자<br>6. 사후관리에 관한 명령을 이행하지 아니한 자<br>7. 내구연한을 초과한 건설기계 또는 건설기계 장치 및 부품을 운행하거나 사용한 자<br>8. 내구연한을 초과한 건설기계 또는 건설기계 장치 및 부품의 운행 또는 사용을 알고도 말리지 아니하거나 운행 또는 사용을 지시한 고용주<br>9. 부품인증을 받지 아니한 건설기계 장치 및 부품을 사용한 자<br>10. 부품인증을 받지 아니한 건설기계 장치 및 부품을 건설기계에 사용하는 것을 알고도 말리지 아니하거나 사용을 지시한 고용주<br>11. 매매용 건설기계를 운행하거나 사용한 자<br>12. 폐기인수 사실을 증명하는 서류의 발급을 거부하거나 거짓으로 발급한 자<br>13. 폐기요청을 받은 건설기계를 폐기하지 아니하거나 등록번호표를 폐기하지 아니한 자<br>14. 건설기계조종사면허를 받지 아니하고 건설기계를 조종한 자<br>15. 건설기계조종사면허를 거짓이나 그 밖의 부정한 방법으로 받은 자<br>16. 소형 건설기계의 조종에 관한 교육과정의 이수에 관한 증빙서류를 거짓으로 발급한 자<br>17. 술에 취하거나 마약 등 약물을 투여한 상태에서 건설기계를 조종한 자와 그러한 자가 건설기계를 조종하는 것을 알고도 말리지 아니하거나 건설기계를 조종하도록 지시한 고용주<br>18. 건설기계조종사면허가 취소되거나 건설기계조종사면허의 효력정지처분을 받은 후에도 건설기계를 계속하여 조종한 자<br>19. 건설기계를 도로나 타인의 토지에 버려둔 자 |
| [과태료] 300만원 이하의 과태료를 부과한다. | 1. 건설기계임대차 등에 관한 계약서를 작성하지 아니한 자<br>1의2. 정기적성검사 또는 수시적성검사를 받지 아니한 자<br>2. 시설 또는 업무에 관한 보고를 하지 아니하거나 거짓으로 보고한 자<br>3. 소속 공무원의 검사 · 질문을 거부 · 방해 · 기피한 자<br>4. 정당한 사유 없이 직원의 출입을 거부하거나 방해한 자 |
| [과태료] 100만원 이하의 과태료를 부과한다. | 1. 수출의 이행 여부를 신고하지 아니하거나 폐기 또는 등록을 하지 아니한 자<br>2. 등록번호표를 부착 · 봉인하지 아니하거나 등록번호를 새기지 아니한 자<br>2의2. 등록번호표를 부착 및 봉인하지 아니한 건설기계를 운행한 자<br>3. 등록번호표를 가리거나 훼손하여 알아보기 곤란하게 한 자 또는 그러한 건설기계를 운행한 자<br>4. 등록번호의 새김명령을 위반한 자<br>5. 건설기계안전기준에 적합하지 아니한 건설기계를 도로에서 운행하거나 운행하게 한 자<br>6. 조사 또는 자료제출 요구를 거부 · 방해 · 기피한 자<br>7. 특별한 사정 없이 건설기계임대차 등에 관한 계약과 관련된 자료를 제출하지 아니한 자<br>8. 건설기계사업자의 의무를 위반한 자<br>9. 안전교육 등을 받지 아니하고 건설기계를 조종한 자 |
| [과태료] 50만원 이하의 과태료를 부과한다. | 1. 임시번호표를 부착하지 아니하고 운행한 자<br>2. 신고를 하지 아니하거나 거짓으로 신고한 자<br>3. 등록의 말소를 신청하지 아니한 자<br>4. 변경신고를 하지 아니하거나 거짓으로 변경신고한 자<br>5. 등록번호표를 반납하지 아니한 자<br>6. 정기검사를 받지 아니한 자<br>7. 건설기계를 정비한 자<br>8. 제18조제2항 단서, 같은 조 제3항 또는 제4항에 따른 신고를 하지 아니한 자<br>9. 제24조제1항에 따른 신고를 하지 아니하거나 거짓으로 신고한 자<br>10. 제24조의2제4항에 따른 신고를 하지 아니하거나 거짓으로 신고한 자<br>11. 제25조제2항에 따른 신고를 하지 아니하거나 거짓으로 신고한 자<br>12. 등록말소사유 변경신고를 하지 아니하거나 거짓으로 신고한 자<br>13. 제33조제2항을 위반하여 건설기계를 세워 둔 자 |

③ 사업

| | |
|---|---|
| 건설기계 | 건설공사에 사용할 수 있는 기계로서 대통령령으로 정하는 것 |
| 폐기 | 국토교통부령으로 정하는 건설기계 장치를 그 성능을 유지할 수 없도록 해체하거나 압축 · 파쇄 · 절단 또는 용해하는 것 |
| 건설기계사업 | 건설기계대여업, 건설기계정비업, 건설기계매매업 및 건설기계해체재활용업 |
| 건설기계대여업 | 건설기계의 대여를 업으로 하는 것 |
| 건설기계정비업 | 건설기계를 분해 · 조립 또는 수리하고 그 부분품을 가공제작 · 교체하는 등 건설기계를 원활하게 사용하기 위한 모든 행위(경미한 정비행위 등 국토교통부령으로 정하는 것은 제외한다)를 업으로 하는 것 |
| 건설기계매매업 | 중고 건설기계의 매매 또는 그 매매의 알선과 그에 따른 등록사항에 관한 변경신고의 대행을 업으로 하는 것 |
| 건설기계해체재활용업 | 폐기 요청된 건설기계의 인수, 재사용 가능한 부품의 회수, 폐기 및 그 등록말소 신청의 대행을 업으로 하는 것 |
| 중고 건설기계 | 건설기계를 제작 · 조립 또는 수입한 자로부터 법률행위 또는 법률의 규정에 따라 건설기계를 취득한 때부터 사실상 그 성능을 유지할 수 없을 때까지의 건설기계 |
| 건설기계형식 | 건설기계의 구조 · 규격 및 성능 등에 관하여 일정하게 정한 것 |

※ 건설기계대여업 및 건설기계정비업은 대통령령으로 정하는 바에 따라 세분할 수 있다.

# Part 7 도로주행 단원평가

**1. 관련법상 건설기계의 정의를 가장 잘 설명한 것은?**

① 건설공사에서 사용하는 기계로써 대통령령이 정하는 것을 말한다.
② 건설현장에서 사용하는 기계로써 국토교통부령이 정하는 것을 말한다.
③ 건설현장에서 사용하는 기계로써 대통령령이 정하는 것을 말한다.
④ 건설공사에서 사용하는 기계로써 국토교통부령이 정하는 것을 말한다.

해설
건설기계란 건설공사에 사용할 수 있는 기계로써 대통령령으로 정하는 것을 말한다.

**2. 다음 중 건설기계사업이 아닌 것은?**

① 건설기계 수출업 ② 건설기계 폐기업
③ 건설기계 대여업 ④ 건설기계 정비업

해설
건설기계사업이란 건설기계 정비업, 대여업, 매매업, 폐기업을 말한다.

**3. 건설기계 등록신청은 누구에게 하는가?**

① 국토교통부장관
② 국무총리
③ 건설기계 작업현장 관할 시 · 도지사
④ 건설기계 소유자의 주소지 관할 시 · 도지사

**4. 건설기계 소유자는 건설기계 등록사항에 변경이 있을 때(전시사변 기타 이에 준하는 비상사태 및 상속의 경우는 제외) 등록사항의 변경신고를 변경이 있는 날로부터 며칠 이내에 해야 하는가?**

① 10일 ② 20일
③ 30일 ④ 60일

해설
건설기계 등록사항 변경이 있을때는 변경이 있는 날로부터 30일 이내에 해야 한다.

**5. 건설기계 등록 말소 사유에 해당하지 않는 것은?**

① 건설기계의 차대가 등록 시 차대와 다를 때
② 건설기계를 구조변경했을 때
③ 건설기계가 멸실되었을 때
④ 건설기계를 폐기했을 때

해설
등록 말소사유
① 건설기계를 폐기한 때
② 건설기계가 멸실되었을 때
③ 부정한 방법으로 등록한 때
④ 건설기계의 차대가 등록 시 차대와 다른 때

**6. 건설기계 임시운행 번호표의 도색상은?**

① 청색 페인트 판에 황색 문자
② 흰색 페인트 판에 흑색 문자
③ 녹색 페인트 판에 흑색 문자
④ 흑색 페인트 판에 흰색 문자

해설
임시운행 번호표 색상은 흰색 페인트 판에 흑색 문자다.

**7. 건설기계 조종사 면허에 대한 설명으로 잘못된 것은?**

① 자동차운전 면허로 운전할 수 있는 건설기계도 있다.
② 면허를 받고자하는 자는 국 · 공립병원, 시 · 도지사가 지정하는 의료기관의 적성검사를 통과해야 한다.
③ 특수건설기계 조종은 국토부장관이 지정하는 면허를 소지하여야 한다.
④ 특수건설기계 조종은 특수조종면허을 받아야 한다.

**8. 정기검사의 연기사유가 아닌 것은?**

① 건설기계를 도난당한 때
② 건설기계 대여사업을 휴지한 때
③ 소유자가 국내여행 중인 때
④ 건설기계를 압류당한 때

**9. 건설기계의 구조변경 검사는 누구에게 신청하는가?**

① 자동차 검사소
② 건설기계 검사소
③ 건설기계 정비소
④ 건설기계 폐기업소

해설
건설기계의 구조변경검사는 검사대행자(건설기계검사소)에게 신청해야 한다.

**10. 건설기계 관리법상 건설기계에 해당하지 않는 것은?**

① 천장크레인
② 노상안정기
③ 콘크리트살포기
④ 자체중량 2톤 이상의 로더

**11. 타이어식 건설기계의 좌석 안전띠는 속도가 최소 몇 km/h 이상일 때 설치해야 하는가?**

① 10 ② 30
③ 50 ④ 70

해설
30km/h 이상 속도를 낼 수 있는 타이어식 건설기계에는 좌석 안전띠를 설치해야 한다.

정답 1 ① 2 ① 3 ④ 4 ③ 5 ② 6 ② 7 ④ 8 ③ 9 ② 10 ① 11 ②

**12.** 2년 이하 징역 또는 2천만 원 이하의 벌금에 해당하는 것은?

① 건설기계 사업을 등록하지 않고 건설기계 사업을 하거나 거짓으로 등록한 자
② 매매용 건설기계를 운행하거나 사용한 자
③ 등록번호표를 지워 없애거나 그 식별을 곤란하게 한 자
④ 사후관리에 관한 명령을 이행하지 않은 자

해설
2년 이하의 징역 또는 2천 만원 이하의 벌금에 해당하는 경우
① 미등록된 건설기계를 사용하거나 운행한 자
② 등록이 말소된 건설기계를 사용하거나 운행한 자
③ 시 · 도지사의 지정을 받지 않고 등록번호표를 제작하거나 등록번호를 새긴 자
④ 등록을 하지 않고 건설기계사업을 하거나 거짓으로 등록을 한 자
⑤ 등록이 취소되거나 사업의 전부 또는 일부가 정지된 건설기계사업자로서 계속하여 건설기계사업을 한 자

**13.** 등록하지 않은 건설기계를 사용할 경우의 벌칙은?

① 6개월 이하의 징역 또는 50만 원 이하의 벌금
② 1년 이하의 징역 또는 100만 원 이하의 벌금
③ 6개월 이하의 징역 또는 100만 원 이하의 벌금
④ 2년 이하의 징역 또는 2천만 원 이하의 벌금

해설
등록되지 않은 건설기계 또는 등록말소된 건설기계를 사용하거나 운행시 2년이하 징역 또는 2천만 원 이하의 벌금을 받는다.

**14.** 건설기계 조종사 면허를 받지 않고 건설기계를 조종한 자에 대한 벌칙은 무엇인가?

① 1년 이하의 징역 또는 1천만 원 이하의 벌금
② 2년 이하의 징역 또는 2천만 원 이하의 벌금
③ 1백만 원 이하의 벌금
④ 50만 원 이하의 벌금

해설
건설기계 조종사면허을 받지 않고 건설기계를 조종(무면허)하거나 면허취소 행정처분을 받은 후에도 건설기계를 계속 조종하여 발견 시에는 1년 이하의 징역 또는 1천만원 이하의 벌금을 받는다.

**15.** 최고속도 15km/h 미만 타이어식 건설기계에 갖추지 않아도 되는 조명장치는?

① 전조등 ② 번호등
③ 후부반사기 ④ 제동등

해설
최고속도 15km/h 미만의 타이어식 건설기계가 필히 갖추어야 할 조명장치는 전조등, 후부반사기, 제동등이다.

**16.** 안전지대의 내용으로 적절한 것은?

① 버스정거장 표시가 있는 장소
② 자동차가 주차할 수 있도록 설치한 장소
③ 보행자나 통행하는 차마의 안전을 위해 안전표지 등로로 표시된 도로부분
④ 잦은 사고발생 지역에서 보행자의 안전을 위해 설치한 장소

해설
도로의 안전지대는 도로를 횡단하는 보행자나 통행하는 차마의 안전을 위해 안전표지 등으로 표시된 도로의 부분을 말한다.

**17.** 다음 그림과 같은 교통표지판의 설명으로 맞는 것은?

① 일시 정지
② 일방 통행
③ 좌우측 통행 가능
④ 진입 금지

**18.** 보도와 차도의 구분이 없는 도로에서 어린이가 있는 곳을 통행할 때 운전자가 취할 조치 중 적절한 것은?

① 그대로 진행한다.
② 서행 또는 일시정지하여 주위 안전확인 후 진행한다.
③ 필히 정지 후 시동을 끈다.
④ 주위를 살피면서 속도를 줄인 후 경적을 울린다.

해설
보도와 차도 구분이 없는 도로에서 어린이가 있는 곳을 통행시에 서행 또는 일시정지하여 주위 안전상태 확인 후 진행한다.

**19.** 최고속도의 50/100을 줄인 속도로 운행해야 할 경우가 아닌 것은?

① 우천 시 노면에 습기가 있는 때
② 노면이 얼어붙은 때
③ 눈이 20mm 이상 쌓인 때
④ 폭우 · 폭설 · 안개로 가시거리가 100m 이내인 때

해설
우천시 노면에 습기가 있을 때는 20/100을 감속해야 한다.

**20.** 직진하기 위해 교차로 내를 진행중에 녹색신호에서 황색신호로 바뀌었을 때, 안전한 방법 중 가장 옳은 것은?

① 조금씩 속도를 줄여 주위 차량의 움직임을 보면서 진행한다.
② 일시 정지한 후 주위를 살펴본 후 주행한다.
③ 일시 정지한 후 다음 신호를 기다린다.
④ 계속 진행하여 빠르게 교차로를 통과한다.

해설
교차로 내를 직진하는 중에 녹색신호에서 황색신호로 바뀌었을 때는 계속 진행하여 교차로를 빠르게 통과한다.

**21.** 정지선이나 횡단보도 및 교차로 직전에 정지해야 할 신호는?

① 황색 및 적색등화
② 녹색 및 적색등화
③ 황색 및 녹색등화
④ 황색 및 적색 등화 점멸

해설
정지선이나 횡단보도 및 교차로 직전에서 정지해야 할 신호는 황색 및 적색등화다.

정답 12 ① 13 ④ 14 ① 15 ② 16 ③ 17 ④ 18 ② 19 ① 20 ④ 21 ①

**22. 속도준수에 대한 설명으로 옳은 것은?**

① 일반도로 제한속도 지정은 관할시 · 도지사가 지정하므로 철저히 준수해야 한다.
② 속도가 지정된 구역 또는 구간에서는 제한속도를 준수해야 한다.
③ 법정속도를 준수하면 제한속도는 준수할 필요가 없다.
④ 지정 제한속도보다 법정 주행속도가 우선한다.

해설
**속도준수**
① 법정 운행속도나 안전표지가 지정하는 속도를 준수해야 한다.
② 법정 운행속도보다 안전표지가 지정하는 제한속도에 따라야 한다.
③ 안전표지로써 지정되지 않은 도로에서는 법중 운행속도를 준수해야 한다.

**23. 편도 4차로 도로에서 굴착기와 지게차의 주행차로는?**

① 1차로 ② 2차로
③ 3차로 ④ 4차로

해설
편도 4차로 도로에서 굴착기와 지게차의 주행차로는 4차로이다.

**24. 관할 경찰서장이 차량 안전기준을 초과하여 운행할 수 있도록 허가하는 내용에 해당되지 않는 것은?**

① 승차 인원 ② 적재 중량
③ 운행 속도 ④ 적재 용량

해설
출발지 관할 경찰서장이 안전기준을 초과하여 운행할 수 있도록 허가하는 사항은 적재중량, 승차인원, 적재용량 등이다.

**25. 차마간 통행 우선순위를 옳게 연결한 것은?**

① 긴급자동차 → 긴급자동차 외의 자동차 → 원동기장치자전거 → 자동차 및 원동기장치자전거 외의 차마
② 긴급자동차 외의 자동차 → 긴급자동차 → 자동차 및 원동기장치자전거 외의 차마 → 원동기장치자전거
③ 긴급자동차 → 긴급자동차 외의 자동차 → 자동차 및 원동기장치자전거 외의 차마 → 원동기장치자전거
④ 긴급자동차 외의 자동차 → 긴급자동차 → 원동기장치자전거 → 자동차 및 원동기장치자전거 외의 차마

해설
차마 서로간 통행 우선수위는 긴급자동차 → 긴급자동차 외의 자동차 → 원동기장치자전거 → 자동차 및 원동기장치자전거 외의 차마이다.

**26. 도로 교통법상 주 · 정차 금지장소로 잘못된 것은?**

① 건널목 가장자리
② 버스 정거장 표시판으로부터 20m 이내 장소
③ 교차로 가장자리
④ 횡단 보도로부터 10m 이내의 곳

**27. 도로주행에서 앞지르기에 대한 설명으로 잘못된 것은?**

① 경찰 공무원 지시에 따르거나 위험방지를 위해 정지 또는 서행하고 있는 다른 차를 앞지를 수 없다.
② 앞차가 다른 차를 앞지르려고 할 때 그 차를 앞지를 수 있다.
③ 앞지르려고 할때는 안전한 속도와 방법으로 앞질러야 한다.
④ 앞지르려고 할때는 교통상황에 따라 경적을 울릴 수 있다.

해설
앞차가 다른 차를 앞지르려고 할때는 그 차를 앞질러서는 안된다.

**28. 교통사고 처리 특례법상 10개 항목에 해당하지 않는 것은?**

① 음주 운전
② 무면허 운전
③ 중앙선 침범
④ 통행우선순위 위반

해설
**교통사고 처리 특례법상 10개 항목**
- 음주운전
- 무면허운전
- 신호 또는 지시위반
- 앞지르기 방법 또는 금지위반
- 제한속도 20km/h 초과
- 철길건널목 통과방법위반
- 보도침범 및 보도 횡단방법위반
- 승객추락방지 의무위반
- 중앙선 침범, 고속도로에서 횡단, 유턴 및 후진
- 횡단보도에서 보행자 보호의무위반

**29. 도로교통법상 교통사고에 해당하지 않는 것은?**

① 도로주행 중 화물추락으로 부상당한 사고
② 차고에서 적재하던 중 화물이 떨어져 부상당한 사고
③ 도로운전 중에 언덕에서 추락하여 부상당한 사고
④ 주행 중 브레이크 고장으로 건물과 충돌한 사고

**30. 도로 운행시의 건설기계의 축하중 및 총중량 제한은?**

① 축하중 10톤 초과, 총중량 40톤 초과
② 윤하중 5톤 초과, 총중량 40톤 초과
③ 축하중 10톤 초과, 총중량 20톤 초과
④ 윤하중 10톤 초과, 총중량 20톤 초과

해설
도로운행시 건설기계의 축하중 및 총중량 제한은 축하중 10톤 초과, 총중량 40톤 초과이다.

정답 22 ② 23 ④ 24 ③ 25 ① 26 ② 27 ② 28 ④ 29 ② 30 ①

## 01 고장 시 응급처치

### (1) 고장표시판 설치

차량의 비상등을 켜고 차량내에 비치된 삼각대를 그 자동차의 후방에서 접근하는 자동차의 운전자가 확인할 수 있는 위치에 설치해야 한다(「도로교통법 시행규칙」 제40조).

### (2) 고장내용 점검

| 문제 | 원인 | 조치방법 |
|---|---|---|
| 제동불량 | 브레이크액 부족<br>브레이크 연결 호스 및 라인 파손<br>디스크 패드 마모<br>휠 실린더 누유<br>베이퍼 록<br>페이드 현상 | 수리, 보충<br>수리, 교환<br>교환<br>수리, 교환<br>수리<br>수리 |
| 타이어 펑크 | 타이어 과팽창<br><br>타이어 노화 | 타이어 압력보다 140kPa 이상 높지 않게 맞춘다.<br>교환 |
| 전·후진 주행 장치 고장 | 변속기 불량<br>앞구동축 불량<br>액슬장치 불량<br>최종감속장치 불량<br>조향장치 불량 | 수리, 교환<br>수리, 교환<br>수리, 교환<br>수리, 교환<br>수리, 교환 |
| 마스트 유압라인 고장 | 리프트 실린더 불량<br>유압호스 불량<br>피스톤 실 파손<br>틸트 실린더 불량<br>방향전환 밸브 불량<br>유압펌프 불량<br>압력조정 밸브 불량<br>유압필터 불량 | 수리, 교환<br>수리, 교환<br>수리, 교환<br>수리, 교환<br>수리, 교환<br>수리, 교환<br>수리, 교환<br>수리, 교환 |

### (3) 고장유형별 응급조치

| | |
|---|---|
| 제동장치 고장일 때 | ① 브레이크 오일에 공기가 혼입되었을 경우의 원인은 브레이크 오일 부족, 오일 파이프 손상, 마스터 실린더의 체결 밸브 불량으로 조치는 즉시 공기빼기를 실시한다.<br>② 브레이크 파이프 라인이 마멸되거나 오일이 누출된 경우 정비공장에 수리, 교환한다.<br>③ 마스터 실린더 및 휠 실린더 불량일 경우 정비공장에 수리, 교환한다. |
| 타이어 펑크 및 주행장치 고장일때 | ① 타이어 펑크시 안전주차하고 고장표시판을 설치 조치 후 정비사에게 연락한다.<br>② 주행장치 고장일 경우 안전주차하고 고장표시판을 설치 후 견인 조치한다. |

① 지게차 응급 견인

㉠ 견인은 단거리 이동을 위한 비상 응급 견인이며 장거리 이동 시는 항상 수송트럭으로 운반하여야 한다.

㉡ 견인되는 지게차에는 운전자가 핸들과 제동장치를 조작할 수 없으며 탑승자를 허용해서는 아니 된다.

㉢ 견인하는 지게차는 고장난 지게차보다 커야 한다.

㉣ 고장난 지게차를 경사로 아래로 이동할 때는 충분한 조정과 제동을 얻기 위해 더 큰 견인 지게차로 견인하거나 또는 몇 대의 지게차를 뒤에 연결할 필요가 있을 때도 있다.

## 02 교통사고 시 대처

### (1) 교통사고 유형별 대처

| | |
|---|---|
| 인명사고 발생시 응급조치 후 긴급구호 요청 | 운전자가 사고발생 시 경찰공무원 또는 가까운 국가경찰기관에 다음 각 호 사항을 지체없이 신고해야 한다.<br>① 사고발생장소<br>② 사상자 수 및 부상 정도<br>③ 손괴한 물건 또는 손괴 정도<br>④ 그 밖의 조치사항 등 |

### (2) 교통사고 응급조치 및 긴급구호

| | |
|---|---|
| 응급처치 순서 | ① 먼저 부상자를 구출하여 안전한 장소로 이동시킨다.<br>② 부상자를 조심스럽게 눕힌다.<br>③ 병원에 신속하게 연락한다.<br>④ 부상 부위에 대하여 응급처치한다. |

#### 1) 인명 사고 발생 시 응급조치 후 긴급구호 요청

즉시 정차 → 사상자 구호 → 신고 순으로 조치 후 긴급구조 요청을 한다.

① 차의 운전 등 교통으로 인하여 사람을 사상하거나 물건을 손괴한 경우에는 그 차의 운전자나 그 밖의 승무원은 즉시 정차하여 사상자를 구호하는 등 필요한 조치를 하여야 한다.

② 그 차의 운전자 등은 경찰공무원이 현장에 있을 때에는 그 경찰공무원에게, 경찰공무원이 현장에 없을 때에는 가장 가까운 국가경찰관서(지구대, 파출소 및 출장소를 포함한다.)에 다음 각 호의 사항을 지체 없이 신고하여야 한다. 다만, 운행 중인 차만 손괴된 것이 분명하고 도로에서의 위험방지와 원활한 소통을 위하여 필요한 조치를 한 경우에는 그러하지 아니하다.

㉠ 사고가 일어난 곳

㉡ 사상자 수 및 부상 정도

㉢ 손괴한 물건 및 손괴 정도

㉣ 그 밖의 조치사항 등

③ 제2항에 따라 신고를 받은 국가경찰관서의 경찰공무원은 부상자의 구호와 그 밖의 교통 위험 방지를 위하여 필요하다고 인정하면 경찰공무원(자치경찰공무원은 제외한다)이 현장에 도착할 때까지 신고한 운전자 등에게 현장에서 대기할 것을 명할 수 있다.

④ 경찰공무원은 교통사고를 낸 차의 운전자 등에 대하여 그 현장에서 부상자의 구호와 교통안전을 위하여 필요한 지시를 명할 수 있다.

⑤ 긴급자동차, 부상자를 운반 중인 차 및 우편물자동차 등의 운전자는 긴급한 경우에는 동승자로 하여금 제1항에 따른 조치나 제2항에 따른 신고를 하게 하고 운전을 계속할 수 있다.

⑥ 경찰공무원(자치경찰공무원은 제외한다)은 교통사고가 발생한 경우에는 대통령령으로 정하는 바에 따라 필요한 조사를 하여야 한다.

#### 2) 소화기

① 화재는 어떤 물질이 산소와 결합하여 연소하면서 열을 방출시키는 산화반응이며, 화재가 발생하기 위해서는 가연성 물질, 산소, 점화원이 반드시 필요하다.

② 화재의 분류

㉠ A급 화재 : 일반화재(고체연료의 화재)

• 연소 후 재를 남긴다.

㉡ B급 화재 : 휘발유, 벤젠 등의 유류(기름)화재

㉢ C급 화재 : 전기화재

㉣ D급 화재 : 금속화재

3) 소화기의 종류

① **이산화탄소 소화기** : 유류화재, 전기화재 모두 적용 가능하나, 질식작용에 의해 화염을 진화하기 때문에 실내 사용에는 특히 주의를 기울여야 한다.

② **포말소화기** : 목재, 섬유, 등 일반화재에도 사용되며, 가솔린과 같은 유류나 화학 약품의 화재에도 적당하나, 전기화재에는 부적당하다.

③ **분말소화기** : 미세한 분말 소화재를 화염에 방사시켜 진화시킨다.

④ **물 분무 소화설비** : 연소물의 온도를 인화점 이하로 냉각시키는 효과가 있다.

4) 교통사고 시 2차사고 예방

① 차량의 응급상황을 알리는 삼각대

㉠ 도로 위의 다양한 상황에서 최우선으로 고려해야 할 사항은 운전자와 승객의 안전이다.

㉡ 안전 삼각대는 이러한 2차사고 예방을 위한 필수 물품이므로 반드시 구비해야 한다.

2005년 이후 생산된 모든 국산 차량에는 안전 삼각대가 기본 장비로 포함되어 있으므로 적재된 위치를 미리 파악해 두도록 하고, 구비되어 있지 않거나 파손된 경우, 별도로 구입해야 한다.

㉢ 고장이나 그 밖의 사유로 고속도로 또는 자동차 전용도로에서 운행을 할 수 없게 되었을 때 그 자동차의 후방에서 접근하는 자동차의 운전자가 확인 할 수 있는 위치에 안전 삼각대 또는 적색의 섬광신호 · 전기제등 또는 불꽃신호를 설치해야 한다. 다만 밤에는 사방 500m 지점에서 식별 할 수 있도록 설치해야한다.

② 소화기 및 비상용 망치, 손전등

㉠ 차량 화재, 혹은 내부에 갇히게 될 경우에 대비해 소화기와 비상용 망치도 반드시 준비해야 한다. 특히 소화기의 경우, 휴대가 간편한 스프레이형 제품도 있으므로 운전자의 안전을 위해 항상 실내에 구비하는 것이 좋다.

㉡ 차량 고장 발생 시 하부나 엔진 룸 깊숙한 곳을 살피기 위해서는 주간에도 손전등이 필요하다. 특히 야간에는 응급 상황에 대처하는데도 도움이 되므로 반드시 준비해 두는 것이 좋다.

③ 사고 표시용 스프레이

㉠ 교통사고 발생 시 현장 상황을 보존하는 것은 매우 중요하다. 차량에 사고 표시용 스프레이를 미리 준비해 두면 억울하게 불이익을 당하지 않도록 증거를 남길 수 있다.

㉡ 최근에는 블랙박스나 휴대폰 카메라 등을 이용해 사고 상황을 촬영해 두어도 도움이 된다

# Part 8 응급대처 단원평가

**1. 지게차 고장 발생 시 응급처치 내용으로 맞는 것은?**

① 마스트 유압라인 고장 시 후면 안전거리에 고장표시판을 설치하고 포크를 마스트에 고정하여 응급 운행 할 수 있다.
② 타이어 펑크 시 후면 안전거리에 고장표시판을 설치하고 정비사에게 연락한 후 천천히 이동한다.
③ 제동 불량 시 후면 안전거리에 고장표시판을 설치 후 바로 정비작업을 실시한다.
④ 전 · 후진 주행 장치 고장 시 후면 안전거리에서 보험사에게 연락 후 견인조치 한다.

해설
지게차 고장시에는 반드시 후면 안전거리에 고장표시판을 설치하고 응급처치에 따라 조치를 취할 수 있다.

**2. 클러치의 필요성이 아닌 것은?**

① 전 · 후진을 위해서
② 변속을 위해서
③ 관성운전을 위해
④ 엔진기동 시 무부하상태 유지하기 위해

해설
전 · 후진을 하기 위해 둔 장치는 변속기이다.

**3. 지게차의 조작장치에 대한 설명으로 잘못된 것은?**

① 차량 선회 시에는 안전상 레버조작을 하지 말아야 한다.
② 차량 출발시에는 주차 브레이크 레버를 아래로 내려야 한다.
③ 포크를 하강시키려면 리프트 실린더 레버를 앞으로 밀어야 한다.
④ 마스트를 후경으로 놓으려면 레버를 앞으로 밀어야 한다.

해설
마스트 후경 : 레버를 뒤쪽으로 부드럽게 당기면 마스트가 뒤로 기울어진다.

**4. 클러치판의 변형을 방지하는 것은?**

① 토션 스프링 ② 릴리스 레버 스프링
③ 쿠션 스프링 ④ 댐퍼 스프링

해설
쿠션 스프링
접촉 시 접촉 충격을 흡수하고 서서히 동력을 전달한다.

**5. 지게차 인칭조절 장치에 대한 설명으로 맞는 것은?**

① 브레이크 드럼 내부에 있다.
② 트랜스미션 내부에 있다.
③ 디셀레이터 페달이다.
④ 작업장치의 유압상승을 억제한다.

해설
인칭조절 페달
전 · 후진 방향으로 서서히 화물에 접근시키거나 빠른 유압작동으로 신속히 화물을 상승 또는 적재시킬 때 사용한다. 변속기 내부에 설치되어 있다.

**6. 지게차 비상 응급 견인에 대한 내용으로 맞는 것은?**

① 견인은 고장난 지게차보다 더 큰 지게차로 단 · 장거리를 견인 할 수 있다.
② 고장난 지게차를 경사로 아래로 이동할 때는 충분한 조정과 제동을 얻기 위해 더 큰 견인 지게차로 견인하거나 또는 몇 대의 지게차를 뒤에 연결할 필요가 있을 때도 있다.
③ 견인되는 지게차에 운전자가 탑승하여 조향 핸들이 움직이지 않도록 고정하고 있어야 한다.
④ 견인하는 지게차는 고장난 지게차보다 작아도 된다.

해설
견인되는 지게차에는 탑승해서는 안되며 견인하는 지게차는 고장난 지게차보다 커야 한다.

**7. 지게차 주행 시 브레이크 유격이 크게되어 제동력이 불량하여 확인 해 보니 베이퍼록 현상이 발생하여 엔진 브레이크를 사용하였다. 이 현상의 원인이 아닌것은?**

① 지나친 브레이크 조작
② 브레이크 오일의 비등점 저하
③ 드럼과 라이닝의 간극 과소
④ 회로내 잔압 상승

해설
베이퍼록 현상 원인
오일연소로 인한 드럼 과열, 브레이크 과다조작, 회로내 잔압 저하, 드럼과 라이닝 간극 과소, 브레이크 오일의 비등점이 낮은 경우등

**8. 자동변속기가 장착된 지게차를 주차할 때 주의사항이 아닌 것은?**

① 포크를 바닥에 내려 놓는다.
② 핸드 브레이크 레버를 당긴다.
③ 주 브레이크를 제동시켜 놓는다.
④ 자동변속기의 경우 P위치에 놓는다.

**9. 교통사고 발생 시 2차사고 예방에 대한 조치사항으로 잘못된 것은?**

① 도로에서 최우선으로 고려해야 할 사항은 운전자와 승객의 안전이다.
② 안전 삼각 표시판은 필수적인 것은 아니다.
③ 도로 위 차량의 고장으로 추돌사고 예방을 위해서 안전 삼각 표지판은 필수다.
④ 안전 삼각 표지판은 고속도로에서는 야간에 후방접근차 인식거리 혹은 사방 500m 지점에 설치해야한다.

해설
도로 위의 사고차량은 반드시 후방 안전표시판을 설치해야 한다.

**10. 지게차의 운행 방법으로 틀린 것은?**

① 화물을 싣고 경사지를 내려갈 때도 후진으로 운행해서는 안된다.
② 이동 시 포크는 지면으로부터 300mm의 높이를 유지한다.
③ 주차시 포크는 바닥에 내려 놓는다.
④ 급제동하지 말고 균형을 잃게 할 수 도 있는 급작스런 방향 전환도 삼간다.

정답 1 ① 2 ① 3 ④ 4 ③ 5 ② 6 ② 7 ④ 8 ③ 9 ② 10 ①

# 9단원 장비구조

## 01 엔진구조 익히기

### 1 엔진본체 구조와 기능

동력을 발생시키는 부분으로 실린더 헤드, 실린더 블록, 크랭크 케이스, 피스톤, 커넥팅로드, 크랭크축, 플라이휠과 밸브기구 등으로 구성되어 있다.

#### (1) 실린더 블록

기관의 기초구조물로 기관 전체 수명을 유지하며 실린더와 물재킷 등 각 부품을 장착하는 몸체. 내마멸성, 내식성이 좋고 재질은 주철, 알루미늄합금, 특수주철이 사용된다.

#### (2) 실린더

피스톤이 상하 운동하는 곳으로 기밀을 유지하면서 실린더 헤드와 연소실을 형성한다.

① 건식라이너 : 냉각수가 직접 접촉하지 않고 실린더 블록을 거쳐서 냉각

② 습식라이너 : 냉각수가 라이너 바깥쪽과 직접 접촉, 라이너 교환 용이, 냉각효과 우수

> 라이너
> 블록과 실린더를 별도로 제작 장착(슬리브라고도 함)

| | 원인 | 영향 |
|---|---|---|
| 실린더 마멸 시 원인 및 영향 | • 흡입 공기량 이물질에 의한 마모<br>• 피스톤 및 링 불량에 의한 마모<br>• 기관 윤활유 불량에 의한 마모 | • 기관의 출력 부족 저하<br>• 기관 윤활유 소모량 과다 증가<br>• 기관 폭발 저하에 따른 압축압력 저하 |

※ 실린더 벽 마모는 윗부분의 마모가 가장 크다.

#### (3) 실린더 헤드

실린더, 피스톤과 함께 실린더 블록에 설치되어 연소실을 형성, 혼합가스 밀봉 및 윤활, 냉각수 누출방지하기 위해 가스킷 사용한다.

① 실린더 헤드 구비조건
- ㉠ 가공이 쉬울 것
- ㉡ 열 팽창이 적고 강도가 클 것
- ㉢ 가열되기 쉬운 돌출부가 없을 것

② 연소실 구비조건
- ㉠ 노크 발생이 적을 것
- ㉡ 평균 유효 압력이 높을 것
- ㉢ 시동이 용이할 것
- ㉣ 분사연료를 짧은 시간 내에 완전연소 시킬 것
- ㉤ 고속 회전시 연소 상태가 좋을 것

③ 연소실 장 · 단점

| | 장점 | 단점 |
|---|---|---|
| 직접분사식 | • 열효율이 높고 연료소비율이 적다<br>• 구조가 간단하고 시동이 쉽다 | • 노크발생이 크다<br>• 사용연료에 민감하다<br>• 펌프와 노즐 수명이 짧다 |
| 예연소실식 | • 운전상태가 좋고 노크발생이 적다<br>• 사용연료에 둔감하다<br>• 고장이 적고 수명이 길다 | • 헤드 구조가 복잡하다<br>• 냉각손실이 크다<br>• 연료소비량이 많다<br>• 예열장치가 필요하다 |

#### (4) 피스톤

실린더 내에서 왕복운동을 함. 알루미늄합금을 사용(Y합금, Lo-ex)

① 구비조건
- ㉠ 경량이며 강도가 클 것
- ㉡ 고온 · 고압에 잘 견딜 것
- ㉢ 열전도가 좋으며 열 팽창률이 적을 것
- ㉣ 마찰손실이 적을 것

#### (5) 피스톤 간극

실린더 안지름과 피스톤 바깥지름의 차이이다. 열팽창을 고려해야 함

① 피스톤 간극이 적은 경우
- 작동 중 유막파괴로 열 팽창으로 인해 피스톤과 실린더가 고착(소결)이 발생함

② 피스톤 간극이 클 경우
- 압축압력이 떨어져 블로바이 현상 발생
- 피스톤 슬랩 현상 발생, 오일 연소로 힌한 오일소비 증가 및 오일수명 단축되어 출력 및 시동성 저하

> 피스톤 슬랩 현상
> 사이드 노크 현상이라고도 하며 간극이 너무 클 때 각 행정시 마다 실린더 벽을 때리는 현상

#### (6) 피스톤 링

1개의 피스톤에 3~5개 한 조로 링 홈에 장착된다.

① 구비조건
- ㉠ 내열, 내마모성이 우수할 것
- ㉡ 고온에서 장력저하 적어야 함
- ㉢ 열전도성 우수해야 함
- ㉣ 실린더 라이너 마멸을 최소화 시킬 수 있어야 함

② 작용
- ㉠ 기밀작용(밀봉작용)
- ㉡ 오일제어작용(윤활작용)
- ㉢ 열전도작용(냉각작용)

③ 종류
- ㉠ 압축링 : 연소가스 누출방지
- ㉡ 오일링 : 실린더 벽의 오일 윤활 조절

④ 마모 시 발생 현상
- 링 간극이 커지거나 오일링 마모시 유막 조절 불량으로 오일이 연소실로 올라와 연소하며 배기가스는 회백색이 된다.

#### (7) 피스톤 핀

피스톤과 커넥팅 로드를 연결하는 핀. 피스톤이 받는 큰 힘을 커넥팅로드를 통해 크랭크축에 전달.

① 종류 : 고정식, 반부동식, 전부동식

#### (8) 커넥팅로드

피스톤의 왕복운동을 크랭크축에 전달. 소단부 중심과 대단부 중심과의 거리를 커넥팅로드의 길이라 하며 길이는 피스톤 행정의 1.5~2.3배 이다.

#### (9) 크랭크축

일체구조로 동력 행정에서 얻은 피스톤의 왕복운동을 회전운동으로 변환하여 전달한다. 동시에 흡입, 압축, 폭발, 배기행정에 필요한 피스톤 운동을 전달한다.

① 구비조건
㉠ 고속회전에 견딜수 있는 강도 및 강성이 있어야 함
㉡ 내마멸성과 정적 및 동적평형을 갖추어야 함
② 구성 : 크랭크 핀, 크랭크 암, 메인저널, 평형추 등으로 구성
③ 점화순서
㉠ 4행정 4실린더 : 1 - 3 - 4 - 2 또는 1 - 2 - 4 - 3
㉡ 우수식 6실린더 : 1 - 5 - 3 - 6 - 2 - 4
㉢ 좌수식 6실린더 : 1 - 4 - 2 - 6 - 3 - 5
※ 직렬 6실린더에서 크랭크축 기준으로 1번, 6번 크랭크 핀이 상사점 위치일 때 3,4번 크랭크 핀이 왼쪽에 위치(좌수식), 오른쪽에 위치(우수식)이라 한다.

### (10) 플라이 휠

기관의 불균일한 회전을 관성력을 이용하여 원활한 회전으로 변화시켜 주는 역할을 하며 원판 바깥부분에는 시동용 링기어가 열 박음으로 체결되어 있다.

### (11) 베어링

하중이 작용하는 회전부에 사용하며 마찰력을 감소시킨다.
① 역할
㉠ 기관 시동시 부드러운 회전을 유도하여 저널면을 보호한다.
㉡ 저널면 보호를 위해 이물질을 매입한다.
㉢ 적절한 오일의 흐름과 압력을 유지하며 부품 손상을 방지한다.
※ 크랭크축에서 발생하는 길이 방향의 추력 부하(미끌림)를 잡아주는 스러스트 베어링 또는 스러스트 플레이트가 있다.
② 지지장착
㉠ 베어링 스프레드
- 베어링을 하우징에 미장착시 베러일 바깥지름과 하우징 바깥지름과의 차이(조립 시 밀착하게 하고 크러시 압축에 의한 변형을 방지)
㉡ 베어링 크러시
- 베어링이 하우징과 밀착설치되었을 때 베어링 바깥둘레가 하우징 안쪽둘레보다 약간 큰 차이

### (12) 밸브 및 밸브기구

기관작동을 위해 최적의 혼합기 또는 공기를 연소실 내로 흡입하게 하고 연소된 가스를 배출하게 한다.
① 역할
㉠ 열전달
㉡ 연소실 상부 밀봉(압축, 동력 행정 시)
㉢ 연소실에 흡·배기를 조절한다.
② 구비조건
㉠ 열전도율이 좋을 것
㉡ 고온고압에 잘 견딜 것
㉢ 열에 의한 저항력이 클 것
㉣ 열에 의한 팽창률이 적을 것
㉤ 내구성이 클 것
㉥ 반복된 고온에도 쉽게 변형되지 않을 것
③ 밸브기구
캠축의 회전에 따라 흡·배기되는 혼합가스를 개폐
㉠ L형 밸브기구 : 캠축, 밸브리프터, 밸브
㉡ OHV기구 : 캠축, 밸브리프터, 푸시로드, 로커암, 밸브
㉢ OHC기구 : 캠축, 로커암, 밸브

④ 캠과 캠축
㉠ 캠 : 밸브 리프터를 밀어 푸시로드를 통해 밸브를 작동시킨다.
㉡ 캠축 : 밸브 계폐시기를 조정한다.

| | 4행정 사이클기관 | |
|---|---|---|
| | 크랭크축기어 | 캠축기어 |
| 회전비율 | 2 | 1 |
| 지름비율 | 1 | 2 |

⑤ 밸브장치기능
㉠ 밸브헤드 : 고온과 압력에 노출되며 흡기밸브지름이 배기밸브보다 크다.
㉡ 마진 : 밸브의 가장자리를 말하며 기밀 유지를 위해 보조 충격에 대한 지탱력을 가진다(밸브재사용 여부를 결정).
㉢ 밸브면 : 밸브시트에 밀착괴어 기밀 작용을 하며 헤드의 열을 시트에 전달한다.
㉣ 밸브스템 : 밸브 가이드를 통해 밸브운동을 유지하며 헤드의 열을 실린더 헤드로 전달한다.
㉤ 밸브 스템엔드 : 밸브에 운동을 전달하는 밸브 리프너나 로커암과 충결적인 접촉을 함(밸브간극을 결정).
⑥ 밸브시트
밸브면과 밀착되어 연소실의 기밀을 유지한다.
⑦ 밸브가이드
흡기 및 배기 밸브의 밀착을 좋게 하기 위해 밸브 스템 운동을 안내한다.
⑧ 밸브스프링
밸브 닫힘 시 밸브 시트에 밀착이 잘 되어 기밀을 유지하게 하고 밸브가 열리면 캠 모양에 따라 확실하게 작동한다.

> 밸브간극
> 기관작동 시 열팽창을 감안하여 로커암과 밸브스템엔드 사이에 둔 간극

| 간극이 클 때 | 간극이 작을 때 |
|---|---|
| • 작동 온도에서 밸브가 완전히 열리지 못함<br>• 소음과 충격이 심함<br>• 혼합기 불량과 배기불량 | • 밸브 열려 있는 기가이 길어져 실화발생<br>• 블로우바이 현상 발생<br>• 출력 부족 |

> 밸브 오버랩
> 피스톤이 압축 상사점에 있을 때 흡기 밸브와 배기 밸브가 동시에 열려있는 상태이며 흡입행정시 흡입효율을 높이기 위함과 더불어 배기행정 시 잔류가스를 원활하게 배출하기 위함이다.

⑨ 유압방식 밸브리프터의 특징
㉠ 밸브간극을 따로 조정할 필요가 없다.
㉡ 밸브기구의 구조가 복잡하다.
㉢ 밸브작동 시기가 정확하다.
㉣ 오일의 완충작용으로 내구성이 좋고 정숙하다.
㉤ 오일공급 계통에 문제 발생시 기관 작동이 불량해진다.

> 밸브서징 현상
> 기관 작동 시 캠에 의한 진동과 밸브 스프링 자체 고유 진동이 서로 공진하여 그 진동파가 스프링 내를 격하게 오르내리는 현상을 말한다.

⑩ 가변 밸브 타이밍 기구
기관의 저,중속 시 회전력 향상과 고속에서의 출력 향상이 목적이다. 흡·배기밸브의 캠 모양을 기관 회전 상태에 알맞게 변화시켜 밸브 개폐 시기와 열림 양도 변화시킴으로 가변 타이밍 기구라고도 한다.

## 2 윤활장치 구조와 기능

### (1) 작용

① 마멸 및 밀봉작용
② 냉각 및 세척작용
③ 완충 및 부식방지작용

### (2) 구비조건

① 인화점 및 자연발화점이 높을 것
② 비중과 점도가 적당할 것
③ 응고점이 낮고 기포발생 및 열에 대한 저항력이 클 것
④ 온도와 점도와의 관계가 적당하고 유성이 좋을 것

### (3) 오일의 분류

① SAE 분류
㉠ 미국자동차 기술협회에서 정한 분류이다.
㉡ SAE번호로 점도를 표시(번호가 클수록 점도가 높다)

② API 분류
㉠ 미국 석유협회에서 정한 분류이다.
㉡ 가솔린 기관(ML, MM, MS), 디젤기관(DG, DM, DS)로 구분

③ 계절별 사용 분류
㉠ 겨울용 : 유동성 저하로 점도가 낮아야 한다.
㉡ 여름용 : 온도가 높기 때문에 점도가 높아야 한다.
㉢ 봄·가을용 : 겨울보다는 점도가 높고 여름보다는 점도가 낮다.

> 점도
> 오일의 끈적끈적한 정도(점성의 정도를 수치로 표시)

### (4) 구성품

① 오일팬
㉠ 오일저장용기
㉡ 섬프와 격리판, 드레인 플러그 설치
㉢ 냉각작용

② 스트레이너
오일 내에 큰 불순물을 스크린을 통해 여과하며 오일 펌프로 공급되도록 유도해 주는 역할을 한다.

③ 오일펌프
㉠ 기관 작동 후 크랭크축이나 캠축에 의해 구동된다.
㉡ 오일팬 속의 오일을 여과기를 통해 각 윤활부에 공급한다.
㉢ 종류에는 기어펌프, 플런저펌프, 베인펌프, 로터리펌프 등이 있다.

④ 유압조절밸브
유압이 회로내에서 급격히 상승하는 것을 방지하여 일정한 압력이 유지되도록 하는 작용이다.
㉠ 유압 상승원인
- 불순물에 의한 회로 막힘(필터 막힘)
- 점도가 높다
- 유압조절밸브 고착
- 유압조절밸브 스프링 장력과다

㉡ 유압 저하원인
- 오일펌프 불량
- 오일량 적음
- 릴리프 밸브 불량

⑤ 오일여과기
회로 내의 오일속 불순물(수분, 금속분말) 등을 제거하는 작용이다.
㉠ 여과 방식
- 전류식 : 펌프에서 배출된 오일이 모두 여과기를 거쳐서 윤활 부위로 공급
- 분류식 : 펌프에서 배출된 오일 일부만 여과 후 오일팬 및 윤활 부위로 공급
- 샨트식 : 펌프에서 배출된 오일의 일부만 여과 후 여과되지 않은 오일과 함께 윤활 부위로 공급

㉡ 오일 색깔
- 심하게 오염(검정), 연료혼입(붉은색), 냉각수 혼입(우유색)

⑥ 유면표시기
㉠ 오일량을 점검할 때 사용하는 금속막대기
㉡ F(Full or Max)와 L(Low or Min) 눈금으로 표시
㉢ 오일 점검 시 기관을 정지 후 점검
㉣ F와 L 사이에서 F에 가까이 있어야 정상

> 윤활유 교환 시 주의
> - 기관에 맞는 오일 선택
> - 점도가 다른 오일을 혼합사용 금지
> - 주입시 이물질이 유입되지 않도록 유의
> - 사용 조건에 맞는 주기적인 교환 시기에 맞출 것
> - 보충 시 규정량에 맞게 주입

## 3 연료장치 구조와 기능

### (1) 디젤기관 연료의 구비조건

① 세탄가가 높을 것
② 발열량이 클 것
③ 착화성이 좋을 것
④ 카본발생이 적을 것
⑤ 연소속도가 빠를 것
⑥ 온도변화에 따른 점도 변화가 적을 것

### (2) 연료의 착화성

연소실내로 분사된 연료가 착화하는 시간으로 나타내며 세탄가로 표시한다(적당한 착화성을 가져야 함).

$$세탄가 = \frac{세탄}{세탄 + \alpha메틸나프탈린} \times 100$$

### (3) 디젤노크

착화지연기간이 길어져 연소실에 다량으로 누적된 연료가 일시에 연소되어 실린더 내 압력이 급격히 증가함으로 피스톤이 실린더 벽을 타격하여 소음이 발생하는 현상을 말한다.

① 발생 원인
㉠ 분사노즐 분무 상태가 불량할 때
㉡ 착화지연기간중 연료 분사량이 많을 때
㉢ 흡기온도 및 압축압력 압축비가 낮을 때
㉣ 연료의 분사압력 및 연소실 또는 실린더의 온도가 낮을 때
㉤ 오일공급 계통에 문제 발생 시 기관 작동이 불량해진다.

② 노크방지책
㉠ 압축압력과 온도 및 압축비를 높인다.
㉡ 연료의 착화점이 낮은 것(세탄가가 높은 연료)을 사용한다.

㉢ 흡기압력과 온도를 높인다.
㉣ 연소실 또는 실린더 벽의 온도를 높인다.
㉤ 착화지연 기간을 짧게 한다.
※ 노크 발생 시 기관 회전속도가 낮아지고 흡입효율이 저하되어 출력이 떨어지며 실린더 벽과 피스톤에 손상이 발생되어 기관이 과열된다.

③ 진동 원인
㉠ 각 피스톤의 중량 차이가 크다.
㉡ 크랭크 축의 불균형이 있다.
㉢ 연료분사 시기와 분사 간격이 다르다.
㉣ 4실린더에서 1개의 분사노즐이 막혔다.

### (4) 연료장치의 구조와 작용

① 연료분사조건
㉠ 분부의 입자가 작고 균일할 것
㉡ 분사의 시작과 끝이 확실할 것
㉢ 분무가 잘 분사되고 무화가 양호할 것
㉣ 부하에 따른 적절한 양을 분사할 것
㉤ 분사량 및 분사 시기 조정이 쉬울 것

② 분사노즐
분사펌프로부터 고압의 연료를 안개 모양으로 연소실내에 분사한다.
㉠ 종류 : 개방형, 밀폐형, 핀틀형, 스로틀형
㉡ 노즐시험
- 분무(분포)상태
- 분사각도
- 후적유무
- 분사개시압력

> 연료분사 3대조건
> 무화(안개 모양), 분산(분포), 관통력

③ 연료공급펌프의 작용
㉠ 캠 움직임에 의해 플런저 상승 시 연료배출이 된다.
㉡ 캠 움직임에 의해 플런저 하강 시 펌프실에 연료가 유입된다.
㉢ 압력이 규정값 이상 시 펌프작동이 정지된다.
㉣ 프라이밍 펌프가 연료계통의 공기를 빼는 역할을 한다.

④ 연료여과기 오버플로 밸브 역할
㉠ 여과기 엘리먼트를 보호한다.
㉡ 연료계통의 공기를 배출한다.
㉢ 공급펌프의 소음을 방지한다.

⑤ 분사펌프 구조
㉠ 캠축
- 크랭크축에 의해 구동되며 플런저를 작동시킨다.
- 회전속도는 4행정 사이클기관은 크랭크축의 1/2로 회전하고 2행정 사이클기관은 크랭크축의 회전속도와 같다.

㉡ 플러저와 배럴
유효행정은 플런저가 회전한 각도에 의해 행정이 변화되고 유효행정이 크면 연료 분사량이 증가하고, 유효행정이 작으면 연료 분사량이 적어진다.

㉢ 딜리버리밸브
파이프를 통해 노즐에 연료를 공급하는 역할을 하며 파이프 내 잔압을 유지 시킨다. 분사 후 후적 및 연료가 역류되는 것을 방지한다.

㉣ 조속기(거버너)
기관의 회전속도 및 부하 변화에 따라 분사량을 조절한다.
기관의 부조를 방지하고 운전을 안정화 시킨다.

㉤ 타이머
기관의 회전속도 또는 부하에 따라 연료의 분사 시기를 자동적으로 조절한다.

### (5) 감압장치(시동보조)

디젤기관을 시동할 때 캠축과는 별도로 흡·배기 밸브를 강제로 열어 실린더 내 압축되는 압력을 낮추어 시동이 될 수 있도록 돕는 장치이다.

### (6) 전자제어 디젤기관 연료분사 장치(커먼레일 시스템)

① 특징
㉠ 주행 운전성능을 향상시킬 수 있다.
㉡ 연료 소비율을 향상시킬 수 있다.
㉢ 기관의 성능을 향상시켜 유해가스를 줄일 수 있다.
㉣ 최적의 공간 활용과 경량화를 이룰 수 있다.
㉤ 전자제어식 장치들과 모듈화 할 수 있다.

② 구성 요소
㉠ 저압펌프 : 전원 공급을 통해 고압펌프로 연료압송
㉡ 연료필터 : 연료 내의 수분 및 이물질 제거(정기적교환필요)
㉢ 고압펌프 : 약 1350bar의 고압력 상태로 커먼레일로 연료를 공급
㉣ 커먼레일 : 고압펌프로부터 모아둔 연료를 일정한 압력으로 각 실린더의 인젝터로 분배(압력센서와 압력제어밸브 설치됨)
㉤ 인젝터 : 고압의 연료를 컴퓨터 제어를 통해 실린더로 분사

③ ECU 입력요소
가속페달 위치센서, 공기유량센서, 흡기온도센서, 수온센서, 크랭크축 위치센서, 캠축위치센서, 연료압력센서, 연료온도센서

④ ECU 출력요소 : 인젝터, 압력제어벨브, 배기가스 재순환밸브(EGR)

## 4 흡·배기장치 구조와 기능

### (1) 공기청정기

흡입되는 공기의 먼지 여과와 소음을 방지하는 작용을 한다.
효율 저하 방지를 위해 압축공기를 안쪽에서 바깥쪽으로 불어내어 청소해야 한다. 막힘 시 검은색 배출가스가 발생되며 출력이 떨어진다.

① 종류
㉠ 건식 : 설치가 간단하고 여과성이 좋은 여과포를 사용한다.
㉡ 습식 : 엘리먼트에 오일을 흡착시켜 공기량 증가시 효율을 증대시킨다.
㉢ 원심식(프리클리너) : 공기를 한번 더 걸러서 보내는 방식

> 인디케이터
> 공기 청정기 막힘을 알려주는 게이지

### (2) 과급기(터보차저)

흡기관과 배기관 사이에 설치되어 기관의 흡입효율을 높이기 위해 흡입되는 공기에 압력을 더해 주어 출력을 증대시키는 장치이다.
기관 중량은 15~20% 증가되고 출력은 45~50% 정도 증가된다.

### (3) 소음기(머플러)

기관의 배기가스 온도와 압력을 떨어뜨려 급격한 팽창소음을 감소시키기 위한 장치이다.
카본 누적 시 기관 과열과 출력 저하를 발생시킨다.
※ 에어클리너 막힘 시 배기가스 색은 검은색을 띤다.

## 5 냉각장치 구조와 기능

### (1) 개요

기관을 냉각하여 과열을 방지하고 일정 온도(80~90℃)로 유지하는 장치이다.
① **공랭식** : 기관을 공기 중에 접촉시켜 냉각하는 방식
② **수냉식** : 냉각수를 기관에 강제 순환시켜 냉각하는 방식

> 기관이 과열되었을 때 현상
> - 열 팽창으로 인한 작동부분 고착
> - 윤활제 점도 저하로 인한 부품 손상
> - 냉각 불량으로 금속물 산화 촉진
> - 노크 발생

### (2) 냉각장치 구성

① **물재킷**
실린더 헤드와 블록에 설치된 냉각수의 순환통로이며 실린더 벽, 밸브시트, 밸브가이드, 연소실과 접촉하여 열을 흡수한다.
② **물펌프**
실린더 블록 앞 쪽에 장착되어 냉각수를 강제로 순환시키는 원심력 펌프이다.
냉각수 온도에 반비례하고 압력에 비례한다.
냉각수에 압력을 가하면 워터펌프의 효율이 증대된다.
③ **냉각팬**
물펌프축과 일체로 회전하며 라디에이터를 통해 공기를 흡입하여 냉각한다.
냉각팬의 회전을 자동적으로 조절함으로써 구동으로 소모되는 기관의 출력을 최소화하고 과다 소음을 줄이기 위한 클러치 방식 또는 전동기 방식을 쓴다.

> 전동팬 특징
> - 팬벨트가 필요없다.
> - 시동과 관련없이 냉각수 온도에 따라 작동한다.
> - 기관 정상 온도 상승시에만 작동하고 정상 온도 이하에서는 작동하지 않는다.

④ **수온조절기(서모스탯)**
정온기라고도하며 기관의 실린더 헤드 부분에 설치되어 냉각수 온도에 따른 통로를 제어하여 기관의 온도를 일정하도록 유지시키는 장치이다.
- 규정 온도 이상일 때 : 밸브열림(통로개방)
- 규정 온도 이하일 때 : 밸브닫힘(통로폐쇄)

⑤ **라디에이터**
일종의 저장탱크이며 기관에서 가열된 냉각수를 대기 흐름에 따라 냉각시킨 후 다시 순환시키는 장치이다.
㉠ 구비조건
- 단위 면적당 방열량이 클 것
- 공기 흐름 저항이 적을 것
- 작고 가벼우며 강도가 클 것
- 냉각수와 공기의 흐름 저항이 적을 것

㉡ 구조
- 상부탱크 : 라디에이터 캡, 오버플로워 파이프, 입구 파이프
- 하부탱크 : 출구파이프, 드레인 콕

㉢ 리디에이터 캡
- 냉각수 주입구 마개로 비등점을 높이고 냉각 범위를 넓게 하기 위해 압력캡 사용
- 냉각장치 내부 압력이 규정보다 높을 때 압력밸브 열림
- 냉각장치 내부 압력이 규정보다 낮을 때 진공밸브 열림

⑥ **냉각수 및 부동액**
㉠ 냉각수
- 연수(빗물, 수돗물, 증류수) 사용
- 구하기 쉽고 열을 잘 흡수
- 100℃에서 동결되고 스케일이 발생함

㉡ 부동액
- 동결방지를 위해 물과 혼합 사용
- 에틸렌글리콜(주로 사용), 메탄올, 글리세린 등
- 물에 비해 비등점은 높고 빙점은 낮아야 함
- 부식과 침전물 발생이 없을 것

⑦ **팬 벨트**
각 장치(크랭크축, 발전기, 물펌프) 풀리 등과 함께 구동된다.
㉠ 장력이 셀 때
- 각 풀리의 베어링 마멸 촉진 또는 물펌프 고속회전으로 인한 기관 과냉 발생 우려

㉡ 장력이 약할 때
- 소음 발생 또는 물펌프 저속 회전으로 인한 기관 과열 발생 우려

> 기관 과열 원인
> - 냉각팬 또는 벨트 파손
> - 라디에이터 코어 막힘 또는 파손
> - 물펌프 작동 불량
> - 냉각수 부족
> - 수온조절기가 닫힌 채 고장
> - 물재킷 내에 물 때(스케일)가 많이 쌓였을 때

# 02 전기장치 익히기

## 1 시동장치 구조와 기능

### (1) 개요

외부로부터 전기에너지를 공급받아 기관을 회전시키는 장치이다.
기동전동기의 원리는 플레밍의 왼손법칙을 이용한다.

### (2) 종류와 특징

① **직권전동기** : 전기자 코일과 계자코일이 직렬로 연결되어 있다. 건설기계 시동모터로 사용되며 회전력이 크고 부하 증가 시 회전속도가 낮아 지고 전류가 커진다.
② **분권전동기** : 전기자 코일과 계자코일이 병렬로 연결되어 있다. 건설기계 팬모터, 히터팬 모터에 사용된다.
③ **복권전동기** : 전기자 코일과 계자코일이 직 · 병렬로 연결되어 있다. 건설기계 윈드 실드 와이퍼모터에 사용된다.

### (3) 구조와 기능

① **전기자(아마추어)**
㉠ 축, 철심, 전기자 코일로 구성

㉡ 회전력을 발생

㉢ 전기자 코일의 단선, 단락 및 접지 시험(그로울러 테스터)

② 계자코일

㉠ 계자철심에 감겨져 전자석이 되어 자력을 발생시킴

㉡ 계자코일에 흐르는 전류와 정류자에 흐르는 전류 크기는 같다.

③ 계철과 계자철심

㉠ 계철은 자력선의 통로임

㉡ 계자철심은 계자코일에 전기가 흐르면 전자석이 된다.

㉢ 자속을 잘 통하게 하고 계자코일을 유지한다.

④ 브러시와 홀더

㉠ 정류자를 통해 전기자 코일에 전류를 이동시키는 작용을 한다.

㉡ 보통 4개가 설치되며 본래 길이의 1/3 이상 마모 시 교환한다.

⑤ 정류자

• 전기자 코일에 일정한 방향으로 전류가 흐르도록 유지함

⑥ 마그넷 스위치(솔레노이드 스위치)

• 전동기의 전자석스위치를 말한다.

### (4) 기동전동기 주의사항

① 기동전동기 사용조작 시간은 10초 정도 한다.

② 기관 시동 후에는 시동스위치를 닫으면 안 된다.

③ 전동기의 회전속도가 규정 이하면 장시간 운전시켜도 시동되지 않는다.

④ 배선의 굵기가 규정 이하의 것은 사용하지 않는다.

## 2 충전장치 구조와 기능

### (1) 개요

운행 중 각 전기장치에 전원을 공급하는 동시에 축전지에 충전 전류를 공급하는 장치로 플레밍의 오른손 법칙을 이용한다.

건설기계에서는 3상 교류 발전기를 사용한다.

### (2) 특징

① 소형, 경량이며 브러시 수명이 길다.

② 저속에서도 충전이 가능하다

③ 정류자가 없어 허용 회전속도 한계가 높다.

④ 실리콘 다이오드로 정류하므로 전기적 용량이 크다.

⑤ 출력이 크고 고속회전에 잘 견딘다.

⑥ 전압조정기만 필요하다.

### (3) 구조

① 스테이터(고정자) : 독립된 3개의 코일이 감겨져 있고 3상 교류가 유기된다.

② 로터(회전자) : 로터의 자극편은 코일에 전류가 흐르면 전자석이 되고 출력은 로터 코일의 전류를 조정하여 조정한다.

③ 정류기

㉠ 실리콘 다이오드를 정류기로 사용한다.

㉡ 스테이터 코일에서 발생한 교류를 직류로 정류하여 외부로 공급하고 축전지에서 발전기로 전류가 역류하는 것을 방지한다.

㉢ 다이오드 과열 방지를 위해 히트싱크를 둔다.

## 3 등화 · 퓨즈 · 계기장치 구조와 기능

### (1) 등화장치

① 조명 용어

㉠ 광속 : 광원에서 나오는 빛의 다발을 뜻하며 단위는 루멘(lm)

㉡ 광도 : 빛의 세기를 뜻하며 단위는 칸델라(cd)

㉢ 조도 : 빛을 받는 면의 밝기를 뜻하며 단위는 룩스(Lx)

② 전조등 종류

㉠ 실드 빔 : 반사경, 렌즈 및 필라멘트가 일체

• 대기 조건에 따라 반사경이 흐려지지 않는다.

• 사용에 따른 광도 변화가 적다

• 필라멘트가 끊어지면 전조등 전체를 교환해야 한다.

㉡ 세미 실드 빔 : 렌즈, 반사경은 일체이며 전구는 교환이 가능

• 최근 할로겐 램프를 사용

• 필라멘트가 끊어지면 전구만 교환 가능하다.

※ 방향지시등의 한쪽 등의 점멸이 빠르게 작동하면 제일 먼저 전구(램프)의 단선 유무를 확인해야 한다.

### (2) 퓨즈

단락으로 인해 전선이 타거나 과대한 전류가 부하로 흐르지 않게 하는 안전장치

① 회로에 직렬로 연결되어 전압을 조정

② 퓨즈의 접촉이 불량하면 전류 흐름이 저하되고 끊어진다.

③ 퓨즈재질 – 납, 납+주석, 납+주석+안티몬, 납+구리+안티몬 등

접촉저항

회로 접속부의 접촉불량으로 인한 저항으로 전류 흐름을 나쁘게 한다.

전압강하

도체의 고유저항과 접촉저항으로 전류가 흐를 때 가해진 전압이 저하되는 현상

### (3) 계기장치

① 유압계 : 기관 작동 시 가동되는 유압을 표시

② 연료계 : 연료탱크의 연료량을 표시

③ 온도계 : 기관 냉각수의 온도를 표시

④ 전압계 : 기관 축전지의 전압을 표시

⑤ 속도계 : 기관 작동 후 주행속도 표시

### (4) 각종 표시 경고등

| 속도계 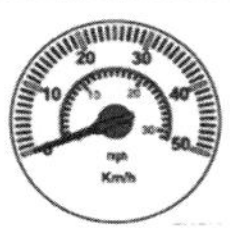 | 연료계 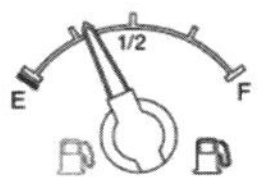 | 냉각수온도계 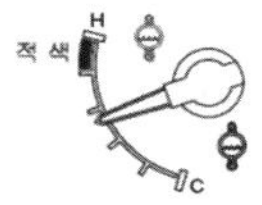 | 트랜스미션 오일 온도계 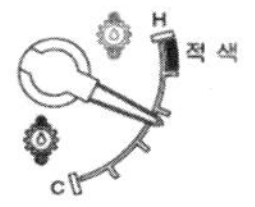 | 엔진점검 경고등  |
|---|---|---|---|---|
| 방향표시등  | 작업표시등  | 펜더작업 표시등  | 브레이크 고장 경고등  | 주차브레이크 표시등  |
| 엔진예열 표시등  | OPSS표시등 (운전석이탈)  | 인칭표시등  | 엔진오일압력 표시등  | 트랜스미션 에러 경고등  |
| 에어크리너 경고등  | 배터리충전 경고등  | 연료레벨 경고등  | 연료수분함유 경고등  | 안전벨트 경고등  |
| 냉각수과열 경고등  | 변속기 오일온도 경고등  | 연료가열 경고등  | | |

## 03 전·후진 주행장치 익히기

### 1 조향장치 구조와 기능

#### (1) 개요

운전자가 의도하는 바에 따라 임의 조작가능하도록 만든 장치로 조향기어장치를 통해 앞바퀴의 방향을 바꿀수 있도록 설계된 장치를 말한다.

① 원리
㉠ 조향 휠의 각도를 변화시켜 건설기계의 주행방향을 바꾸어 준다.
㉡ 일반적으로 조향핸들을 회전시켜 앞바퀴를 조향하나 지게차는 뒷바퀴를 조향한다.
㉢ 방식으로는 전차대식, 애커먼식, 애커먼 장토식(현재는 애커먼식을 개량한 애커먼 장토식)

② 구비조건
㉠ 조향 조작이 쉽고 자유로워야 한다.
㉡ 수명이 길고 정비성이 좋아야 한다.
㉢ 노면으로부터 충격이나 원심력등의 영향을 받지 말아야 한다.
㉣ 반경이 작고 좁은 곳에서도 쉽게 전환할 수 있어야 한다.
㉤ 주행 중 충격에도 조향 조작 시 영향을 받지 않아야 한다.

#### (2) 기구방식

① 조작기구 : 운전자 직접 조작력을 전달한다.
㉠ 조향휠 : 조작을 쉽게 하기 위해 유격을 준다(핸들유격은 25~30mm).
㉡ 조향축 : 핸들 조작력을 조향기어에 전달
㉢ 스티어링 샤프트 : 충격시 충격흡수장치(안정성확보)

② 기어기구 : 조향 회전을 감속하여 조작력을 크게 한다(랙과 피니언원리).

③ 링크기구 : 기어식 기구 조작력을 조향 바퀴에 전달한다.
㉠ 피트먼 암 : 핸들의 움직임을 링크나 로드에 전달
㉡ 드래그 링크 : 피트먼 암과 조향너클 암을 연결하는 로드
㉢ 너클 암 : 운전자에 의해 킹 핀 주위의 조향 바퀴의 방향을 바꾸기 위한 기구
㉣ 타이로드 엔드 : 양쪽 너클 암에 중심링크운동을 전달하는 장치

#### (3) 동력조향장치

기관의 동력으로 오일펌프를 구동하여 조향핸들 조작력을 쉽게 만들어 주는 장치

① 장점
㉠ 조작력이 작고,노면으로부터의 충격 및 진동을 흡수한다.
㉡ 조향력에 상관없이 조향 기어비를 선정할 수 있다.
㉢ 바퀴의 시미현상(좌우 흔들림)을 방지할 수 있다.

② 단점 : 구조가 복잡하다.

③ 구조
㉠ 작동부 : 컨트롤 밸브에서 제어된 유압이 링키지를 작동시키는 부분(동력실린더)
㉡ 제어부 : 오일 회로를 바꾸어 동력 실린더의 작동 방향과 상태를 제어(제어밸브)
㉢ 동력부 : 동력원이 되는 유압을 발생시키는 부분(오일펌프)

> 안전체크밸브
> 동력조향장치 고장시 수동조작이 가능하도록 하는 장치

#### (4) 앞바퀴 정렬(휠 얼라이먼트)

차량의 직진과 코너링 및 안정감을 주고 타이어 마모에도 영향을 준다.

① 구성요소
㉠ 캠버 : 앞차축의 휨을 적게 하기 위함이며 조향 휠의 조작을 가볍게 하고 타이어의 마멸을 방지한다(토우와 관련됨).
㉡ 캐스터 : 주행시 타이어에 방향성을 높여주고 핸들의 복원성을 높여준다.
㉢ 토인 : 좌우 앞바퀴의 중심선으로부터의 간격이 뒤보다 좁은 상태를 말한다(2~6mm).

### 2 변속장치(Transmission) 구조와 기능

변속기는 클러치와 추진축 또는 클러치와 종감속 기어 사이에 설치되어 기관의 동력을 자동차의 주행상태에 알맞도록 회전력과 속도를 바꾸어 구동 바퀴에 전달하는 장치이다.

#### (1) 구비조건

① 조작이 쉽고 신속하고 정확하게 작동해야 한다.
② 단계없이 연속적으로 변속되어야 한다.
③ 소형, 경량이고 고장이 없어야 한다.
④ 전달효율이 좋고 정비성이 좋아야 한다.

#### (2) 변속조작기구

① 록킹볼 : 기어빠짐 방지
② 인터록 : 기어 이중물림 방지

| 기어변속 불량 원인 | 기어가 빠지는 불량 원인 |
|---|---|
| • 클러치 페달 유격 과대<br>• 싱크로나이저링 마모<br>• 스프라인홈 마모 | • 시프트포크 마모<br>• 인터록 마모<br>• 베어링 마모 |

③ 오버드라이브 : 기관의 여유출력을 이용하여 출력축의 회전속도를 기관의 회전속도보다 빠르게 하는 장치

#### (3) 종류

① 점진기어식 변속기
② 선택기어식 변속기
㉠ 선택 섭동기어식 : 기어가 주축 스플라인에에서 직접 슬라이딩 이동하여 물리게 되는 형식
㉡ 선택 상시 물림식 : 기어는 항상 물려 있고 도그 클러치가 주축 위를 섭동하며 동력전달
㉢ 선택 동기 물림식 : 서로 물리는 기어 회전속도를 일치시켜 이의 물림을 쉽게하는 형식

#### (4) 자동변속기

① 유체클러치
㉠ 기관 크랭크축에 펌프(임펠러), 변속기 입력축에 터빈(러너)을 설치한다.
㉡ 오일의 맴돌이 흐름(와류)을 방지하기 위해 가이드 링을 둔다.
㉢ 동력전달 효율은 98%이고 토크 변환률은 1 ~ 3:1이다

② 토크 컨버터
㉠ 기관 크랭크축에 펌프, 변속기 입력축에 터빈을 설치한다.

㉡ 오일 흐름을 바꾸어주는 스테이터가 일방향 클러치를 통하여 설치되어 있다.

③ 토크 컨버터 장점

㉠ 조작이 용이하고 엔진에 무리를 주지 않는다.

㉡ 부하변동에 따라 자동적으로 변속한다.

㉢ 기계적인 충격을 흡수하여 엔진 수명이 길어진다.

④ 오일 구비조건

㉠ 점도가 낮을 것

㉡ 유성과 윤활성이 좋을 것

㉢ 내산성, 비중이 클 것

㉣ 비점, 착화성이 높을 것

⑤ 유성기어 장치

㉠ 링기어, 유성기어, 선기어, 캐리어로 구성되어 있다.

㉡ 고속, 저속, 역호전이 가능하며 토크 컨버터의 보조기구로 후진 조작하기 위한 장치이다.

㉢ 유압제어 장치에 의해 주행 상태에 따라 자동적으로 변속한다.

### (5) 드라이브 라인

뒤차축 구동방식으로 슬립이음, 자재이음, 추진축으로 구성되어 있다.

① 슬립이음 : 추진축의 길이 변화를 주는 장치이다.

② 자재이음 : 변속기와 종감속 기어 사이의 구동각도 변화를 주는 장치이다.

㉠ 십자형 자재이음(훅형)

- 회전 각속도의 변화를 상쇄함과 동시에 구조가 간단하고 작동이 확실하며 큰 동력전달이 가능하다(그리스 급유).

㉡ 등속도(CV)자재이음

- 진동방지를 위해 개발된 것으로 종류에는 트랙터형, 벤딕스 와이스형, 제파형, 버필드형 등이 있다.

### (6) 종감속기어와 차동장치

① 종감속기어

기관의 동력을 최종적으로 감속시켜 증가된 구동력을 바퀴까지 전달한다.

㉠ 종감속비는 링기어 잇수를 구동 피니언 잇수로 나눈 값이다.

㉡ 종감속비가 적으면 등판 능력이 떨어진다.

㉢ 종감속비가 크면 가속 성능이 향상된다.

② 차동기어

㉠ 차동장치는 차동 사이드 기어, 차동 피니언 기어, 피니언 축 및 케이스로 구성된다.

㉡ 타이어식 건설기계가 회전할 때 바깥쪽 바퀴를 안쪽 바퀴보다 빠르게 회전시켜 준다.

㉢ 선회할 때 구동 바퀴의 회전 속도를 다르게 하여 노면의 저항을 작게 받는 구동바퀴에 많은 동력을 전달시킨다.

③ 액슬축(차축)지지 방식

㉠ 전부동식 : 차량 하중을 하우징이 받고, 액슬축이 동력만 전달하는 방식

㉡ 반부동식 : 차량 하중을 액슬축에서 1/2, 하우징이 1/2 지지하는 방식

㉢ 3/4부동식 : 차량 하중을 액슬축이 1/4 지지하면서 동시에 동력을 전달하는 방식

## 3 동력전달장치 구조와 기능

### (1) 클러치(Clutch)

플라이휠과 변속기 사이에 설치되어 변속기에 전달되는 기관의 동력을 필요에 따라 단속하는 장치이다.

① 구비조건

㉠ 회전 부분의 평형이 좋을 것

㉡ 구조가 간단하고 조작이 쉬울 것

㉢ 내열성과 방열이 좋고 고장이 적을 것

② 종류

㉠ 마찰클러치 : 원판이나 원뿔형의 클러치 형태로 마찰판을 밀어 부쳐서 동력을 전달하는 장치

㉡ 자동클러치 : 클러치 페달의 조작없이 동력을 전달하거나 차단하는 클러치

③ 구조

㉠ 클러치판 : 플라이 휠과 압력판 사이에 끼워져 기관의 동력을 변속기 입력축을 통하여 변속기로 전달하는 마찰판

㉡ 클러치축 :기관의 동력을 변속기로 전달

㉢ 압력판 : 클러치 스프링의 장력으로 클러치판을 플라이 휠에 압착시키는 역할

㉣ 클러치 페달

- 릴리스포크 : 릴리스 베어링에 페달의 조작력을 전달
- 릴리스베어링 : 페달 작동시 포크에 의해 회전 중인 릴리스 레버를 눌러 기관의 동력을 차단

④ 용량

㉠ 클러치가 전달할 수 있는 회전력 크기

㉡ 기관 회전력의 1.5 ~2.5배 정도이다.

㉢ 용량이 크면 플라이 휠에 연결될 때 시동이 정지하기 쉽다.

㉣ 용량이 적으면 미끄러져 클러치판의 마멸이 촉진된다.

⑤ 자유간극 : 페달을 밟고 릴리스 베어링이 릴리스 레버에 닿기까지의 거리

> 자유간극이 클 때
> 클러치 차단이 불량해져 변속 시 소음 발생 및 기어가 손상된다.
> 자유간극이 적을 때
> 클러치가 미끄러지고 클러치판이 과열되어 손상된다.

| 클러치 슬립 불량원인 | 클러치 차단 불량원인 |
|---|---|
| • 클러치판, 압력판 마모<br>• 페달의 자유간극 과소<br>• 클러치 스프링의 장력 약화 | • 페달의 자유간극 과대<br>• 릴리스베어링의 손상<br>• 클러치 각 부 손상 |

### (2) 동력 전달 순서

| | |
|---|---|
| ① 클러치 형식 | 기관 → 클러치 → 변속기 → 종감속 기어 및 차동기어 → 앞차축 → 앞바퀴 |
| ② 토크 컨버터 형식 | 기관 → 토크컨버터 → 변속기 → 프로펠러축과 유니버셜조인트 → 종감속기어 및 차동장치 앞구동축 → 최종감속장치 → 차륜 |
| ③ 유압조작 형식 | 기관 → 토크 컨버터 → 파워 시프트 → 변속기 → 차동장치 → 앞차축 → 앞바퀴 |
| ④ 전동형식 | 축전지 → 컨트롤러 → 구동모터 → 변속기 → 종감속기어 및 차동장치 → 앞구동축 → 앞바퀴 |

## 4 제동장치 구조와 기능

### (1) 역할

건설기계의 주행속도를 감속, 정지시키고 움직이지 않도록 정지 기능을 갖춘 장치를 말한다.

### (2) 구비조건

① 작동이 확실하고 신뢰성과 내구성이 좋아야 한다.
② 제동효과가 우수해야 한다.
③ 점검 · 정비가 수월해야 한다.

### (3) 유압브레이크

유압브레이크는 파스칼의 원리를 응용한 것으로 모든 바퀴에 균등한 제동력을 발생시킨다.

① **구조와 기능**
㉠ 마스터 실린더 : 페달을 밟아 유압을 발생시킨다
㉡ 브레이크페달 : 페달을 밟는 힘의 3~6배 정도의 힘을 전달한다.
㉢ 휠 실린더 : 마스터 실린더에서 압송된 유압에 의해 브레이크 슈를 드럼에 밀착시킨다.
㉣ 브레이크 슈 : 휠 실린더의 피스톤에 의해 드럼과 접촉해서 제동력을 발생시킨다.
㉤ 브레이크 드럼 : 브레이크 슈와의 마찰로 제동을 발생시키는 부품이다.

② **드럼 브레이크** : 바퀴와 함께 회전하며 슈와 마찰하여 제동력을 발생 시킨다.

③ **디스크 브레이크** : 드럼 대신 바퀴와 함께 회전하는 디스크 양쪽에 유압에 의해 작동하는 패드를 압착하여 마찰력으로 제동한다.

④ **배력 브레이크** : 유압브레이크에서 제동력을 증대시키기 위해 사용한다.
- 하이드로 백 → 흡입진공과 대기압력 차이를 이용(진공배력방식)
- 하이드로 에어 팩 → 압축공기의 압력과 대기압력 차를 이용(공기배력방식)

※ 하이드로 백에 고장이 발생해도 보통 유압브레이크로 작동한다.

⑤ **공기 브레이크** : 압축공기의 압력을 이용하여 모든 바퀴의 브레이크 슈를 드럼에 압착시켜 제동 작용을 한다. 브레이크 페달로 밸브를 개폐시켜 공기량으로 제동력을 조절한다.

⑥ **주차 브레이크** : 건설계에 사용하는 방식은 추진축에 설치된 브레이크 드럼을 제동하는 센터 브레이크 방식을 주로 사용한다.

> 베이퍼록 현상
> 브레이크 내의 오일이 비등 · 기화하여 오일의 압력 전달 작용을 방해하는 현상
> 페이드 현상
> 과도한 브레이크 사용으로 드럼의 과열로 마찰계수를 떨어뜨려 브레이크 성능이 떨어지는 현상
> 잔압을 두는 이유
> - 브레이크 작동지연 및 베이퍼록을 방지한다.
> - 회로 내에 공기가 침입하는 것을 방지한다.
> - 휠 실린더 내에서 오일이 누출되는 것을 방지한다.

## 5 주행장치 구조와 기능

### (1) 타이어

휠과 일체로 회전하며 노면으로부터의 충격을 흡수하고 제동 및 구동 선회시 노면과의 마찰에 의한 미끄럼이 적어야 한다.

① 구조
㉠ 트레드 : 노면과 접촉하는 고무 부분으로 내마모성이 우수하며 카커스와 브레이커를 보호한다.
㉡ 카커스 : 타이어의 골격 부분으로 공기압력을 일정하게 유지하며 충격에 의한 완충작용을 한다. 플라이 수로 표시한다.
㉢ 브레이커 : 몇 겹의 코드층을 내열성의 고무로 둘러싼 구조로써 트레드와 카커스 분리를 방지하고 외부 충격에 의한 완충작용을 한다.
㉣ 비드부 : 타이어가 림과 접촉하는 부분으로 비드부가 늘어나는 것을 방지하고 타이어가 림에서 빠지는 것을 방지한다.

② 종류

| 종류 | 압력 | 용도 | 특징 |
|---|---|---|---|
| 고압타이어 | 4.2~6.4kg/㎠ | 버스,<br>대형트럭 | 코드 층의 겹수가 많고 고하중에 견딘다. |
| 저압타이어 | 2.1~2.5kg/㎠ | 소형트럭 | 굵기가 크고 공기압을 낮춤으로 완충효과가 좋다. |
| 초저압타이어 | 1.0~2.0kg/㎠ | 일반 승용차 | |

③ 호칭치수
① 고압타이어 : 타이어 외경(inch) × 타이어 폭(inch) – 플라이 수(PR)
② 저압타이어 : 타이어 폭(inch) – 타이어 내경(inch) – 플라이 수(PR)

> 스탠딩 웨이브 현상
> 타이어의 공기압이 적은 상태에서 고속으로 달리 때 일정 속도 이상 되면 타이어 접지부 바로 뒷부분이 부풀어 물결처럼 주름이 접히는 현상(표준공기압보다 10~30% 높이면 방지가능)
> 수막 현상(하이드로플래닝)
> 달리고 있는 차량의 타이어와 노면 사이에 있는 빗물에 의해 수막이 생겨(차가 물 위에 떠 있는 상태) 타이어가 노면 접지력을 상실하는 현상

### (2) 트랙

① **프론트 아이들러** : 트랙의 진로와 진행 방향을 조정한다.
② **리코일 스프링** : 주행 중 프론트 아이들러가 받는 충격을 완화시켜 트랙 파손을 방지한다(2중스프링사용 → 서징현상 방지).
③ **상부롤러** : 트랙 처짐 방지와 트랙의 회전을 바르게 유지시킨다.
④ **하부롤러** : 건설기계 전체 중량을 지지하며 균등하게 분배하여 회전을 바르게 유지한다.
⑤ **트랙** : 스프로킷으로부터 동력을 받아 구동되며 프론트 아이들러, 상 · 하부 롤러, 스프로킷에 감겨 있다.
⑥ **스프로킷** : 최종구동 기어로부터 동력을 전달받아 트랙을 구동시킨다.

# 04 유압장치 익히기

## 1 유압펌프 구조와 기능

### (1) 구성

유압발생장치(유압펌프), 유압구동장치(모터, 실린더), 유압제어장치(유압 제어밸브)로 구성된다.

### (2) 유압펌프

기관이나 전동기로부터 기계적에너지를 유압에너지로 변환시키는 장치로 오일탱크의 유압유를 흡입하여 제어밸브로 송유(토출)한다.

① 종류

| 구분 | 장점 | 단점 |
|---|---|---|
| 기어펌프 | • 소형이며 제작이 쉽고 구조가 간단하다<br>• 흡입성능이 우수하고 기포발생이 적다 | • 소음과 토출량의 맥동(진동)이 크다<br>• 플런저 펌프에 비해 효율이 낮다<br>• 수명이 짧다 |
| 베인펌프 | • 구조가 간단하고 성능이 좋다<br>• 소형 경량이며 맥동과 소음이 적다<br>• 수명이 길고 고장이 적어 수리 관리가 쉽다<br>• 회전력이 안정되어 있다 | • 제작시 정밀도를 요구한다<br>• 점도에 제한을 받으며 이물질에 민감하다<br>• 구조가 복잡하다 |
| 플런저펌프(피스톤펌프) | • 유압펌프 중 가장 고압, 고효율이다<br>• 가변용량에 적합하며 토출량의 변화 범위가 크다 | • 흡입 성능이 좋지 못하고 구조가 복잡하며 수리가 어렵다<br>• 소음이 크고 베어링에 가해지는 부하가 크다 |

② 이상 현상

| | |
|---|---|
| 유압유를 토출하지 못하는 이유 | • 오일 탱크의 유체량이 적다<br>• 유압유의 점도가 높다<br>• 펌프 회전속도가 낮다<br>• 흡입 스트레이너가 막혔다<br>• 펌프 입구에서 공기가 유입된다 |
| 펌프에서 소음이 발생하는 이유 | • 유압유의 양이 부족하다<br>• 유압유의 점도가 높다<br>• 유압유에 공기가 혼입되어 있다<br>• 유압펌프의 베어링이 마모되었다<br>• 흡입라인이 막혔거나 공기가 유입 되었다<br>• 펌프의 회전속도가 너무 빠르다 |

## 2 유압실린더 및 모터 구조와 기능

① 유압실린더 : 유압에너지를 이용해 직선운동을 하는 액추에이터이다.

② 유압모터 : 유압에너지를 이용해 회전운동을 하는 액추에이터이다.

| | | |
|---|---|---|
| 유압실린더 | 종류 | 단동실린더 피스톤형, 단동실린더 램형, 복동실린더 양로드형 |
| | 특징 | • 쿠션기구를 통해 왕복운동시 충돌되는 충격을 흡수하고 유압기기의 손상을 방지한다.<br>• 실린더 자연 하강현상 원인<br>– 작동압력이 낮을 때<br>– 실린더 내부 마모시<br>– 컨트롤 밸브의 마모 등 |
| 유압모터 | 종류 | 기어 모터(내접, 외접), 베인 모터, 플런저 모터(액시얼, 레디얼) |
| | 장점 | • 무단변속이 용이하다<br>• 작동이 신속, 정확하다<br>• 변속 · 역전 제어가 쉽다<br>• 속도나 방향의 제어가 쉽다<br>• 소형 · 경량으로 고출력을 낼 수 있다 |
| | 단점 | • 유압유는 인화하기 쉽다<br>• 점도변화에 의해 유압모터의 사용제약이 있다<br>• 공기나 먼지에 의해 성능이 떨어질 수 있다 |

## 3 컨트롤 밸브 구조와 기능

유압회로 내의 크기, 속도, 방향을 제어하여 일정하게 유지하도록 일의 크기를 결정해주는 역할을 한다.

① 압력제어밸브

• 회로내에서 유압을 일정하게 조절하여 크기를 결정한다.
• 토크변환기에서 과다한 오일압력을 조절한다.
• 과부하 방지와 기기보호를 위해 최대압력을 조절한다.

| | |
|---|---|
| 릴리프 밸브 | 유압펌프의 토출 부분에 설치되어 회로 전체의 압력을 일정하게 제어 |
| 감압 밸브 | 분기회로에서 1차쪽을 감압하여 2차쪽을 설정유압으로 유지 |
| 시퀀스 밸브 | 2개 이상의 분기회로가 있을 때 회로 압력에 의해 액추에이터를 순차적으로 작동결정하는 밸브 |
| 언로더 밸브(무부하 밸브) | 회로 내의 압력이 설정압력에 도달 했을 때 잔유오일을 탱크로 환류시켜 동력절감과 유온상승을 방지하는 밸브 |
| 카운터 밸런스 밸브 | 유압 실린더가 중력에 의해 자유낙하를 하지 않도록 배압을 유지 |

채터링 현상
릴리프 밸브의 볼이 밸브의 시트에 충격을 주어 소음을 발생시키는 현상

② 유량제어밸브

• 회로 내에 공급되는 유량을 조절하여 액추에이터의 운동속도를 제어한다.

| | |
|---|---|
| 분류 밸브 | 한 통로로 유입된 유량을 2개의 액추에이터에 동등하게 분배 |
| 니들 밸브 | 내경이 작은 파이프 내의 미세 유량 조정 |
| 교축 밸브(스로틀 밸브) | 오일이 통과하는 관로를 줄여 오일의 양을 조절(오리피스, 초크) |
| 압력 보상 유량제어 밸브 | 스로틀 전후의 압력 차를 일정하게 유지, 항상 일정한 유량을 보냄 |
| 온도 압력 보상 유량제어 밸브 | 점도 변화의 영향을 적게 받을 수 있도록 함 |

③ 방향제어밸브

• 유체의 흐름 방향을 한쪽으로만 허용
• 유압실린더나 유압모터의 작동 방향을 변화시키는데 사용

| | |
|---|---|
| 체크 밸브 | 유압의 흐름을 한쪽으로만 흐르게 하여 회로 내의 잔압을 유지 |
| 스풀 밸브 | 하나의 밸브면에 여러 홈을 파서 직선운동 또는 회전운동을 하면서 오일의 흐름 방향을 변환시킴. 측압이 평형되어 조작이 쉬움 |
| 감속 밸브 | 스풀작동으로 서서히 개폐하여 실린더나 모터를 발진, 정지, 감속 변환 등을 충격없이 행함 |
| 셔틀 밸브 | 2개의 입구와 1개의 출구가 설치되어 출구가 최고압력쪽 입구만 선택하여 통과시키는 밸브 |

## 4 유압탱크 구조와 기능

| | |
|---|---|
| 유압탱크 | ① 유압회로 내의 작동유를 저장하는 용기<br>② 열의 발산을 통한 냉각시스템 필요<br>③ 소음과 마멸현상으로 인한 공기제거로 캐비테이션 현상을 억제<br>④ 탱크 바닥을 경사지게 하여 오염물질을 침전<br>⑤ 온도 차에 의한 응축수 제거<br>⑥ 펌프, 모터, 밸브의 설치 장소를 제공함으로 소음 감소 역할 |

- 구비조건
- 열을 발산할 수 있어야 한다.
- 공기 및 수분 등의 이물질을 분리할 수 있어야 한다.
- 흡입관과 복귀관 사이에 격판이 있어야 한다.
- 작동유를 빼낼 수 있는 드레인 플러그와 유면계를 설치해야 한다.

## 5 유압유(작동유)

동력원으로부터 발생된 에너지를 설비의 구동부(모터 또는 실린더)에 전달하는 매체액이다.

① 기능작용
- ㉠ 마찰열을 흡수하고 부식을 방지한다.
- ㉡ 필요한 사이를 밀봉한다.
- ㉢ 움직이는 요소의 습동부를 윤활한다.
- ㉣ 동력을 전달한다.

② 구비조건
- ㉠ 비압축성일 것
- ㉡ 불순물과 분리가 잘 될 것
- ㉢ 화학적 변화가 적어 화학적으로 안정될 것
- ㉣ 장기간 사용에 견디고 윤활성이 클 것
- ㉤ 부식방지성이 있을 것
- ㉥ 체적탄성계수가 크고 밀도가 작을 것
- ㉦ 내열성이 크고 거품이 적을 것
- ㉧ 점도지수가 크고 넓은 범위에서 점도 변화가 적을 것
- ㉨ 적당한 유동성과 점성을 갖고 있을 것
- ㉩ 유압장치에 사용되는 재료에 대해 불활성일 것

③ 첨가제 : 마모방지제, 소포제(거품방지), 유동점 강하제, 산화방지제, 점도지수 향상제, 유성향상제 등이 있다.

④ 점도 : 온도가 상승하면 저하되고 온도가 내려가면 높아진다.
점도지수 : 온도에 따른 점도 변화 정도를 표시(온도에 따라 점도변화가 큰 유압유는 점도 지수가 낮다.)

⑤ 이상현상

| | |
|---|---|
| 점도가 높을 때 발생하는 현상 | • 유압이 높아진다.<br>• 동력손실이 커진다.<br>• 관 내의 마찰손실이 커진다.<br>• 열 발생의 원인이 된다.<br>• 공동현상 또는 소음이 발생한다. |
| 점도가 낮을 때 발생하는 현상 | • 유압펌프의 효율 저하<br>• 실린더, 컨트롤밸브 오일 누출 발생<br>• 회로 내 압력 저하 발생 |
| 열화판정 | • 수분 유무 확인<br>• 냄새로 확인<br>• 점도 상태 확인<br>• 색깔 변화나 침전물 상태 확인 |
| 서지압력 | • 유압회로 중에 과도적으로 발생한 이상압력변동의 최대치를 말한다.<br>• 회로 내의 밸브를 갑자기 닫았을 때나 속도에너지가 압력에너지로 변화되면서 일시적으로 큰 압력 증가가 발생하는 현상 |
| 캐비테이션 (공동현상) | 유압이 진공에 가까워짐으로 기포가 생겨 이로 인해 국부적 고압이나 유압펌프에서 진동,소음이 발생하고 효율이 급격히 저하되어 수명을 단축시킨다. |
| 숨돌리기 현상 | • 압력이 낮고 오일량 부족시에 오일속에 기포가 생기면 작동 시 공기가 압축되고 팽창하여 압력이 강하여 피스톤이 정지하는 현상<br>• 현상 발생시 작동지연과 유압유 공급 부족과 서지압력이 발생 |

※ 유압유에 점도가 서로 다른 종류의 오일을 혼합시 열화 현상을 촉진시킨다.

## 6 기타 부속장치

① 어큐뮬레이터(축압기)
- ㉠ 유압유의 압력 에너지를 일시 저장하는 용기(질소가스 사용)
- ㉡ 충격압력의 흡수, 보조적 압력원, 서지압력이 발생하였을 때의 충격완화, 맥동류의 감쇄 등이다.

② 오일필터
- ㉠ 유압장치에서 카본 덩어리 등의 이물질을 걸러내는 여과기이다.
- ㉡ 종류는 복귀관 필터, 흡입관 필터, 압력관 필터 등이 있다
- ㉢ 필터의 여과 입도가 너무 조밀하면(여과 입도수가 높다) 공동현상(캐비테이션)이 발생한다.

③ 오일 실 : 오일 누설을 방지하기 위해 사용하고 유압계통을 수리할 때마다 교환해야 한다(합성고무, 우레탄 사용).
- ㉠ 종류 : o링, U패킹, 메탈 패킹, 더스트 실
- ㉡ 유압 작동부에서 오일 누출되면 제일 먼저 점검해야 함
- ㉢ 오일 실의 구비조건
  - 비중이 작고 내압성이어야 함
  - 강도가 크고 정밀 가공면을 손상시키지 않아야 한다.

④ 유압 파이프 : 유압장치에 쓰이는 배관으로 강관이나 철심 고압호스를 사용한다. (나선와이드블레이드 호스사용)

## 7 유압회로 및 기호

### (1) 유압회로

기본회로로는 오픈(개방), 클로즈(밀폐), 병렬, 직렬, 탬던회로 등이 있다.

① 언로드 회로(무부하 회로) : 일하던 도중에 유압펌프 유량이 필요하지 않게 되었을 때 오일을 저압으로 탱크에 귀환시켜 펌프를 무부하로 만든다.

② 속도제어 회로(유량제어를 통한 속도제어)

| | |
|---|---|
| 미터 인 회로 | 액추에이터 입구 쪽 관로에 설치한 유량제어 밸브로 유량 흐름을 제어하여 속도를 제어 |
| 미터 아웃 회로 | 액추에이터 출구 쪽 관로에 설치한 유량제어 밸브로 실린더에서 유출되는 유량을 제어하여 속도를 제어 |
| 블리드 오프 회로 | 실린더 입구의 분기 회로에 유량제어 밸브를 설치, 실린더 입구 쪽의 불필요한 압유를 배출하여 작동 효율을 높임 |
| 카운터 밸런스 | 일정한 배압을 유지시켜 중력에 의하여 자유낙하 하는 것을 방지 |

### (2) 유압기호

| 구분 | 명칭 | 기호 | 설명 |
|---|---|---|---|
| 압력 제어 밸브 | 릴리프 밸브 | 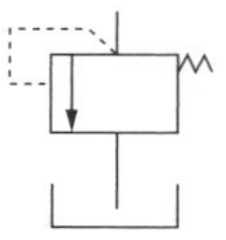 | 압력을 일정하게 유지 |
| | 시퀀스 밸브 | 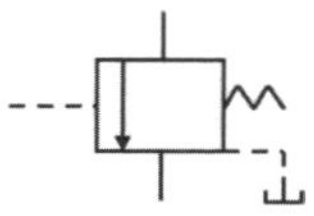 | 순차밸브, 작동 순서를 제어 |
| | 언로드 밸브 | 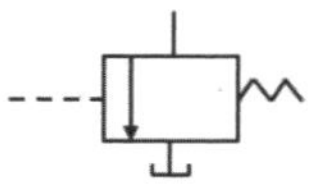 | 무부하 밸브, 동력절감, 유온상승 방지 |
| | 리듀싱 밸브 | 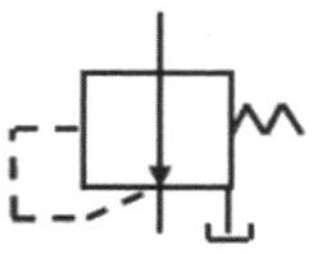 | 감압 밸브, 입구압력을 감압, 평상시 열려 있음 |
| | 카운터 밸런스 밸브 | 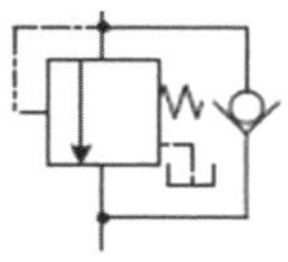 | 중력에 의한 자유낙하 방지, 체크밸브 내장 |
| 유량 제어 밸브 | 교축밸브 | 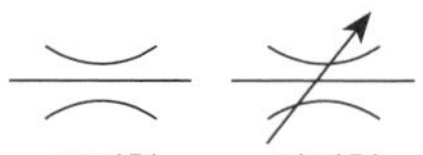 고정형 가변형 | 유로의 단면적을 적게 하여 유량을 조정하는 밸브, 압력보상 없음 |
| | 오리피스 | 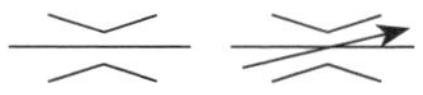 고정형 가변형 | 오리피스를 이용해 유로의 단면적을 적게 하여 유량을 조절 |
| | 스톱밸브 | 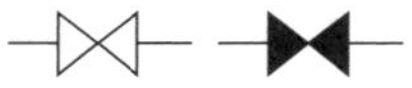 | |
| | 분류 밸브 | 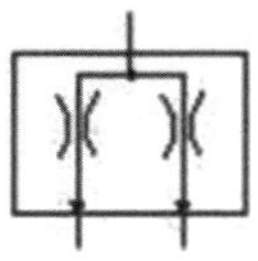 | |
| 플런저 펌프 (피스톤 펌프) | 2/2-way 밸브 | 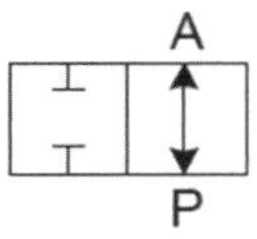 A P | P : 입력 라인<br>A : 작업 라인<br>B : 작업 라인<br>T : 복귀 라인 |
| | 3/2-way 밸브 | 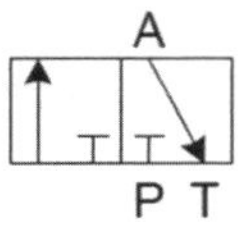 A P T | |
| | 4/2-way 밸브 | 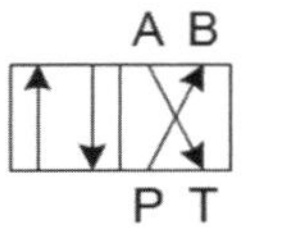 A B P T | |
| | 4/3-way 밸브 | 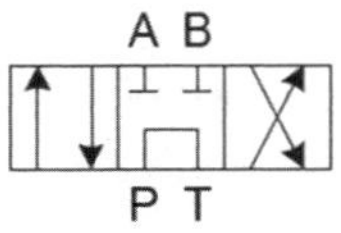 A B P T | |

기타 부속기기

| 명칭 | 기호 | 명칭 | 기호 |
|---|---|---|---|
| 복동 실린더 (양로드형) | 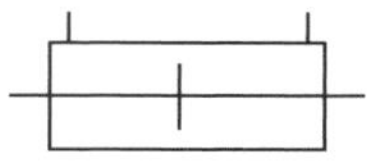 | 체크밸브 | 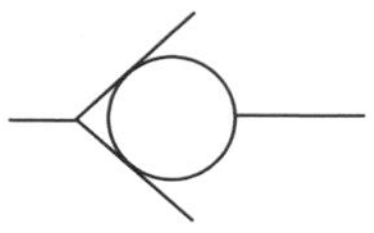 |
| 오일탱크 |  | 드레인 배출 | 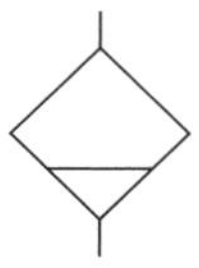 |
| 단동실린더 |  | 복동 실린더 | 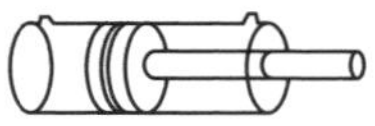 |
| 필터 | 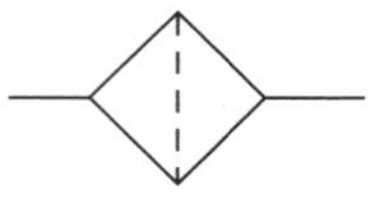 | 압력스위치 | 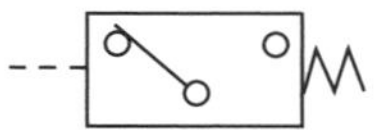 |
| 유압동력원 |  | 어큐뮬레이터 |  |
| 회전형 모터 액추에이터 | 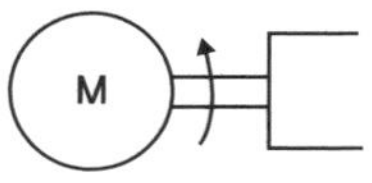 M | 정용량 펌프 | 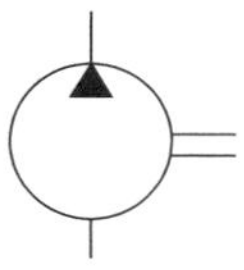 |
| 가변용량 펌프 | 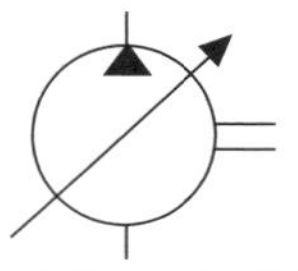 | 가변용량형 유압모터 | 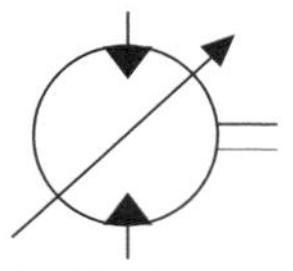 |
| 공기·유압 변환기 | 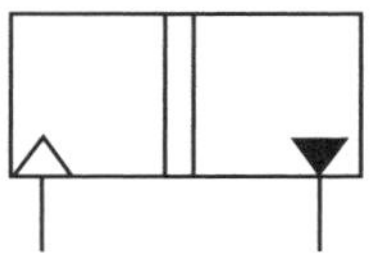 | 압력계 |  |

## 05 작업장치 익히기

### (1) 마스트 구조와 기능

백레스트가 가이드 롤러(리프트 롤러)를 통하여 상 · 하 미끄럼 운동을 할 수 있는 레일이다.

| | |
|---|---|
| 하이마스트 | 상승과 하강이 신속하고 높은 위치에서 적당하며 공간 활용과 작업능률이 좋다. |
| 사이드 시프트 마스트 | 방향을 바꾸지 않고 중심에서 벗어나 용이하게 작업할 수 있다. |
| 프리 리프트 마스트 | 천정이 낮은 작업의 적재작업에 우수하다. |
| 로드 스태빌라이저 | 포크상단에 압력판을 부착하여 깨지기 쉬운 화물이나 적재물 낙하방지를 한다. |
| 트리플 스테이지 마스트 | 3단 마스트로 천정이 높은 장소의 작업에 적합하다. |
| 로테이팅 클램프 마스트 | 화물에 손상과 빠짐을 방지하기 위해 고무판이 있으며, 원추형 화물을 회전이동시켜 작업시 적합하다. |
| 힌지 포크 | 원목이나 파이프 등의 화물운반에 적합하다. |
| 힌지 버킷 | 모래,소금,석탄,비료 등 흐르기 쉬운 작업에 적합하다. |

### (2) 체인 구조와 기능

포크의 좌우수평 높이 조정 및 리프트 실린더와 함께 포크의 상하 작용을 도와준다. 리프트 체인의 주유는 기관 오일로 한다.

### (3) 포크 구조와 기능

L자형의 2개로 되어 있으며, 핑거보드에 체결되어 화물을 받쳐드는 부분이다. 좌,우로 이동시킬 수 있으며 높이 올린 상태에서 주행함으로써 발생되는 전복이나 화물이 떨어지는 사고를 방지하기 위해 운전자가 식별 할 수 있도록 바닥으로부터 포크의 위치를 별도로 표시해둔다.

### (4) 가이드 구조와 기능

지게차 포크 가이드는 포크를 이용하여 다른 짐을 이동할 목적으로 사용하기 위해 필요한 것이다.

### (5) 조작레버 구조와 기능

| | |
|---|---|
| 전 · 후진 레버 | • 지게차의 전 · 후진을 선택 주행하는 레버이다.<br>• 전진시 : 레버를 운전자 앞으로 민다.<br>• 후진시 : 레버를 운전자 쪽 뒤로 당긴다. |
| 주차 브레이크 | 주차를 위해 사용하는 페달이다. |
| 작업 브레이크(인칭페달) | 작업물을 싣기 위해 장비를 정지하고자 할 때 사용하는 페달이다(주로 작업시 사용함). |
| 주 브레이크 | 장비를 정지하기 위해 사용하는 페달이다. |
| 가속페달 | 엔진을 가속하기 위해 사용하는 페달이다. |
| 리프트 레버 | • 포크를 상승하기 위해 사용하는 페달이다.<br>• 포크를 상승시킬 때에만 유압이 가해진다.<br>• 하강할 때에는 포크 및 적재물이 자체중량에 의하는 단동방식이다.<br>• 상승시 : 레버를 당긴다.<br>• 하강시 : 레버를 민다. |
| 틸크레버 | 포크를 기울이기 위해 사용한다. |

### (6) 기타 지게차의 구조와 기능

① **백레스트** : 포크의 화물 뒤쪽을 받쳐주는 부분이다.
② **핑거보드** : 포크가 설치되는 부분으로 백레스트에 지지되어 있으며 리프트 체인의 한쪽 끝이 부착되어 있다.
③ **평형추**(카운터웨이트) : 맨 뒤쪽에 설치되어 차체 앞쪽에 화물을 실었을 때 쏠리는 것을 방지해 준다.

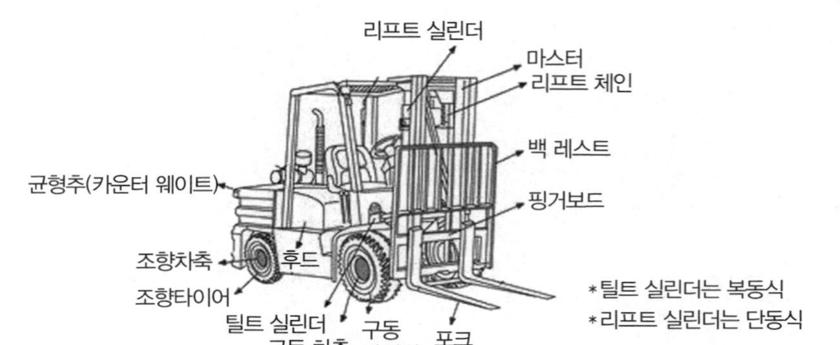


### (7) 지게차의 안전수칙

① 작업자 및 운전자는 작업계획에 따라 작업절차를 준수한다.
② 지게차 운전은 면허(자격)을 가진 지정된 운전원만 운전을 한다.
③ 지게차를 떠날 때 엔진을 끄고 제동 후 키 관리를 철저히 한다.
④ 지게차의 허용하중을 초과하는 화물을 적재하지 않도록 한다.
⑤ 지게차 운전시 급출발, 급선회, 급정차를 하지 말아야 한다.
⑥ 항상 주변 작업자나 물체(화물)에 주의하여 신중하게 운전한다.
⑦ 지게차의 포크를 지상에서 20㎝ 이상 올린 상태로 주행하지 않고 주차 시에는 포크를 바닥에 내려놓아야 한다.
⑧ 지게차의 이상 발생 시 즉시 감독자에게 보고 및 조치를 받아야 한다.
⑨ 지정 승차석 외에는 탑승 등 행위를 금지 한다.
⑩ 포크에 와이어 등을 걸어서 짐을 운반하지 않도록 한다.
⑪ 작업장소에 적합한 제한속도(10㎞/h 이하)를 준수 한다.
⑫ 지게차의 작업구역 내에 근로자의 출입을 금지한다.
⑬ 주행 시 마스트를 충분히 후방으로 제치고 운행한다.
⑭ 경사진 곳을 오를 때는 전진, 내려올 때는 후진을 한다.
⑮ 적재물로 전방 시야가 확보되지 않을 때는 후진 주행 한다.

# Part 9 장비구조 단원평가

## 01 엔진구조 익히기

**1. 4행정 1사이클 기관의 행정 순서로 옳은 것은?**

① 흡입 → 압축 → 폭발 → 배기
② 흡입 → 폭발 → 압축 → 배기
③ 압축 → 흡입 → 폭발 → 배기
④ 배기 → 압축 → 폭발 → 흡입

해설
4행정 사이클 기관의 행정순서는 흡입 → 압축 → 폭발 → 배기이다.

**2. 디젤엔진의 특성에 대한 내용이 아닌 것은?**

① 인화점이 높은 연료를 사용해서 화재 위험성이 적다.
② 전기적 점화 장치를 두지 않아 고장이 적다.
③ 열효율이 높고 연료소비량이 적다.
④ 예열플러그가 별도 필요없다.

해설
디젤기관의 예연소실과 와류실식에는 시동보조장치인 예열플러그가 필요하다.

**3. 다음 중 열에너지를 기계적에너지로 변환시키는 장치로 적절한 것은?**

① 밸브 ② 노즐
③ 엔진 ④ 모터

해설
엔진은 열에너지를 기계적에너지로 바꾸어주는 장치이다.

**4. 디젤기관에서 압축행정 시 밸브 상태는?**

① 흡입밸브만 닫힌다.
② 흡 · 배기밸브 모두 닫힌다.
③ 배기밸브만 닫힌다.
④ 흡 · 배기밸브 모두 열린다.

해설
압축행정에서는 흡입밸브와 배기밸브가 모두 닫혀 있다.

**5. 디젤기관에서 압축되는 흡입공기의 압축온도는 대략 얼마인가?**

① 400~500℃ ② 500~600℃
③ 600~700℃ ④ 700~800℃

해설
디젤기관에서 흡입공기를 압축할 때 압축온도는 약 500~550℃이다

**6. 기관의 윤활유 사용목적에서 강한 유막을 형성하여 마찰면 표면 마찰감소로 마멸을 방지하는 것은?**

① 오일제어작용 ② 냉각작용
③ 기밀작용 ④ 감마작용

**7. 기관회전수를 나타내는 rpm의 뜻은?**

① 초당 회전수 ② 분 당 회전수
③ 시간당 회전수 ④ 마력 당 회전수

해설
rpm(revolution per minute) 1분 당(60초) 회전수를 나타내는 단위이다.

**8. 실린더 헤드 가스킷에 대한 내용과 관련없는 것은?**

① 기관오일의 누유를 방지한다.
② 노크발생을 억제한다.
③ 냉각수의 누출을 방지한다.
④ 고온 · 고압에 잘 견딜수 있어야 한다.

**9. 디젤기관의 피스톤 링이 마모되었을 때 발생하는 현상은?**

① 압축압력 증가 ② 피스톤 속도 증가
③ 엔진오일 소모 증대 ④ 흑색 배기가스 발생

**10. 4행정 6실린더 기관의 좌수식 크랭크축의 폭발순서는?**

① 1 → 6 → 2 → 5 → 3 → 4
② 1 → 5 → 3 → 6 → 2 → 4
③ 1 → 3 → 2 → 5 → 4 → 6
④ 1 → 4 → 2 → 6 → 3 → 5

해설
직렬6기통 기관의 좌수식 크랭크축의 폭발순서는 1-4-2-6-3-5이고, 우수식은 1-5-3-6-2-4이다.

**11. 디젤기관의 연료장치 구성품이 아닌 것은?**

① 레벨 게이지 ② 연료 탱크
③ 연료 필터 ④ 분사 노즐

**12. 기관에서 엔진부조가 발생하는 원인으로 맞는 것은?**

① 연료게이지가 낮은 상태
② 연료게이지가 높은 상태
③ 인젝터로 공급되는 파이프에서 연료누설
④ 인젝터로 공급된 리턴 파이프고에서 연료누설

**13. 커먼레일 연료장치 엔진의 구성품이 아닌 것은?**

① 인젝터 ② 저압펌프
③ 고압펌프 ④ 공급펌프

**14. 커먼레일 연료장치에서 고압펌프에 장착된 부속은?**

① 압력조절 밸브 ② 유량조절 밸브
③ 수온센서 ④ 온도센서

정답 01 엔진구조 익히기 1 ① 2 ④ 3 ③ 4 ② 5 ② 6 ④ 7 ② 8 ② 9 ③ 10 ④ 11 ① 12 ③ 13 ④ 14 ①

**15.** 커먼레일 기관의 흡기온도센서에 관한 설명으로 틀린 것은?

① 부특성 서미스터이다.
② 연료량제어 보정신호로 사용
③ 분사시기 제어 보정신호로 사용
④ ECU 출력요소이다.

**16.** 부동액의 주성분이 아닌 것은?

① 묽은황산 ② 메탄올
③ 글리세린 ④ 에틸렌글리콜

해설
부동액의 종류에는 에틸렌글리콜, 메탄올, 글리세린 등이 있다.

**17.** 디젤기관에서 물펌프의 역할로 알맞은 것은?

① 기관 냉각수를 강제 순환시킨다.
② 기관 냉각수 온도를 조절한다.
③ 기관 과냉 시 역회전을 하여 과열시킨다.
④ 기관 과열 시 역회전을 하여 과냉시킨다.

**18.** 디젤기관의 과열원인이 아닌 것은?

① 물펌프의 벨트가 헐거울 때
② 라디에이터 코어가 막혔을 때
③ 수온조절기가 닫힌 상태로 고착되었을 때
④ 부동액 비등점이 높을 때

**19.** 라디에이터 코어 막힘이 규정보다 높을 때 발생되는 현상으로 맞는 것은?

① 배압 발생 ② 기관 과열
③ 기관 과냉 ④ 출력 향상

**20.** 라디에이터 캡을 열었더니 냉각수에 오일이 혼합되어 있다. 그 원인은?

① 라디에이터 캡 불량
② 피스톤 링과 실린더 마멸
③ 헤드가스킷 파손
④ 냉각수량 과다

해설
라디에이터 캡 내에 기름이 떠 있는 원인
헤드가스킷 파손
헤드볼트 풀림 또는 파손
수냉식 오일쿨러 파손

**21.** 건설기계 기관의 오일 펌프 기능은?

① 오일 양 조절
② 오일여과 작용
③ 오일점도 체크
④ 오일압력 형성

**22.** 운전석 계기판에 그림과 같은 경고등이 점등되었다. 해당되는 경고 내용은?

① 냉각수 누출경고
② 냉각수 비점경고
③ 엔진오일 압력경고
④ 엔진오일 점도경고

**23.** 건설기계 유압계가 정상으로 상승되지 않은 원인으로 잘못된 것은?

① 유압계 고장 ② 오일펌프 고장
③ 연료필터 고장 ④ 오일파이프 고장

**24.** 건설기계 운전 중 엔진오일 경고등이 점등되었을 때 원인이 아닌 것은?

① 오일계통 회로가 막힘
② 오일필터가 막힘
③ 오일밀도 불량
④ 오일드레인플러그 열림

**25.** 기관에서 윤활유가 연소실로 상승하는 이유는?

① 피스톤 링 마모
② 크랭크축 마모
③ 커넥팅로드 마모
④ 스트레이너 마모

**26.** 기관의 공기흡입 시 먼지 등의 불순물을 여과하여 피스톤 등 각 종 부품의 마모를 방지하는 역할을 하는 장치는?

① 터보차저
② 플라이휠
③ 에어클리너
④ 드레인플러그

**27.** 건식 공기청정기 세척 방법으로 옳은 것은?

① 압축오일을 안쪽에서 바깥쪽으로 불어내어 세척한다.
② 압축오일을 바깥쪽에서 안쪽으로 불어내어 세척한다.
③ 압축공기를 바깥쪽에서 안쪽으로 불어내어 세척한다.
④ 압축공기를 안쪽에서 바깥쪽으로 불어내어 세척한다.

해설
건식 공기청정기 세척은 압축공기로 안쪽에서 바깥쪽으로 불어내어 세척한다.

**28.** 디젤기관에서 흡입되는 공기온도를 낮추어 배출되는 가스를 저감시키는 장치는?

① 냉각 팬 ② 인터 쿨러
③ 라디에이터 ④ 배기 소음기

해설
인터쿨러는 터보차저가 설치된 디젤기관에서 공급되는 흡기온도를 낮추어 배출가스를 저감하는 장치이다.

정답 15 ④ 16 ① 17 ① 18 ④ 19 ② 20 ③ 21 ④ 22 ③ 23 ③ 24 ③ 25 ① 26 ③ 27 ④ 28 ②

**29.** 배기가스의 색과 기관상태를 나타낸 것으로 서로 관련이 없는 것은?

① 무색 – 정상
② 검은색 – 농후한 혼합비
③ 백색, 회색 – 윤활유 연소
④ 적색 – 공기청정기 막힘

**30.** 다음 보기 중 소음기(머플러)와 관련 있는 내용을 모두 고르면?

a. 카본 누적 시 엔진출력이 저하
b. 카본 누적 시 엔진과열
c. 소음기 제거 시 배기음 증가
d. 배기가스 압력 상승 시 열효율 증가

① a, b, c　② a, b, d
③ b, c, d　④ a, b, c, d

## 02 전기장치 익히기

**1.** 전류의 자기작용을 응용한 것은?

① 전구
② 발전기
③ 축전지
④ 예열플러그

**2.** 전류에 관한 설명이다. 잘못된 것은?

① 전류는 저항에 반비례한다.
② 전류는 전압에 비례한다.
③ V=IR(I전류, R저항, V전압)이다.
④ 전류는 전압 · 저항과 무관하다.

해설
전류는 전압에 비례하고 저항에 반비례한다.

**3.** 퓨즈에 대한 설명 중 잘못된 것은?

① 퓨즈용량은 A로 표시한다.
② 퓨즈는 정격용량을 사용한다.
③ 퓨즈는 철사로 대신해도 된다.
④ 퓨즈는 표면이 산화되면 끊어지기 쉽다.

**4.** 전기회로에서 단락에 의해 전선이 타거나 과대전류가 부하에 흐르지 않도록 하는 부품은?

① 퓨즈　② 릴레이
③ 스위치　④ ECU

해설
전기회로에서 퓨즈는 단락(쇼트)에 의해 배선이 타거나 과전류가 흐르지 않도록 하는 부품이다.

**5.** 반도체에 대한 설명으로 옳지 않은 것은?

① 절연체의 성질을 띠고 있다.
② 양도체와 절연체의 중간범위이다.
③ 실리콘, 게르마늄, 셀렌 등이 있다.
④ 고유저항이 10-3 ~106(Ωm)정도의 값을 가진다.

**6.** 건설기계 기관에 사용되는 축전지의 가장 중요한 역할은?

① 시동에 필요한 전기적 부하를 담당한다.
② 주행에 필요한 점화장치에 전류를 공급한다.
③ 주행에 필요한 등화장치에 전류를 공급한다.
④ 주행에 필요한 전기부하를 담당한다.

**7.** 축전지 교환 장착 시 연결하는 순서로 맞는 것은?

① 축전지의 (+), (–)선을 동시에 부착한다.
② (+)나(–)선 중 편리한 것부터 연결한다.
③ 축전지의 (–)선을 먼저 부착하고, (+)선을 나중에 부착한다.
④ 축전지의 (+)선을 먼저 부착하고, (–)선을 나중에 부착한다.

**8.** 축전지의 기전력은 셀당 약 2.1V이다. 전해액의( ), 전해액의 ( ), 방전정도에 따라 약간 다르다. ( )에 맞는 말은?

① 압력, 비중　② 비중, 온도
③ 농도, 압력　④ 온도, 압력

**9.** 축전지의 용량에 영향을 주는 요소가 아닌 것은?

① 극판의 수　② 극판의 크기
③ 냉간율　④ 전해액의 양

**10.** 축전지가 충전되지 않는 원인이 아닌 것은?

① 전기장치 쇼트
② 배터리 (–) 접촉이완
③ 본선(B+) 연결부위 접속이완
④ 발전기 브러시스프링 절손

**11.** 직권식 기동전동기의 전기자 코일과 계자코일의 연결로 맞는 것은?

① 직렬로 연결되어 있다.
② 병렬로 연결되어 있다.
③ 직 · 병렬로 연결되어 있다.
④ 계자코일은 병렬, 전기자 코일은 직렬로 연결되어 있다.

**12.** 기동전동기 전기자 코일에 일정한 방향으로 전류가 흐르도록 설치한 것은?

① 로터　② 슬립링
③ 정류자　④ 브러시

해설
정류자는 전기자 코일에 일정한 방향으로 전류가 흐르도록 하는 작용을 한다.

정답 29 ④ 30 ① 02 전기장치 익히기 1 ② 2 ④ 3 ③ 4 ① 5 ① 6 ① 7 ④ 8 ② 9 ③ 10 ④ 11 ① 12 ③

**13.** **시동장치에서 스타트 릴레이의 장착목적과 관계없는 것은?**

① 엔진시동을 용이하게 한다.
② 시동스위치을 보호한다.
③ 축전지 충전을 용이하게 한다.
④ 회로에 충분한 전류가 공급되게 하여 시동성을 좋게한다.

**14.** **기동전동기가 회전하지 않는 내용과 관계없는 것은?**

① 축전지 전압이 낮을 때
② 점화플러그가 소손되었을 때
③ 기동전동기가 손상되었을 때
④ 브러시가 정류자에 밀착불량일 때

**15.** **지게차의 기동전동기가 과열할 때 고장원인이 아닌 것은?**

① 과부하 ② 발전기 단락
③ 시동회로 쇼트 ④ 기동전동기 계자코일 단락

**16.** **디젤엔진의 시동을 위한 직접적인 장치가 아닌 것은?**

① 예열플러그 ② 터보차저
③ 기동전동기 ④ 히트레인지

**17.** **디젤기관에서 예열플러그의 사용 시기는?**

① 기온이 낮을 때
② 냉각수의 양이 많을 때
③ 축전지가 방전되었을 때
④ 축전기가 과충전되었을 때

해설
예열플러그는 온도가 낮을 때 사용된다.

**18.** **실드형 예열플러그에 대한 설명으로 맞는 것은?**

① 히트코일이 노출되어 있다.
② 열선이 병렬로 결선되어 있다.
③ 발열량은 많으나 열용량은 적다.
④ 축전지의 전압을 강하시키기 위하여 직렬연결 한다.

**19.** **예열플러그가 스위치 ON 후 15~20초에서 완전히 가열되었을 경우 내용으로 맞는 것은?**

① 접지 되었다.
② 단락 되었다.
③ 정상 상태이다.
④ 다른 플러그가 모두 단선 되었다.

해설
예열플러그가 15~20초에서 완전히 가열된 경우는 정상상태이다.

**20.** **겨울철에 디젤기관 시동이 잘 안 되는 이유로 맞는 것은?**

① 점화코일 고장 ② 예열플러그 고장
③ 4계절 부동액 사용 ④ 점도가 낮은 엔진오일 사용

해설
디젤기관의 예열장치가 고장나면 겨울철에 시동이 잘 안된다.

**21.** **충전장치의 개요에 대한 설명으로 잘못된 것은?**

① 축전지는 발전기가 충전 시킨다.
② 건설기계의 전원을 공급하는 것은 발전기와 축전지이다.
③ 발전량이 부하량보다 적을 경우에는 축전지가 전원으로 사용된다.
④ 발전량이 부하량보다 많을 경우에는 축전지의 전원이 사용된다.

**22.** **교류(AC)발전기에서 전류가 발생되는 곳은?**

① 정류자 ② 전기자
③ 스테이터 ④ 로터

**23.** **AC발전기에서 전류가 흐를 때 전자석이 되는 부속은?**

① 로터 ② 아마추어
③ 계자철심 ④ 정류자

**24.** **교류발전기에서 작동 중 소음발생의 원인으로 거리가 먼 것은?**

① 벨트 장력이 약하다. ② 베어링이 손상되었다.
③ 축전지가 방전되었다. ④ 고정볼트가 풀렸다.

**25.** **운전 중 계기판에 그림과 같은 표시가 나타났다. 무슨 표시인가?**

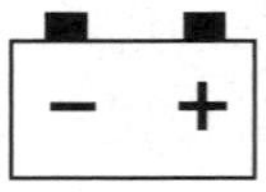

− +

① 전원차단 경고등
② 충전경고등
③ 배터리 완전충전 표시등
④ 엔진계통 점검 표시등

**26.** **다음 조명에 관련된 용어설명으로 잘못된 것은?**

① 광도의 단위는 cd이다.
② 조도의 단위는 루멘이다.
③ 빛의 밝기를 광도라 한다.
④ 피조면의 밝기는 조도로 나타낸다.

해설
조도의 단위는 룩스이다.

**27.** **건설기계의 전조등 성능을 유지하기 위해 좋은 방법은?**

① 단선으로 한다.
② 복선으로 한다.
③ 얇은 선으로 갈아 끼운다.
④ 굵은 선으로 갈아 끼운다.

해설
복선식은 배선을 접지에 연결한 방식으로 큰 전류를 소모하는 전조등 회로에서 사용한다.

정답 13 ③ 14 ② 15 ② 16 ② 17 ① 18 ② 19 ③ 20 ② 21 ④ 22 ③ 23 ① 24 ③ 25 ② 26 ② 27 ②

**28.** 세미 실드빔 형식을 사용하는 건설기계에서 전조등이 점등 되지 않을 때 올바른 조치 방법은?

① 전조등 교환 ② 반사경 교환
③ 렌즈교환 ④ 전구교환

**29.** 전조등의 좌우 등화 회로에 대한 설명으로 맞는 것은?

① 직렬로 되어 있다.
② 직렬 또는 병렬로 되어 있다.
③ 병렬로 되어 있다.
④ 병렬과 직렬로 되어 있다.

해설
전조등 좌우 램프 연결 방법은 병렬연결이다.

**30.** 야간작업 중 헤드라이트가 한쪽만 점등되었을 때 고장원인이 아닌 것은?

① 전조등 스위치 불량 ② 전구접지 불량
③ 한쪽회로 퓨즈 단선 ④ 한쪽회로 전구불량

해설
전조등 스위치가 불량하면 좌우 전조등 모두 점등되지 않는다.

## 03 전·후진 주행장치 익히기

**1.** 자동변속기가 장착된 건설기계에서 엔진은 회전하나 장비가 움직이지 않을 때 점검사항으로 옳지 않은 것은?

① 트랜스미션의 에어브리더 점검
② 트랜스미션의 오일량 점검
③ 변속레버(인히비터스위치))점검
④ 컨트롤밸브의 오일압력 점검

**2.** 수동변속기에서 클러치의 구성품에 해당하지 않는 것은?

① 클러치 디스크 ② 릴리스 레버
③ 컨버터 디스크 ④ 릴리스 베어링

**3.** 동력전달 장치에서 클러치의 고장과 관계없는 것은?

① 릴리스 레버 불량 ② 클러치면 마모
③ 플라이휠 링기어 마모 ④ 클러치 압력판 스프링 마모

해설
링기어가 마모되면 기관 크랭킹시 문제가 발생한다.

**4.** 변속기의 필요성과 관련 없는 내용은?

① 기관의 회전력을 증대한다.
② 후진시 필요하다.
③ 시동시 무부하 상태로 한다.
④ 환향을 빠르게 한다.

**5.** 토크 컨버터 구성품 중 스테이터의 기능을 옳게 설명한 것은?

① 오일의 방향을 바꾸어 회전력을 증대시킨다.
② 클러치판의 마찰력을 감소시킨다.
③ 토크 컨버터의 동력을 차단시킨다.
④ 오일의 회전을 역회전킨다.

**6.** 건설기계 장비에 부하가 걸리면 토크컨버터의 터빈속도는 어떻게 되는가?

① 빨라진다. ② 느려진다.
③ 일정하다. ④ 관계없다.

해설
장비에 부하가 걸렸을 때 토크 컨버터의 터빈속도는 느려진다.

**7.** 제동장치의 구비조건 중 틀린 것은?

① 점검 및 조정이 수월해야 한다.
② 작동이 신속하고 잘되어야 한다.
③ 마찰력이 조금 남아야 한다.
④ 신뢰성과 내구성이 좋아야 한다.

**8.** 긴 내리막길을 내려갈 때 베이퍼록을 방지하는 운전방법은?

① 변속레버를 중립으로 놓고 브레이크 페달을 밟고 내려간다.
② 시동을 끄고 브레이크 페달을 밟고 내려간다.
③ 엔진 브레이크를 사용한다.
④ 클러치를 끊고 브레이크 페달을 계속 밟고 속도를 조정하면서 내려간다.

해설
경사진 긴 내리막길을 내려갈 때 과도한 브레이크 사용으로 발생하는 베이퍼록을 방지하려면 엔진 브레이크를 사용하여 방지한다.

**9.** 유압식 브레이크 장치에서 제동이 잘 풀리지 않는 원인에 해당하는 것은?

① 파이프내의 공기 유입
② 마스터 실린더의 리턴구멍 막힘
③ 체크밸브의 접촉 불량
④ 브레이크 오일 점도 저하

해설
마스터 실린더의 리턴구멍이 막히면 제동이 풀리지 않는다.

**10.** 진공식 제동 배력장치의 설명 중에서 맞는 것은?

① 진공밸브가 새면 브레이크가 듣지 않는다.
② 릴레이 밸브의 다이어프램이 파손되면 브레이크가 듣지 않는다.
③ 릴레이 밸브 피스톤 컵이 파손되어도 브레이크는 듣는다.
④ 하이드로릭 피스톤의 체크 볼이 밀착 불량이면 브레이크가 듣지 않는다.

해설
흡기다기관 진공과 대기압의 차이를 이용한 것이므로 배력장치가 고장나도 유압 브레이크로 작동할 수 있다.

정답 28 ④ 29 ③ 30 ① 03 전·후진 주행장치 익히기 1 ① 2 ③ 3 ③ 4 ④ 5 ① 6 ② 7 ③ 8 ③ 9 ② 10 ③

**11.** **브레이크 페이드 현상이 발생했을 때 조치사항으로 맞는 것은?**

① 브레이크 페달을 자주 밟아 열을 발생시킨다.
② 속도를 조금 높여준다.
③ 주차브레이크를 대신 사용한다.
④ 작동을 멈추고 열을 식도록 한다.

해설
페이드 현상이 발생하면 즉시 장비 작동을 멈추고 열이 식도록 기다려야 한다.

**12.** **타이어형 건설기계의 조향장치 원리는?**

① 애커먼 장토식 ② 포토래스형식
③ 조인트형식 ④ 얼라이먼트형식

해설
조향장치의 원리는 애커먼원리를 보완한 애커먼 장토식이다.

**13.** **동력조향장치 구성 중 적당하지 않은 것은?**

① 유압 펌프 ② 제어 밸브
③ 복동 유압실린더 ④ 헤드 실린더

해설
동력조향장치는 동력부(유압펌프), 작동부(유압실린더), 제어부(제어밸브)로 구성되어 있다.

**14.** **타이어식 건설기계에서 조향핸들의 조작력을 가볍고 원활하게 하는 방법과 거리가 먼 것은?**

① 동력조향장치를 사용한다.
② 종감속 장치를 사용한다.
③ 바퀴의 정렬을 정확히 한다.
④ 타이어 공기압을 적정압력으로 한다.

**15.** **조향바퀴의 얼라이먼트의 요소가 아닌 것은?**

① 캠버 ② 캐스터
③ 부스터 ④ 토인

해설
휠 얼라이먼트 요소로는 캠버, 토인, 캐스터, 킹핀 경사각 등이 있다.

**16.** **타이어식 건설기계에서 조향 휠의 토인을 조정하는 곳은?**

① 핸들 ② 타이로드
③ 웜섹터 기어 ④ 드래그 링크

**17.** **튜브리스 타이어의 장점이 아닌 것은?**

① 펑크수리가 비교적 간단하다.
② 못이 박혀도 공기가 잘 새지 않는다.
③ 고속 주행해도 발열이 적다
④ 타이어 수명이 아주 길다.

**18.** **타이어의 구조에서 직접 노면과 접촉되어 마모에 잘 견디고 적은 슬립으로 견인력을 증대시키는 곳은?**

① 트레드 ② 비드
③ 브레이커 ④ 카커스

해설
트레드는 타이어가 직접 노면과 접촉되어 마모에 잘 견디고 적은 슬립으로 견인력을 증대시킨다.

**19.** **타이어 트레드에 대한 설명으로 틀린 것은?**

① 트레드가 마모되면 구동력 및 선회능력이 떨어진다.
② 트레드가 마모되면 지면과 접촉 면적이 크게되어 마찰력이 증가되어 제동성능은 좋아진다.
③ 타이어의 공기압이 높으면 트레드의 양단부보다 중앙부위의 마모가 크다.
④ 트레가가 마모되면 열 발산이 불량하게 된다.

해설
트레드가 마모되면 지면으로부터의 마찰력이 감소된다.

**20.** **건설기계에 사용되는 저압타이어 호칭치수 표시는?**

① 타이어의 외경 – 타이어의 폭 – 플라이 수
② 타이어의 내경 – 타이어의 폭 – 플라이 수
③ 타이어의 폭 – 플라이 수
④ 타이어의 폭 – 타이어의 내경 – 플라이 수

해설
저압타이어 호칭치수는 타이어의 폭 – 타이어의 내경 – 플라이 수로 표시한다.

**21.** **무한궤도형 건설기계에서 리코일 스프링을 분해해야 할 경우는?**

① 트랙 파손 시
② 스프로킷 파손 시
③ 스프링이나 샤프트 절손 시
④ 아이들러 롤러 파손 시

해설
리코일 스프링은 샤프트나 스프링 절손 시 분해해야 한다.

**22.** **트랙 장력을 조정해야 할 내용이 아닌 것은?**

① 스프로킷 마모방지
② 스윙모터의 과부하방지
③ 구성품 수명연장
④ 트랙의 이탈방지

**23.** **건설기계에서 변속기의 구비조건으로 적합한 것은?**

① 전달효율이 좋아야 한다.
② 대형이며, 잔고장이 없어야 한다.
③ 조작이 쉬워 신속할 필요 없다.
④ 연속적으로 변속시에는 단계가 필요하다.

**24.** **클러치 차단이 불량한 원인이 아닌 것은?**

① 릴리스 레버의 마모
② 페달의 유격이 과대
③ 클러치판의 흔들림
④ 토션 스프링의 약화

해설
토션 스프링이 약하면 클러치가 플라이휠에 접속될 때 충격이 발생한다.

정답 11 ④ 12 ① 13 ④ 14 ② 15 ③ 16 ② 17 ④ 18 ① 19 ② 20 ④ 21 ③ 22 ② 23 ① 24 ④

**25.** 토크 컨버터에 대한 설명 중 틀린 것은?

① 일정 이상 과부하가 걸리면 엔진이 정지한다.
② 부하에 따라 자동적으로 변속한다.
③ 기계적인 충격을 흡수하여 엔진의 수명을 연장한다.
④ 조작이 용이하고 엔진에 무리가 없다.

해설
토크컨버터는 유압제어 방식으로 일정이상 부하가 걸려도 엔진의 정지가 일어나지 않는다.

**26.** 드라이브 라인에 슬립이음을 사용하는 이유는?

① 진동을 흡수하기 위해서
② 추진축의 길이 방향에 변화를 주기 위해
③ 출발을 용이하게 하기 위해
④ 회전력을 직각으로 전달하기 위해

해설
드라이브 라인에서 슬립이음은 추진축의 길이 방향에 변화를 주기 위해서이다.

**27.** 추진축의 스플라인부가 마모되었을 때 주로 나타나는 현상은?

① 주행 중 진동과 소음이 발생한다.
② 미끄러짐 현상이 발생한다.
③ 차동장치의 피니언기어 작동이 불량해 진다.
④ 회전시 추진축의 이음부위가 구부러진다.

해설
추진축의 스플라인부가 마모되면 주행 중 이음부위의 소음과 추진축이 진동한다.

**28.** 타이어식 건설기계에서 브레이크를 자주 사용하여 드럼의 과열로 작동이 불량하게 되며 특히 짧은 시간내에 반복사용으로 내리막길에서 브레이크 성능이 급격히 떨어지는 현상은?

① 하이드로 플래닝 현상 ② 채터링 현상
③ 페이드 현상 ④ 노킹 현상

해설
페이드 현상이란 연속된 반복 브레이크 사용으로 드럼이 과열되어 마찰계수가 떨어지고 잘 듣지 않는 것으로 짧은 시간내에 반복조작이나, 내리막길을 내려갈 때 브레이크 효과가 나빠지는 현상을 말한다.

**29.** 타이어형 건설기계에 차동제한장치가 있을 때의 장점으로 맞는 것은?

① 한랭 시 시동이 용이해 진다.
② 연약지반에서 작업이 유리하다.
③ 강한 압력을 형성할 수 있다.
④ 빠른 변속을 할 수 있다.

해설
차동제한 장치는 연약한 지반에서 빠지지 않고 작업할 수 있는 장점이 있다.

**30.** 앞바퀴 정렬에서 캠버 필요성에 대한 내용과 거리가 먼 것은?

① 토우와 관련이 있다.
② 조향휠의 조작을 가볍게 한다.
③ 앞차축의 휨을 가볍게 한다.
④ 조향 시 휠의 복원력이 발생된다.

해설
캠버의 필요성
- 앞차축의 휨을 적게한다.
- 토우와 관련 있다
- 조향 휠의 조작을 가볍게 한다.

## 04 유압장치 익히기

**1.** 유압기기에서 작은 힘으로 큰 힘을 얻기 위해 적용하는 원리는?

① 파스칼의 원리
② 샤를 · 보일의 원리
③ 베르누이 원리
④ 아르키메데스 원리

해설
건설기계에 이용하는 유압장치 원리는 파스칼의 원리를 적용한다.

**2.** 다음 중 압력 단위가 아닌 것은?

① kg/㎠
② dyne
③ psi
④ bar

**3.** 유압장치의 단점이 아닌 것은?

① 작동유에 대해 화재 위험성이 있다.
② 관을 연결하는 곳에 유체가 누출될 수 있다.
③ 이물질에 민감하며 고압으로 인한 위험험이 있다.
④ 전기 · 전자의 조합으로 자동제어가 곤란하다.

해설
전기 · 전자의 조합으로 자동제어가 용이한 장점이 있다.

**4.** 유압유의 점도에 대한 설명으로 잘못된 것은?

① 온도가 상승하면 점도는 저하된다.
② 온도가 내려가면 점도는 높아진다.
③ 점성의 정도를 나타내는 척도이다.
④ 점성계수를 밀도로 나눈 값이다.

해설
점도는 유압유의 점성의 정도를 나타내는 척도이며 유압유의 온도가 내려가면 점도는 높아지고 온도가 높아지면 점도는 낮아진다.

**5.** 유압유가 과열되는 원인과 거리가 먼 것은?

① 유압유가 많이 부족할 때
② 오일 냉각기의 냉각핀이 소손되었을 때
③ 릴리프 밸브가 닫힌 상태로 고장일 때
④ 유압유량이 규정보다 많을 때

정답 25 ① 26 ② 27 ① 28 ③ 29 ② 30 ④ 04 유압장치 익히기 1 ① 2 ② 3 ④ 4 ④ 5 ④

**6. 유압 작동유에 수분이 미치는 영향이 아닌 것은?**

① 작동유의 방청성을 떨어뜨린다.
② 작동유의 윤활성을 떨어뜨린다.
③ 작동유의 내마모성을 향상시킨다.
④ 작동유의 산화와 열화를 촉진시킨다.

해설
작동유에 수분이 혼입되면 윤활성, 방청성, 내마모성등을 저하시키며 산화와 열화를 촉진시킨다.

**7. 유압유의 교환을 판단하는 내용이 아닌 것은?**

① 색깔 변화 ② 유량 감소
③ 점도 변화 ④ 수분 함량

해설
유압유 교환 판단은 점도변화, 색깔변화, 수분함유 등이다.

**8. 유압실린더의 숨돌리기 현상이 발생했을 때 일어나는 현상이 아닌 것은?**

① 작동지연 현상이 발생한다.
② 피스톤 작동이 불안정해 진다.
③ 오일 공급이 많아진다.
④ 서지 전압이 발생한다.

해설
숨돌리기 현상이 발생하면 오일 공급이 부족해 진다.

**9. 유압펌프의 기능을 설명한 것으로 적합한 것은?**

① 유압에너지를 동력으로 전환하다.
② 원동기의 기계적에너지를 유압에너지로 전환한다.
③ 축압기와 동일한 기능이다.
④ 유압회로의 압력을 측정하는 장치이다.

해설
유압펌프는 기계적에너지를 유압에너지로 전환하는 장치이다.

**10. 유압펌프에서플런저가 구동축의 직각방향으로 설치되어있는 형식은?**

① 캠형 플런저 펌프
② 베인 플런저 펌프
③ 블래더 플런저 펌프
④ 레디얼 플런저 펌프

해설
레디얼 플런저 펌프는 플런저가 구동축의 직각방향으로 설치되어 있고 엑시얼 플런저 펌프는 플런저와 축이 평행하게 설치되어 있다.

**11. 유압펌프에서 토출량의 체적은?**

① 펌프가 어느 체적당 용기에 가해지는 체적
② 펌프가 단위 시간당 토출하는 유체의 체적
③ 펌프가 어느 체적당 토출하는 유체의 체적
④ 펌프가 최대시간 내에 토출하는 유체의 최소체적

해설
유압펌프에서 토출량은 펌프가 단위 시간당 토출하는 유체의 체적을 말한다.

**12. 유압기기의 작동속도를 높이기 위해 변화시켜야 하는 것은?**

① 펌프의 토출량을 증가시킨다.
② 모터의 크기를 작게한다.
③ 펌프의 토출압력을 높인다.
④ 모터의 압력을 높인다.

해설
유압기기의 작동속도를 높이기 위해서는 유압펌프의 토출량을 증가시켜야 한다.

**13. 다음 중 유압펌프에서 양호하게 토출이 가능한 것은?**

① 탱크의 유면이 낮다.
② 흡입쪽 스트레이너가 막혔다.
③ 작동유의 점도가 낮다.
④ 펌프의 회전방향이 반대이다.

해설
작동유의 점도가 낮으면 펌프에서 토출은 가능하나 상대적으로 유압은 낮아 진다.

**14. 유압장치에서 릴리프 밸브가 설치되는 위치는?**

① 실린더와 여과기 사이
② 여과기와 오일탱크 사이
③ 펌프와 제어밸브 사이
④ 펌프와 여과기 사이

해설
릴리프 밸브는 유압펌프 출구와 제어밸브 입구 사이에 설치한다.

**15. 릴리프 밸브에서 볼이 밸브의 시트를 때려 소음을 발생시키는 현상은?**

① 하이드로 플래닝 현상 ② 베이퍼록 현상
③ 서징 현상 ④ 채터링 현상

해설
채터링 현상이란 릴리프 밸브에서 볼이 밸브의 시트를 때려 소음을 일으키는 현상이다.

**16. 유압장치에서 유압조정밸브의 조정방법으로 맞는 것은?**

① 조정스크류를 풀면 유압이 높아진다.
② 조정스크류를 조이면 유압이 높아진다.
③ 밸브스프링의 장력이 커지면 유압이 낮아진다.
④ 압력조정밸브를 열면 유압이 높아진다.

해설
유압조정밸브의 조정 스크류를 조이면 유압이 높아지고 풀면 유압이 낮아진다.

**17. 유압회로에서 입구 압력을 감압하여 실린더 출구 설정유압으로 유지하는 밸브는?**

① 릴리프 밸브 ② 리듀싱 밸브
③ 언로딩 밸브 ④ 카운터 밸런스 밸브

해설
리듀싱(감압)밸브는 유압회로에서 입구 압력을 감압하여 출구압력을 설정 유압으로 유지한다. 즉 분기회로에서 2차측(출구)압력을 낮게 할 때 사용한다.

정답 6 ③ 7 ② 8 ③ 9 ② 10 ④ 11 ② 12 ① 13 ③ 14 ③ 15 ④ 16 ② 17 ②

**18.** 체크밸브가 내장되는 밸브로서 유압회로의 한방향의 흐름에 대해 설정된 배압을 생기게 하고, 다른 방향의 흐름은 자유롭게 흐르도록 한 밸브는?

① 셔틀밸브 ② 언로더 밸브
③ 시퀀스 밸브 ④ 카운터 밸런스 밸브

해설
카운터 밸런스 밸브는 체크밸브가 내장되어 있으며 회로의 한방향의 흐름에 대해서 설정된 배압을 발생시키고 다른 방향의 흐름은 자유롭게 한다.

**19.** 방향제어 밸브의 종류가 아닌 것은?

① 교축 밸브 ② 체크 밸브
③ 셔틀 밸브 ④ 방향전환 밸브

해설
방향제어 밸브의 종류는 스풀 밸브, 체크 밸브, 디셀러레이션 밸브, 셔틀 밸브, 방향전환 밸브 등이 있다.

**20.** 유압실린더를 행정 최종단에서 실린더의 속도를 감속하여 서서히 정지시키고자 할 때 사용하는 밸브는?

① 셔틀 밸브 ② 프레필 밸브
③ 디셀러레이션 밸브 ④ 디컴프레션 밸브

해설
디셀러레이션 밸브는 액추에이터의 속도를 서서히 감속시키는 겨우나 서서히 증속시키는 경우에 사용되며 캠으로 조작된다. 행정에 대응하여 유량을 조정하며 원활한 감속 또는 증속을 한다.

**21.** 유압 액추에이터 기능에 대한 설명으로 맞는 것은?

① 유압을 일로 바꾸어주는 장치이다.
② 유압의 방향을 바꾸어주는 장치이다.
③ 유압의 오염을 방지해주는 장치이다.
④ 유압의 속도를 조정해주는 장치이다.

해설
액추에이터는 유압펌프를 통해 송출된 에너지를 직선운동이나 회전운동으로 압력에너지를 기계적에너지로 변환시키는 역할을 한다. 즉 유압을 일로 바꾸는 장치이다.

**22.** 유압 실린더의 로드 쪽에서 오일이 누출되는 원인이 아닌 것은?

① 실린더 로드 패킹 손상
② 실린더 피스톤 로드의 손상
③ 더스트 실 손상
④ 실린더 피스톤 패킹 손상

해설
실린더의 로드 쪽으로 오일이 누출되는 원인은 실린더 로드 패킹 손상, 더스트 실 손상, 실린더 피스톤 로드의 손상이다.

**23.** 유압장치에서 작동유압 에너지에 의해 연속적으로 회전운동 함으로써 기계적인 일을 하는 것은?

① 유압 모터
② 유압 실린더
③ 유압 탱크
④ 유압 밸브

**24.** 유압모터의 특징으로 맞는 것은?

① 오일의 누유가 많다.
② 무단변속이 용이하다.
③ 가변 체인구동으로 유량을 조정한다.
④ 회로내의 유압을 조절한다.

해설
유압모터의 가장 큰 특징은 넓은 범위의 무단변속이 용이하다.

**25.** 펌프의 최고 토출압력, 평균효율이 가장 높아 고압 대출력에 사용하는 유압모터로 적절한 것은?

① 기어 모터 ② 베인 모터
③ 피스톤(플렌저) 모터 ④ 트로코이드 모터

**26.** 다음 유압기호가 나타내는 것은?

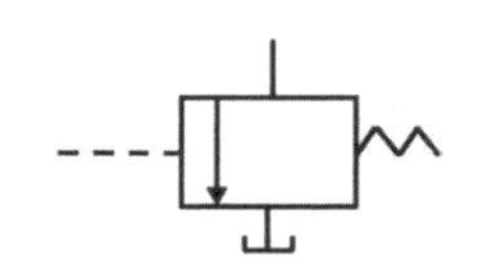

① 감압 밸브
② 교차 밸브
③ 릴리프 밸브
④ 무부하 밸브

**27.** 다음 중 방향전환 밸브의 작동을 하려고 할 때 페달 조작 표시를 하려고 한다. 적합한 표시는?

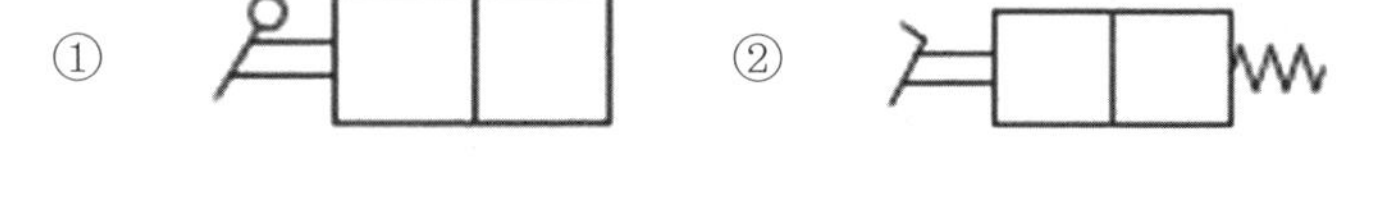

**28.** 유압 장치에서 피스톤 로드에 있는 먼지 또는 오염물질 등이 실린더 내로 혼입되는 것을 방지하는 것은?

① 필터
② 스트레이너
③ 더스트 실
④ 실린더 로드

해설
더스트 실은 피스톤 로드에 있는 먼지 도는 오염물질 등이 실린더 내로 혼입되지 않도록 방지한다.

**29.** 유압계통을 수리할 때 교환해야 하는 것은?

① 커플링
② 샤프트 실
③ 밸브 스풀
④ 터미널 피팅

해설
유압계통 수리시마다 가스킷, 샤프트 실, o-링 등은 반드시 교환해야 한다.

정답 18 ④ 19 ① 20 ③ 21 ① 22 ④ 23 ① 24 ② 25 ③ 26 ④ 27 ② 28 ③ 29 ②

**30. 건설기계 작업 중 유압회로 내의 유압이 상승하지 않는다. 점검 내용으로 맞지 않는 것은?**

① 오일탱크내의 오일량 점검
② 전체적인 오일 누출여부 확인
③ 펌프로부터 유압발생 여부 점검
④ 작업장치 페인팅 침투 균열 점검

해설
**유압이 상승하지 않을 때 점검내용**
- 유압펌프로부터 유압이 발생되는지 점검
- 오일탱크의 오일량 점검
- 오일누출여부 확인
- 릴리프 밸브 고장여부 확인

## 05 작업장치 익히기

**1. 둥근 목재나 파이프 등을 작업하는데 적합한 지게차의 작업 장치는?**

① 블록 클램프
② 사이드 시프트
③ 하이 마스트
④ 힌지드 포크

해설
① 블록 클램프 : 콘크리트 블록 등 집게 작업을 할 수 있는 장치를 지닌 것이다.
② 사이드 시프트 : 방향을 바꾸지 않고도 백레스트와 포크를 좌우로 움직여 지게차 중심에서 벗어난 파레트의 화물을 용이하게 작업할 수 있다.
③ 하이 마스트 : 가장 일반적이며 작업공간을 최대한 활용할 수 있다. 또 포크의 승강이 빠르고 높은 능률을 발휘할 수 있는 표준형 마스트이다.
④ 힌지드 포크 : 둥근목재, 파이프등의 화물을 운반 및 적재하는데 적합하다.

**2. 지게차 인칭조절 장치에 대한 설명으로 맞는 것은?**

① 트랜스미션 내부에 있다.
② 브레이크 드럼 내부에 있다.
③ 디셀리이터 페달이다.
④ 작업장치의 유압상승을 억제한다.

해설
**인칭조절 페달**
전·후진 방향으로 서서히 화물에 접근시키거나 빠른 유압작동으로 신속히 화물을 상승 또는 적재시킬 때 사용한다. 변속기 내부에 설치되어 있다.

**3. 지게차에서 자동차와 같이 스프링을 사용하지 않는 이유를 설명한 것 중 옳은 것은?**

① 많은 하중을 받기 때문이다.
② 롤링이 생기면 화물이 떨어지기 때문이다.
③ 앞차축이 구동축이기 때문이다.
④ 현가장치가 있으면 조향이 어렵기 때문이다.

해설
지게차에서 현가 스프링을 사용하지 않는 이유는 롤링이 생기면 화물이 떨어지기 때문이다.

**4. 지게차의 동력전달 순서로 맞는 것은?**

① 엔진 → 변속기 → 토크 컨버터 → 종감속기어 및 차동장치 → 최종감속기 → 앞차축 → 앞바퀴
② 엔진 → 변속기 → 토크 컨버터 → 종감속기어 및 차동장치 → 앞차축 → 최종감속기 → 앞바퀴
③ 엔진 → 토크 컨버터 → 변속기 → 앞차축 → 최종감속기 → 종감속기어 및 차동장치 → 앞바퀴
④ 엔진 → 토크 컨버터 → 변속기 → 종감속기어 및 차동장치 → 앞차축 → 최종감속기 → 앞바퀴

해설
지게차의 동력전달순서는 엔진 → 토크 컨버터 → 변속기 → 종감속기어 및 차동장치 → 앞차축 → 최종감속기 → 앞바퀴이다.

**5. 장비의 뒷부분에 설치되어 화물을 실었을 때 앞쪽으로 기울어지는 것을 방지하기 위해 설치되어 있는 것은?**

① 기관　　② 클러치
③ 변속기　　④ 평형추

해설
평형추는 지게차의 뒷부분에 설치되어 화물을 실었을 때 앞쪽으로 기울어지는 것을 방지하기위해 설치되어 있다.

**6. 지게차 조종레버의 구성으로 틀린 것은?**

① 로우어링　　② 덤핑
③ 리프팅　　④ 틸팅

해설
① 로우어링 : 포크하강
② 리프팅 : 포크상승
③ 틸팅 : 마스트 기울임

**7. 지게차를 운전할 때 유의사항으로 틀린 것은?**

① 주행할때는 포크를 가능한 한 낮게 내려 주행한다.
② 적재물이 높아 전방 시야가 가릴때는 후진하여 주행한다.
③ 포크 간격은 적재물에 맞게 수시로 조정한다.
④ 후방 시야 확보를 위해 뒤쪽에 사람을 탑승시켜야 한다.

해설
지게차를 운전할 때 유의할 사항은 ①,②,③ 이외에 후방 시야 확보를 위해 뒤쪽에 사람을 탑승시켜서는 안된다.

**8. 지게차를 운전하여 화물운반 시 주의사항으로 적합하지 않은 것은?**

① 노면이 좋지 않을때는 저속으로 주행한다.
② 경사로를 운전시 화물을 위쪽으로 한다.
③ 화물운반 거리는 5m 이내로 한다.
④ 노면에서 약 20~30㎝ 상승 후 주행한다.

해설
지게차 화물운반 작업에 관한 내용은 ①,②,④ 이외에 화물운반 거리는 약 100m 이내이다.

정답 30 ④ 05 작업장치 익히기 1 ④ 2 ① 3 ② 4 ④ 5 ④ 6 ② 7 ④ 8 ③

**9.** 지게차 포크에 화물을 적재하고 주행할 때 포크와 지면과의 간격으로 적합한 것은?

① 지면으로부터 0~10㎝
② 지면으로부터 20~30㎝
③ 지면으로부터 40~50㎝
④ 지면으로부터 60~80㎝

해설
화물을 적재하고 주행 시 포크와 지면과의 거리간격은 20~30㎝가 좋다.

**10.** 지게차로 짐을 싣고 경사지에서 운반을 위한 주행 시 안전상 올바른 운전 방법은?

① 포크를 높이들고 주행한다.
② 내려갈 때는 저속 후진한다.
③ 내려갈 때는 변속레버를 중립에 위치한다.
④ 내려갈 때는 시동을 끄고 타력으로 주행한다.

해설
경사로를 내려올때는 화물이 언덕쪽으로 가도록 저속 후진 주행한다.

**11.** 지게차 화물취급 작업 시 준수해야 할 사항으로 틀린 것은?

① 화물 앞에서 일단 정지해야 한다.
② 화물 근처에 왔을 때 가속페달을 밟는다.
③ 지게차를 화물 쪽으로 반듯하게 향하고 포크가 파레트를 마찰하지 않도록 주의한다.
④ 파레트에 실려 있는 물체의 안전한 적재 여부를 확인한다.

해설
화물작업에서 화물근처에 왔을때는 브레이크 페달을 밟는다.

**12.** 지게차 화물운반 작업 중 적당한 것은?

① 댐퍼를 뒤로 3° 정도 경사시켜 운반한다.
② 마스트를 뒤로 4° 정도 경사시켜 운반한다.
③ 샤퍼를 뒤로 6° 정도 경사시켜 운반한다.
④ 바이브레이터를 뒤로 8° 정도 경사시켜 운반한다.

해설
지게차로 화물을 운반할 때는 마스트 경사를 뒤로 4° 정도 경사시켜 운반한다.

**13.** 지게차로 적재작업을 할 때 유의사항으로 틀린 것은?

① 화물 앞에서 일단 정지한다.
② 운반하려고 하는 화물 가까이 가면 속도를 줄인다.
③ 화물이 무너지거나 파손 등의 위험성 여부를 확인한다.
④ 화물의 높이 들어 올려 아랫부분을 확인하며 천천히 출발한다.

해설
지게차로 적재작업 시에 화물을 높이 들어 올리면 전복되기 쉽다.

**14.** 지게차의 하역방법 중 틀린 것은?

① 짐을 내릴 때 가속페달은 사용하지 않는다.
② 짐을 내릴 때 마스트를 앞으로 약 4° 정도 기울인다.
③ 리프트 레버를 사용할 때 눈은 마스트를 주시한다.
④ 짐을 내릴 때 틸트 레버 조작은 필요 없다.

**15.** 지게차에 짐을 싣고 창고나 공장을 출입할 때 주의사항 중 틀린 것은?

① 팔이나 몸을 차체 밖으로 내밀지 않는다.
② 차폭이나 출입구의 폭은 확인할 필요가 없다.
③ 주위 장애물 상태를 확인 후 이상이 없을 때 출입하다.
④ 짐이 출입구 높이에 닿지 않도록 주의한다.

**16.** 지게차에 대한 설명으로 틀린 것은?

① 짐을 싣기 위해 마스트를 약간 전경시키고 포크를 끼워 물건을 싣는다.
② 틸트 레버는 앞으로 밀면 마스트가 앞으로 기울고 따라서 포크가 앞으로 기운다.
③ 포크를 상승시킬때는 리프트 레버를 뒤쪽으로 하강시킬때는 앞쪽으로 민다.
④ 목적지에 도착 후 물건을 내리기 위해 틸트 실린더를 후경시켜 전진한다.

**17.** 다음 중 자동변속기가 장착된 지게차를 주차할 때 주의사항이 아닌 것은?

① 포크를 바닥에 내려 놓는다.
② 핸드 브레이크 레버를 당긴다.
③ 주 브레이크를 제동시켜 놓는다.
④ 자동변속기의 경우 P위치에 놓는다.

**18.** 지게차 주차시 주의해야 할 안전조치로 틀린 것은?

① 포크를 지면으로부터 약 20㎝ 정도 높이에 고정시킨다.
② 엔진을 정지시키고 주차 브레이크를 당겨 주차상태를 유지한다.
③ 포크 선단이 지면에 닿도록 마스트 경사를 전방으로 약간 기울인다.
④ 시동스위치의 키를 빼어 보관한다.

**19.** 지게차의 운행 방법으로 틀린 것은?

① 화물을 싣고 경사지를 내려갈 때도 후진으로 운행해서는 안 된다.
② 이동 시 포크는 지면으로부터 300mm의 높이를 유지한다.
③ 주차 시 포크는 바닥에 내려 놓는다.
④ 급제동하지 말고 균형을 잃게 할 수도 있는 급작스런 방향전환도 삼간다.

**20.** 지게차를 주행할 때 주의사항으로 틀린 것은?

① 급유 중은 물론 운전 중에도 화기를 가까이 하지 않는다.
② 적재 시 급제동을 하지 않는다.
③ 내리막길에서는 브레이크를 밟으면서 서서히 주행한다.
④ 적재 시에는 최고속도로 주행한다.

정답 9 ② 10 ② 11 ② 12 ② 13 ④ 14 ④ 15 ② 16 ④ 17 ③ 18 ① 19 ① 20 ④

Part 2

# 실전 모의고사

# 실전모의고사 1회

1. 연료분사의 3대 요소에 속하지 않는 것은?

① 발화 ② 무화
③ 분포 ④ 관통력

해설
디젤기관의 연료분사 3대 요소는 무화, 분포, 관통력이다.

2. 운전석 계기판에 그림과 같은 경고등이 점등되었다면 가장 관련 있는 경고등은?

① 배터리충전 경고등
② 엔진오일 온도경고등
③ 냉각수 배출경고등
④ 냉각수 온도경고등

3. 2행정 사이클 기관에만 해당되는 과정(행정)은?

① 소기 ② 압축
③ 흡입 ④ 동력

해설
소기란 남아있던 배기가스를 내보내고 새로운 흡입공기를 실린더 내로 유입시키는 과정이며, 2행정 사이클 기관에서만 해당한다.

4. 라디에이터 캡의 스프링이 파손되는 경우 발생하는 현상은?

① 냉각수 비등점이 높아진다.
② 냉각수 순환이 불량해진다.
③ 냉각수 순환이 빨라진다.
④ 냉각수 비등점이 낮아진다.

5. 엔진오일의 작용에 해당되지 않는 것은?

① 오일제거작용 ② 냉각작용
③ 응력분산작용 ④ 방청작용

6. 디젤기관의 전기장치에 없는 것은?

① 스파크 플러그 ② 글로우 플러그
③ 축전지 ④ 솔레노이드 스위치

7. 디젤기관의 연료장치에서 연료여과기의 역할은?

① 연료의 역순환 방지작용
② 연료에 필요한 방청작용
③ 연료에 포함된 불순물 제거작용
④ 연료계통에 압력증대 작용

8. 4행정으로 1사이클을 완성하는 기관에서 각 행정의 순서는?

① 압축 → 흡입 → 폭발 → 배기
② 흡입 → 압축 → 폭발 → 배기
③ 압축 → 흡입 → 배기 → 폭발
④ 흡입 → 폭발 → 압축 → 배기

해설
4행정1사이클 기관의 행정 순서는 흡→압→폭→배

9. 폭발행정 끝 부분에서 실린더 내의 압력에 의해 배기가스가 배기밸브를 통해 배출되는 현상은?

① 블로 업 ② 블로 다운
③ 블로 바이 ④ 블로 백

해설
블로 다운이란 폭발행정 끝 부분에서 실린더 내의 압력에 의해 배기가스가 배기밸브를 통해 배출되는 현상이다.

10. 디젤기관에서만 해당되는 회로는?

① 시동회로 ② 충전회로
③ 등화회로 ④ 예열플러그 회로

11. 오일펌프 여과기와 관련된 설명으로 관련이 없는 것은?

① 오일을 펌프로 유도한다. ② 부동식이 많이 사용된다.
③ 오일의 압력을 조절한다. ④ 오일을 여과한다.

해설
오일압력 조절은 유압조절 밸브로 한다.

12. 축전지의 충전에서 충전말기에 전류가 거의 흐르지 않기 때문에 충전능률이 우수하며 가스 발생이 거의 없으나 충전 초기에 많은 전류가 흘러 축전지 수명에 영향을 주는 단점이 있는 충전방법은?

① 정전류 충전 ② 정전압 충전
③ 단별전류 충전 ④ 급속 충전

해설
정전압 충전은 충전시작에서부터 충전이 완료될 때까지 일정한 전압으로 충전하는 방법이며, 축전지의 충전에서 충전말기에 전류가 거의 흐르지 않기 때문에 충전능률이 우수하며 가스발생이 거의 없으나 충전초기에 많은 전류가 흘러 축전지 수명에 영향을 주는 단점이 있다.

13. 기동전동기의 전기자 코일을 시험하는 데 사용되는 시험기는?

① 전류계 시험기 ② 전압계 시험기
③ 그로울러 시험기 ④ 저항 시험기

14. 과급기를 부착하였을 때의 장점으로 틀린 것은?

① 고지대에서도 출력의 감소가 적다.
② 회전력이 증가한다.
③ 기관 출력이 향상된다.
④ 압축온도의 상승으로 착화지연 시간이 길어진다.

15. 교류발전기의 주요 구성요소가 아닌 것은?

① 자계를 발생시키는 로터
② 3상 전압을 유도시키는 스테이터
③ 전류를 공급하는 계자코일
④ 다이오드가 설치되어 있는 엔드프레임

해설
교류발전기는 전류를 발생하는 스테이터, 전류가 흐르면 전자석이 되는 로터, 스테이터 코일에서 발생한 교류를 직류로 정류하는 다이오드, 여자전류를 로터 코일에 공급하는 슬립링과 브러시, 엔드 프레임 등으로 되어있다.

정답 1 ① 2 ① 3 ① 4 ④ 5 ① 6 ① 7 ③ 8 ② 9 ② 10 ④ 11 ③ 12 ② 13 ③ 14 ④ 15 ③

**16.** **반도체에 대한 설명으로 틀린 것은?**

① 양도체와 절연체의 중간 범위이다.
② 절연체의 성질을 띠고 있다.
③ 고유저항이 10-3 ~ 106(Ωm)정도의 값을 가진 것을 말한다.
④ 실리콘, 게르마늄, 셀렌등이 있다.

**17.** **축전지의 수명을 단축하는 요인들이 아닌 것은?**

① 전해액의 부족으로 극판의 노출로 인한 설페이션
② 전해액에 불순물이 많이 함유된 경우
③ 내부에서 극판이 단락 또는 탈락이 된 경우
④ 단자기둥의 굵기가 서로 다른 경우

해설
축전지의 수명을 단축하는 요인은 ①,②,③이며, 축전지의 단자기둥은 [+]가 조금 굵고 크다.

**18.** **축전지의 용량을 결정 짓는 인자가 아닌 것은?**

① 셀 당 극판수 ② 극판의 크기
③ 단자의 크기 ④ 전해액의 양

**19.** **연소의 3요소가 아닌 것은?**

① 가연성 물질 ② 산소(공기)
③ 점화원 ④ 이산화탄소

**20.** **방향지시등 스위치를 작동할 때 한쪽은 정상이고, 다른 한쪽은 점멸작용이 정상과 다르게(빠르게 또는 느리게) 작용한다. 고장 원인이 아닌 것은?**

① 전구 1개가 단선 되었을 때
② 플래셔 유닛 고장
③ 좌측램프 교체할 때 규정용량의 전구를 사용하지 않았을 때
④ 한쪽 전구 소켓에 녹이 발생하여 전압강하가 있을 때

해설
플래셔 유닛이 고장나면 양쪽 방향지시등이 점멸되지 못한다.

**21.** **다음 중 터보차저를 구동하는 것으로 가장 적합한 것은?**

① 엔진의 열
② 엔진의 배기가스
③ 엔진의 흡입가스
④ 엔진의 여유동력

해설
터보차저는 엔진의 배기가스에 의해 구동된다.

**22.** **부동액에 대한 설명으로 옳은 것은?**

① 에틸렌 글리콜과 글리셀린은 단맛이 있다.
② 부동액 100%인 원액 사용을 원칙으로 한다.
③ 온도가 낮아지면 화학적 변화를 일으킨다.
④ 부동액은 냉각 계통에 부식을 일으키는 특징이 있다.

**23.** **오일 압력이 높은 것과 관계없는 것은?**

① 릴리프 스프링(조정스프링)이 강할 때
② 추운 겨울철 가동할 때
③ 오일이 점도가 높을 때
④ 오일의 점도가 낮을 때

**24.** **유압장치 중에서 회전운동을 하는 것은?**

① 급속 배기 밸브 ② 유압 모터
③ 하이드로릭 실린더 ④ 복동 실린더

**25.** **유압회로의 속도제어 회로와 관계없는 것은?**

① 오픈센터 회로 ② 블리드 오프 회로
③ 미터 인 회로 ④ 미터 아웃 회로

해설
유압회로의 속도제어 회로에는 미터 인, 미터 아웃, 블리드 오프 회로 등이 있다.

**26.** **다음 유압기호가 나타내는 것은?**

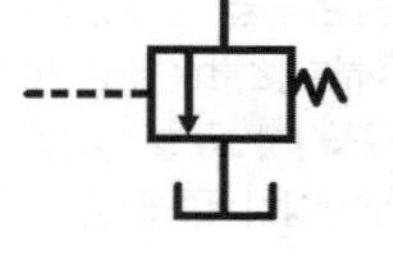

① 릴리프 밸브
② 감압 밸브
③ 순차 밸브
④ 무부하 밸브

**27.** **다음 중 유압유의 점도가 지나치게 높았을 때 나타나는 현상이 아닌 것은?**

① 오일 누설이 증가한다.
② 유동저항이 커져 압력손실이 증가한다.
③ 동력손실이 증가하여 기계효율이 감소한다.
④ 내부마찰이 증가하고 압력이 상승한다.

해설
유압이 높아지며, 유압유 누출은 감소한다.

**28.** **유압모터의 특징을 설명한 것으로 틀린 것은?**

① 관성력이 크다.
② 구조가 간단하다.
③ 무단변속이 가능하다.
④ 자동 원격조작이 가능하다.

**29.** **체크 밸브를 나타낸 것은?**

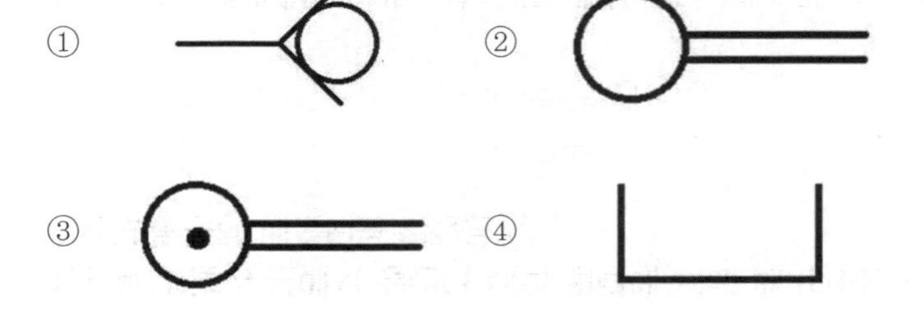


정답 16 ② 17 ④ 18 ③ 19 ④ 20 ② 21 ② 22 ① 23 ④ 24 ② 25 ① 26 ④ 27 ① 28 ① 29 ①

30. 지게차로 화물을 싣고 경사지에서 주행할 때 안전상 올바른 운전방법은?

① 포크를 높이 들고 주행한다.
② 내려갈 때에는 저속 후진한다.
③ 내려갈 때에는 변속 레버를 중립에 놓고 주행한다.
④ 내려갈 때에는 시동을 끄고 타력으로 주행한다.

31. 지게차를 주차시킬 때 포크의 적당한 위치는?

① 지상에서 30㎝ 위치
② 지상에서 20㎝ 위치
③ 지면에 내려놓는다.
④ 아무위치나 상관없다.

32. 지게차의 동력조향장치에 사용되는 유압실린더로 가장 적합한 것은?

① 단용 실린더 플런저형
② 복동 실린더 싱글 로드형
③ 복동 실린더 더블 로드형
④ 다단 실린더 텔레스코픽형

33. 사용압력에 따른 타이어의 분류에 속하지 않는 것은?

① 고압 타이어
② 초고압 타이어
③ 저압 타이어
④ 초저압 타이어

해설
사용압력에 따른 타이어의 분류에는 저압타이어, 고압타이어, 초저압타이어 등이 있다.

34. 브레이크 파이프 내에 베이퍼록이 발생하는 원인과 가장 거리가 먼 것은?

① 지나친 브레이크 조작
② 잔압의 저하
③ 드럼의 과열
④ 라이닝과 드럼의 간극 과대

해설
베이퍼록 발생 원인은 ①,②,③ 이외에 오일이 변질로 인해 비점이 낮을 때

35. 보행자가 도로를 횡단할 수 있도록 안전 표시한 도로의 부분은?

① 교차로　② 횡단보도
③ 안전지대　④ 규제표시

36. 지게차 작업장치의 동력전달 기구가 아닌 것은?

① 트랜치 호　② 리프트 체인
③ 리프트 실린더　④ 틸트 실린더

해설
트랜치 호 – 기중기의 작업 장치의 하나인 도랑파기 장치를 말한다.

37. 일반적으로 유압장치에서 릴리프 밸브가 설치되는 위치는?

① 펌프와 오일탱크 사이
② 여과기와 오일탱크 사이
③ 펌프와 제어밸브 사이
④ 실린더와 여과기 사이

해설
릴리프 밸브는 유압펌프 출구와 제어밸브 입구 사이에 설치된다.

38. 총중량 2,000㎏ 미달인 자동차를 그의 3배 이상의 총중량 자동차로 견인할 때의 속도는?

① 시속 15㎞ 이내　② 시속 20㎞ 이내
③ 시속 30㎞ 이내　④ 시속 40㎞ 이내

해설
총중량 2,000㎏ 미달인 자동차를 그의3배 이상의 총중량 자동차로 견인할 때의 속도는 시속 30㎞ 이내이다.

39. 산업안전보건법상 안전보건표지에서 색채와 용도가 틀리게 짝지어진 것은?

① 파란색 : 지시　② 녹색 : 안내
③ 노란색 : 위험　④ 빨간색 : 금지, 경고

40. 다음 중 건설기계 특별 표지판을 부착하지 않아도 되는 건설기계는?

① 길이가 17m인 굴착기
② 너비가 4m인 기중기
③ 높이가 3m인 지게차
④ 최소회전반경이 14m인 모터그레이더

해설
**특별표지판 부착대상 건설기계**
- 길이가 16.7m 이상인 경우
- 너비가 2.5m 이상인 경우
- 높이가 4m 이상인 경우
- 최소회전반경이 12m 이상인 경우
- 축하중이 10t 이상인 경우
- 총중량이 40t 이상인 경우

41. 지게차의 리프트 체인에 주유하는 가장 적합한 오일은?

① 솔벤트
② 작동유
③ 엔진오일
④ 자동변속기오일

해설
리프트 체인의 주유는 엔진오일로 주유한다.

42. 수공구 사용시 유의사항으로 맞지 않는 것은?

① 무리한 공구 취급을 금한다.
② 토크렌치는 볼트를 풀 때 사용한다.
③ 수공구는 사용법을 숙지하여 사용한다.
④ 공구를 사용하고 나면 일정한 장소에 관리 보관한다.

정답 30 ② 31 ③ 32 ③ 33 ② 34 ④ 35 ② 36 ① 37 ③ 38 ③ 39 ③ 40 ③ 41 ③ 42 ②

**43.** 다음 중 방향제어 밸브에서 내부 누유에 영향을 미치는 요소가 아닌 것은?

① 관로의 유량
② 밸브간극의 크기
③ 밸브 양단의 압력차
④ 유압유의 점도

**44.** 건설기계를 등록말소 시 필요한 서류는?

① 등록증
② 호적등본
③ 형식승인
④ 확인검사증

해설
건설기계 등록말소할 때에는 반드시 등록증이 있어야 한다.

**45.** 건설기계 조종사 면허를 받지 아니하고 건설기계를 조종한 자에 대한 벌칙은?

① 2년 이하의 징역 또는 2천만 원 이하의 벌금
② 1년 이하의 징역 또는 1천만 원 이하의 벌금
③ 3백만 원 이하의 벌금
④ 1백만 원 이하의 벌금

해설
건설기계 무면허 운전의 경우 벌칙은 1년 이하의 징역 또는 1천만 원 이하의 벌금

**46.** 건설기계 소유자 또는 점유자가 건설기계를 도로에 계속하여 버려두거나 정당한 사유없이 타인의 토지에 버려둔 경우 처벌은?

① 1년 이하의 징역 또는 300만 원 이하의 벌금
② 1년 이하의 징역 또는 500만 원 이하의 벌금
③ 1년 이하의 징역 또는 1,000만 원 이하의 벌금
④ 1년 이하의 징역 또는 3,000만 원 이하의 벌금

해설
건설기계소유자 또는 점유자가 건설기계를 도로에 계속하여 버리거나 정당한 사유 없이 타인의 토지에 버리거나 방치한 경우의 처벌은 1년 이하의 징역 또는 1,000만 원 이하의 벌금

**47.** 건설기계의 등록을 말소할 수 있는 사유에 해당하지 않는 것은?

① 건설기계를 폐기한 경우
② 건설기계를 수출하는 경우
③ 건설기계를 장기간 운행하지 않게 된 경우
④ 건설기계를 교육 · 연구 목적으로 사용하는 경우

**48.** 하인리히의 사고예방원리 5단계를 순서대로 나열한 것은?

① 조직, 사실의 발견, 평가분석, 시정책의 선정, 시정책의 적용
② 시정책의 적용, 조직, 사실의 발견, 평가분석, 시정책의 선정
③ 사실의 발견, 평가분석, 시정책의 선정, 시정책의 적용, 조직
④ 시정책의 선정, 시정책의 적용, 조직, 사실의 발견, 평가분석

**49.** 건설기계 소유자가 관련법에 의하여 등록번호표를 반납하고자 할 때 누구에게 하여야 하는가?

① 국무총리
② 국토해양부장관
③ 시 · 도지사
④ 지식경제부장관

해설
건설기계 등록번호표는 10일 이내에 시 · 도지사에게 반납하여야 한다.

**50.** 지게차 운전 시 유의사항으로 적합하지 않는 것은?

① 적재시에는 최고속 주행을 하여 작업능률을 높인다.
② 내리막 길에서는 급회전을 하지 않는다.
③ 운전석에는 운전자 이외는 승차하지 않는다.
④ 면허소지자 이외는 운전하지 못하도록 한다.

**51.** 장비점검 및 정비작업에 대한 안전수칙과 가장 거리가 먼 것은?

① 알맞은 공구를 사용해야 한다.
② 기관을 시동할 때 소화기를 비치하여야 한다.
③ 차에 용접시 배터리가 접지된 상태에서 한다.
④ 평탄한 위치에서 한다.

해설
차체를 용접할 경우에는 반드시 배터리 케이블을 분리한 상태에서 작업해야 한다.

**52.** 드릴작업 시 유의사항으로 잘못된 것은?

① 작업 중 칩 제거를 금지한다.
② 작업 중 면장갑 착용을 금지한다.
③ 작업 중 보안경 착용을 금지한다.
④ 균열이 있는 드릴은 사용을 금지한다.

**53.** 해머작업 시 틀린 것은?

① 장갑을 끼지 않는다.
② 작업에 알맞은 무게의 해머를 사용한다.
③ 해머는 처음부터 힘차게 때린다.
④ 자루가 단단한 것을 사용한다.

**54.** 교통안전 표지판 중 노면표지에서 차마가 일시정지해야 하는 표시로 올바른 것은?

① 백색점선으로 표시한다.
② 황색점선으로 표시한다.
③ 황색실선으로 표시한다.
④ 백색실선으로 표시한다.

해설
노면표지에서 차마가 일시정지해야 하는 표시는 백색실선으로 표시한다.

정답 43 ① 44 ① 45 ② 46 ③ 47 ③ 48 ① 49 ③ 50 ① 51 ③ 52 ③ 53 ③ 54 ④

**55.** 연삭기 사용 작업시 발생할 수 있는 사고와 가장 거리가 먼 것은?

① 비산하는 입자
② 회전하는 연삭 숫돌의 파손
③ 작업자의 발이 협착
④ 작업자의 손이 말려들어감

**56.** 안전을 위하여 눈으로 보고, 손으로 가리키고, 입으로 복창하여 귀로 듣고, 머리로 종합적인 판단을 하는 지적 확인의 특성은?

① 의식을 강화한다.
② 지식수준을 높인다.
③ 안전태도를 형성한다.
④ 육체적 기능 수준을 높인다.

**57.** 수공구 사용시 안전사고 발생 원인으로 틀린 것은?

① 힘에 맞지 않는 공구를 사용하였다.
② 수공구의 성능을 알고 선택하였다.
③ 사용 방법이 미숙하였다.
④ 사용공구의 점검 및 정비를 소홀히 하였다.

**58.** 폭발의 우려가 있는 가스 또는 분진이 발생하는 장소에서 지켜야 할 사항에 속하지 않는 것은?

① 화기 사용금지
② 인화성 물질 사용금지
③ 불연성 재료의 사용금지
④ 점화의 원인이 될 수 있는 기계 사용금지

해설
폭발 우려가 있는 가스 또는 분진이 발생하는 장소에서 지켜야 할 사항 중 ①, ②, ④ 이외에 가연성 재료의 사용금지이다.

**59.** 전기 기기에 의한 감전 사고를 막기 위하여 필요한 설비로 가장 중요한 것은?

① 접지설비
② 방폭등 설비
③ 고압계 설비
④ 대지 전위 상승설비

해설
전기 기기에 의한 감전 사고를 막기 위해 접지설비가 필요하다.

**60.** 지하차도 교차로 표지로 옳은 것은?

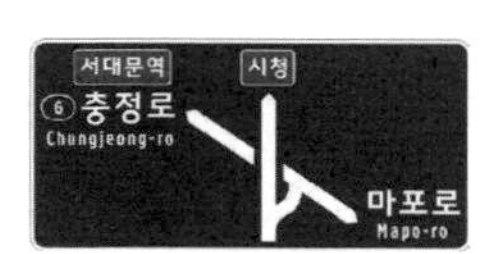

해설
① 다지형 교차로 도로명 표지
② 3방향 도로명 표지(고가차로 교차로)
③ 3방향 도로명 표지(K자형 교차로)
④ 3방향 도로명 표지(지하차도 교차로)

정답 55 ③ 56 ① 57 ② 58 ③ 59 ① 60 ④

# 실전모의고사 2회

**1.** 4행정 기관에서 1사이클을 완료할 때 크랭크축은 몇 회전 하는가?

① 1회전　② 2회전
③ 3회전　④ 4회전

**2.** 플라이 휠 런 아웃을 점검할 때 알맞은 측정 기구는?

① 서피스 게이지　② 마이크로미터
③ 버니어캘리퍼스　④ 다이얼 게이지

해설
플라이 휠 런 아웃 점검은 다이얼 게이지로 점검한다.

**3.** 다음 중 회전력의 단위로 맞는 것은?

① kgf · m　② ton
③ kg/㎠　④ mmHg

**4.** 엔진오일이 연소실로 올라오는 주된 이유는?

① 피스톤 링 마모　② 피스톤 핀 마모
③ 커넥팅로드 마모　④ 크랭크축 마모

**5.** 예열플러그의 고장이 발생하는 경우로 거리가 먼 것은?

① 엔진이 과열되었을 때
② 발전기의 발전 전압이 낮을 때
③ 예열시간이 길었을 때
④ 정격이 아닌 예열플러그를 사용했을 때

**6.** 방열기의 캡을 열어 보았더니 냉각수에 기름이 떠 있을 때 그 원인으로 가장 적합한 것은?

① 물 펌프 마모　② 수온조절기 파손
③ 방열기 코어 막힘　④ 헤드 가스킷 파손

해설
기름이 떠 있는 원인
- 실린더 헤드 가스킷 파손
- 헤드볼트 풀림 또는 파손
- 수랭식 오일냉각기에서 누출

**7.** 기관의 연소실에서 발생하는 스퀴시의 설명으로 옳은 것은?

① 연소 가스가 크랭크 케이스로 누출되는 현상
② 흡입밸브에 의한 와류현상
③ 압축행정 말기에 발생한 와류 현상
④ 압축공기가 피스톤 링 사이로 누출되는 현상

해설
스퀴시 : 연소실 내에서 혼합기를 좁은 틈새로 밀어 붙이는 것

**8.** 압력식 라디에이터 캡을 사용함으로써 얻어지는 이점은?

① 냉각수의 비등점을 올릴 수 있다.
② 냉각 팬의 크기를 작게 할 수 있다.
③ 물 펌프의 성능을 향상시킬 수 있다.
④ 라디에이터의 구조를 간단하게 할 수 있다.

**9.** 기관의 냉각장치에서 냉각수의 비등점을 올리기 위한 것으로 맞는 것은?

① 물재킷　② 진공식 캡
③ 압력식 캡　④ 라디에이터

해설
압력식 캡은 냉각수의 비등점(끓는점)을 높이기 위한 부품이다.

**10.** 디젤기관에서 직접분사실식의 장점이 아닌 것은?

① 냉각손실이 적다.
② 연료소비량이 적다.
③ 구조가 간단하여 열효율이 높다.
④ 연료계통의 연료누출 염려가 적다.

해설
직접분사실식의 단점으로 연료계통의 연료누출 염려가 크다.

**11.** 커먼레일 디젤기관의 연료장치 시스템에서 출력요소는?

① 공기 유량 센서　② 인젝터
③ 엔진 ECU　④ 브레이크 스위치

**12.** 디젤기관 연료장치의 분사펌프에서 프라이밍 펌프 사용 시기는?

① 연료의 양을 늘이거나 줄일 때
② 출력을 증가시키고자 할 때
③ 연료계통의 공기를 배출 할 때
④ 연료의 분사압력을 측정 할 때

해설
디젤기관의 프라이밍 펌프는 연료장치에 공기가 흡입된 경우 공기배출 시 사용한다.

**13.** 디젤엔진의 시동을 위한 직접적인 장치가 아닌 것은?

① 예열플러그　② 터보차저
③ 기동전동기　④ 감압밸브

**14.** 건식 공기여과기 세척방법으로 가장 적합한 것은?

① 압축공기로 안에서 밖으로 불어낸다.
② 압축공기로 밖에서 안으로 불어낸다.
③ 압축오일로 안에서 밖으로 불어낸다.
④ 압축오일로 밖에서 안으로 불어낸다.

해설
건식 공기청정기 세척은 압축공기를 안에서 밖으로 불어내어 세척한다.

**15.** 퓨즈의 접촉이 나쁠 때 나타나는 현상으로 옳은 것은?

① 연결부의 저항이 떨어진다.
② 전류의 흐름이 높아진다.
③ 연결부가 끊어진다.
④ 연결부가 튼튼해진다.

정답 1 ② 2 ④ 3 ① 4 ① 5 ② 6 ④ 7 ③ 8 ① 9 ③ 10 ④ 11 ② 12 ③ 13 ② 14 ① 15 ③

16. 기계식 분사펌프가 장착된 디젤기관에서 가동중에 발전기가 고장이 났을 때 발생할 수 있는 현상으로 틀린 것은?

① 충전경고등에 불이 들어온다.
② 배터리가 방전되어 시동이 꺼지게 된다.
③ 헤드램프를 켜면 불빛이 어두워진다.
④ 전류계의 지침이 (−)쪽을 가리킨다.

해설
발전기 고장 시 충전이 불량하며, 전장품에 전기공급이 불량해진다.

17. 축전지 및 발전기에 대한 설명으로 옳은 것은?

① 시동 전 전원은 발전기이다.
② 시동 후 전원은 배터리이다.
③ 시동 전과 후 모든 전력은 배터리로부터 공급된다.
④ 발전하지 못해도 배터리로만 운행이 가능하다.

18. 라디에이터(Radiator)에 대한 설명으로 틀린 것은?

① 라디에이터의 재료 대부분은 알루미늄 합금이 사용된다.
② 단위 면적당 방열량이 커야한다.
③ 냉각 효율을 높이기 위해 방열판이 설치된다.
④ 공기 흐름 저항이 커야 냉각 효율이 높다.

19. 축전지를 건설기계에 설치한 채 급속충전 할 때 주의사항으로 가장 거리가 먼 것은?

① 축전지의 접지 케이블을 잘 고정하고 충전한다.
② 작업시간 등으로 충전할 수 있는 시간이 충분하지 않을 때만 이 방법을 사용한다.
③ 충전 중 전해액의 온도가 45℃ 이상 되지 않도록 한다.
④ 충전 전류는 축전지 용량의 1/2이 좋다.

해설
축전지 급속충전시 주의사항은 축전지 접지 케이블을 분리해야 한다.

20. 축전지의 용량(전류)에 영향을 주는 요소가 아닌 것은?

① 극판의 수
② 극판의 크기
③ 전해액의 양
④ 냉간율

해설
축전지 용량에 영향을 주는 요소는 극판의 수, 극판의 크기, 전해액의 양이다.

21. 건설기계에 사용되는 12볼트(V) 80암페어(A) 축전지 2개를 병렬로 연결하면 전압과 전류는 어떻게 변하는가?

① 24볼트(V), 160암페어(A)가 된다.
② 12볼트(V), 80암페어(A)가 된다.
③ 24볼트(V), 80암페어(A)가 된다.
④ 12볼트(V), 160암페어(A)가 된다.

22. 수동변속기가 장착된 건설기계에서 기어의 이중 물림을 방지하는 장치는?

① 인젝션 장치
② 인터쿨러 장치
③ 인터록 장치
④ 인터널 기어 장치

23. 타이어에서 고무로 피복된 코드를 여러 겹으로 겹친 층에 해당되며 타이어 골격을 이루는 부분은?

① 카커스(carcass)부
② 트레드(tread)부
③ 숄더(shoulder)부
④ 비드(bead)부

24. 현가장치에 사용되는 공기 스프링의 특징이 아닌 것은?

① 차체의 높이가 항상 일정하게 유지된다.
② 작은 진동을 흡수하는 효과가 있다.
③ 다른 기구보다 간단하고 값이 싸다.
④ 고유진동을 낮게 할 수 있다.

해설
공기스프링의 특징은 ①,②,④ 이외에 구조가 복잡하고 값이 비싸다.

25. 타이어 림에 대한 설명 중 틀린 것은?

① 경미한 균열은 용접하여 재사용한다.
② 변형시 교환한다.
③ 경미한 균열도 교환한다.
④ 손상 또는 마모 시 교환한다.

해설
타이어 림에 균열 발생 시 교환하여야 한다.

26. 건설기계 검사기준 중 제동장치의 제동력으로 맞지 않는 것은?

① 모든 축의 제동력의 합이 당해 축중(빈차)의 50% 이상일 것
② 동일 차축 좌우 바퀴의 제동력의 편차는 당해 축중의 8% 이내일 것
③ 뒤차축 좌우 바퀴의 제동력의 편차는 당해 축중의 15% 이내일 것
④ 주차제동력의 합은 건설기계 빈차 중량의 20% 이상일 것

해설
제동장치의 제동력
• 모든 축의 제동력의 합이 당해 축중의 50% 이상일 것
• 동일 차축 좌 · 우 바퀴의 제동력의 편차는 당해 축중의 8% 이내일 것
• 주차제동력의 합은 건설기계 빈차 중량의 20% 이상일 것

27. 공동현상이라고도 하며 이 현상이 발생하면 소음과 진동이 발생하고 양정과 효율이 저하되는 현상은?

① 캐비테이션
② 스트로크
③ 런아웃
④ 밸브서징

해설
캐비테이션은 공동현상이라고도 하며 이러한 현상이 발생하면 소음, 진동이 발생하고 양정과 효율이 저하된다.

28. 유압장치에서 사용되는 오일의 점도가 너무 낮을 경우 나타날 수 있는 현상이 아닌 것은?

① 펌프 효율 저하
② 오일 누설
③ 계통 내의 압력 저하
④ 시동 시 저항 증가

정답 16 ② 17 ④ 18 ④ 19 ① 20 ④ 21 ④ 22 ③ 23 ① 24 ③ 25 ① 26 ③ 27 ① 28 ④

**29. 건설기계관리법령상 건설기계조종사 면허취소 또는 효력정지를 시킬 수 있는 자는?**

① 대통령 ② 경찰서장
③ 시 · 군 구청장 ④ 국토교통부장관

**30. 작업현장에서 사용되는 안전표지 색으로 잘못 짝지어진 것은?**

① 보라색 – 안전지도 표시
② 빨간색 – 방화표시
③ 노란색 – 충돌 · 추락 주의표시
④ 녹색 – 비상구 표시

해설
보라색은 방사능 위험표시이다.

**31. 유압펌프 내의 내부 누설은 무엇에 반비례하여 증가하는가?**

① 작동유의 오염 ② 작동유의 점도
③ 작동유의 압력 ④ 작동유의 온도

**32. 조향핸들의 유격이 커지는 원인과 관계없는 것은?**

① 피트먼 암의 헐거움
② 타이어 공기압 과대
③ 조향기어, 링키지 조정불량
④ 앞바퀴 베어링 과대 마모

해설
조향핸들의 유격이 커지는 원인은 피트먼 암의 헐거움, 조향기어 링키지 조정불량, 타이로드 엔드 볼 조인트 마모, 조향바퀴 베어링 마모 등이다.

**33. 다음 유압펌프 중 가장 높은 압력조건에 사용할 수 있는 펌프는?**

① 기어 펌프 ② 로터리 펌프
③ 플런저 펌프 ④ 베인 펌프

해설
플런저 펌프는 맥동적 토출을 하지만 다른 펌프에 비해 일반적으로 최고압력 토출이 가능하고, 펌프 효율이 가장 높다.

**34. 전조등 회로에서 퓨즈의 접촉이 불량할 때 나타나는 현상으로 옳은 것은?**

① 전류의 흐름이 나빠지고 퓨즈가 끊어질 수 있다.
② 기동 전동기가 파손된다.
③ 전류의 흐름이 일정하게 된다.
④ 전압이 과대하게 흐르게 된다.

**35. 파스칼의 원리와 관련된 설명이 아닌 것은?**

① 정지액체에 접하고 있는 면에 가해진 압력은 그 면에 수직으로 작용한다.
② 정지액체의 한 점에 있어서의 압력의 크기는 전 방향에 대하여 동일하다.
③ 점성이 없는 비압축성 유체에서 압력에너지, 위치에너지, 운동에너지의 합은 같다.
④ 밀폐용기 내의 한 부분에 가해진 압력은 액체 내의 여러 부분에 같은 압력으로 전달된다.

**36. 유압펌프에서 발생한 유압을 저장하고 맥동을 소멸시키는 장치는?**

① 어큐뮬레이터 ② 스트레이너
③ 언로딩 밸브 ④ 릴리프 밸브

해설
어큐뮬레이터(축압기)는 유압펌프에서 발생한 유압을 저장하고 충격흡수, 맥동을 소멸시키는 장치이다.

**37. 유압오일 내에 기포(거품)가 형성되는 이유로 가장 적합한 것은?**

① 오일에 이물질 혼입 ② 오일의 점도가 높을 때
③ 오일에 공기 혼입 ④ 오일의 누설

**38. 방향제어 밸브에서 내부누유에 영향을 미치는 요소가 아닌 것은?**

① 관로의 유량 ② 밸브 간극의 크기
③ 밸브 양단의 압력차 ④ 유압유의 점도

**39. 액추에이터의 운동속도를 조정하기 위해 사용되는 밸브는?**

① 압력제어 밸브 ② 온도제어 밸브
③ 유량제어 밸브 ④ 방향제어 밸브

해설
- 유량제어밸브 : 일의 속도 결정
- 압력제어밸브 : 일의 크기 결정
- 방향제어밸브 : 일의 방향 결정

**40. 포크에 360°회전 가능한 로테이터를 부착하여 기계 가공 공장의 칩, 폐기물 처리 시 용기에 담긴 화물을 캐리지와 포크가 같이 회전하여 하역하는 작업 장치는?**

① 램 ② 푸시 풀
③ 사이드 쉬프터 ④ 로테이팅 포크

**41. 다음 중 압력제어 밸브가 아닌 것은?**

① 릴리프 밸브 ② 체크 밸브
③ 언로드 밸브 ④ 카운터 밸런스 밸브

해설
체크 밸브는 방향제어 밸브이다.

**42. 유압모터에 대한 설명 중 맞는 것은?**

① 유압발생 장치에 속한다.
② 압력, 유량, 방향을 제어한다.
③ 직선운동을 하는 작동기(Actuator)이다.
④ 유압 에너지를 기계적 일로 변환한다.

**43. 지게차에서 리프트 실린더의 상승력이 부족한 원인과 거리가 먼 것은?**

① 오일필터의 막힘
② 유압펌프의 불량
③ 리프트 실린더에서 유압유 누출
④ 틸트 로크 밸브의 밀착불량

해설
리프트 실린더의 상승력이 부족한 원인은 ①,②,③이다.

정답 29 ③ 30 ① 31 ② 32 ② 33 ③ 34 ① 35 ③ 36 ① 37 ③ 38 ① 39 ③ 40 ④ 41 ② 42 ④ 43 ④

**44.** **유압오일 내에 기포(거품)가 형성되는 이유로 가장 적합한 것은?**

① 오일 속의 이물질 혼입
② 오일의 열화
③ 오일속의 공기 혼입
④ 오일의 누설

해설
오일 속에 공기가 혼입되면 거품이 형성된다.

**45.** **재해조사 목적을 가장 옳게 설명한 것은?**

① 재해를 발생하게 한 자의 책임을 추궁하기 위해
② 재해 발생에 대한 통계를 작성하기 위해
③ 직업능률 향상과 근로기강 확립을 위해
④ 적절한 예방대책을 수립하기 위해

**46.** **등록되지 아니한 건설기계를 사용하거나 운행한 자의 벌칙은?**

① 1년 이하의 징역 또는 1,000만 원 이하의 벌금
② 2년 이하의 징역 또는 2,000만 원 이하의 벌금
③ 20만 원 이하의 벌금
④ 10만 원 이하의 벌금

**47.** **건설기계 조종 시 자동차 제1종 대형면허가 있어야 하는 기종은?**

① 로더 ② 지게차
③ 콘크리트 펌프 ④ 기중기

해설
1종 대형면허로 조종할 수 있는 건설기계는 덤프트럭, 아스팔트 살포기, 노상안정기, 콘크리트 믹서트럭, 콘크리트 펌프 등이다.

**48.** **유압회로 내의 밸브를 갑자기 닫았을 때, 오일의 속도에너지가 압력에너지로 변하면서 일시적으로 큰 압력증가가 생기는 현상을 무엇이라 하는가?**

① 캐비테이션(cavitation) 현상
② 서지(surge) 현상
③ 채터링(chattering) 현상
④ 에어레이션(aeration) 현상

**49.** **작업장 외에 직접 사람이 접촉하여 말려들거나 다칠 위험이 있는 장소를 덮어씌우는 방호 장치법은?**

① 격리형 방호장치
② 위치 제한형 방호장치
③ 포집형 방호장치
④ 접근 거부형 방호장치

**50.** **하인리히의 안전 3요소에 속하지 않는 것은?**

① 관리적 요소 ② 자본적 요소
③ 기술적 요소 ④ 교육적 요소

해설
안전의 3요소에는 관리적 요소, 기술적 요소, 교육적 요소가 있다.

**51.** **건설기계의 등록원부는 등록을 말소한 후 얼마의 기한동안 보존하여야 하는가?**

① 5년 ② 10년
③ 15년 ④ 20년

해설
건설기계 등록원부는 건설기계의 등록을 말소한 날로부터 10년간 보존하여야 한다.

**52.** **소화 작업의 기본요소가 아닌 것은?**

① 가연물질을 제거하면 된다.
② 산소를 차단하면 된다.
③ 점화원을 제거시키면 된다.
④ 연료를 기화시키면 된다.

**53.** **지게차의 마스트를 기울일 때 갑자기 시동이 정지되면 무슨 밸브가 작동하여 그 상태를 유지하는가?**

① 틸트 밸브
② 리프트 밸브
③ 스로틀 밸브
④ 틸트록 밸브

해설
틸트록 밸브는 마스트를 기울일 때 갑자기 엔진의 시동이 정지되면 작동하여 그 상태를 유지시키는 작용을 한다.

**54.** **운반 작업 시 지켜야 할 사항으로 옳은 것은?**

① 운반 작업은 장비를 사용하기보다 가능한 많은 인력을 동원하여 하는 것이 좋다.
② 인력으로 운반 시 무리한 자세로 장시간 취급하지 않도록 한다.
③ 인력으로 운반 시 보조구를 사용하되 몸에서 멀리 떨어지게 하고, 가슴 위치에서 하중이 걸리게 한다.
④ 통로 및 인도에 가까운 곳에서는 빠른 속도로 벗어나는 것이 좋다.

**55.** **다음 중 일반 드라이버를 사용할 때 안전수칙으로 틀린 것은?**

① 드라이버에 압력을 가하지 말아야 한다.
② 정을 대신할 때는 드라이버를 사용한다.
③ 자루가 쪼개졌거나 또한 허술한 드라이버는 사용하지 않는다.
④ 드라이버의 끝을 항상 양호하게 관리하여야 한다.

해설
드라이버를 정 대용으로 사용해서는 안된다.

**56.** **기계작업시 접근했을 때 위험하여 적절한 안전 거리를 유지해야 한다. 가장 안전거리를 크게 유지하여야 하는 것은?**

① 선반 ② 프레스
③ 절단기 ④ 전동 띠톱 기계

해설
전동 띠 톱 기계를 사용할 때에는 충분한 안전거리를 유지하여야 한다.

정답 44 ③ 45 ④ 46 ② 47 ③ 48 ② 49 ① 50 ② 51 ② 52 ④ 53 ④ 54 ② 55 ② 56 ④

**57.** **도로교통법에 위반이 되는 것은?**

① 밤에 교통이 빈번한 도로에서 전조등을 계속 하향했다.
② 낮에 어두운 터널 속을 통과할 때 전조등을 켰다.
③ 소방용 방화 물통으로부터 10m 지점에 주차하였다.
④ 노면이 얼어붙은 곳에서 최고속도의 20/100을 줄인 속도로 운행하였다.

**58.** **교통정리가 행하여지고 있지 않은 교차로에서 우선순위가 같은 차량이 동시에 교차로에 진입한 때의 우선순위로 맞는 것은?**

① 소형 차량이 우선한다.
② 우측도로의 차가 우선한다.
③ 좌측도로의 차가 우선한다.
④ 중량이 큰 차량이 우선한다.

해설
교통정리가 행하여지고 있지 않은 교차로에서 우선 순위가 같은 차량이 동시에 교차로에 진입한 때의 우선순위는 우측도로의 차가 우선한다.

**59.** **지게차의 동력전달 순서로 맞는 것은?**

① 엔진 → 변속기 → 토크컨버터 → 종감속기어 및 차동장치 → 앞 구동축 → 최종감속기 → 차륜
② 엔진 → 변속기 → 토크컨버터 → 종감속기어 및 차동장치 → 최종감속기 → 앞 구동축 → 차륜
③ 엔진 → 토크컨버터 → 변속기 → 앞 구동축 → 종감속기어 및 차동장치 → 최종감속기 → 차륜
④ 엔진 → 토크컨버터 → 변속기 → 종감속기어 및 차동장치 → 앞 구동축 → 최종감속기 → 차륜

해설
**지게차 동력전달 순서**
엔진 → 토크컨버터 → 변속기 → 종감속기어 및 차동장치 → 앞 구동축 → 최종감속기 → 차륜

**60.** **다음 기초번호판에 대한 설명으로 옳은 것은?**

백범로
577
Baekbeom-ro

① 도로명과 건물번호를 나타낸다.
② 도로의 시작 지점에서 끝 지점 방향으로 기초번호가 부여된다.
③ 표지판이 위치한 도로는 백범로이다.
④ 건물이 없는 도로에 설치된다.

정답 57 ④ 58 ② 59 ④ 60 ①

# 실전모의고사 3회

**1.** 다음 중 열 에너지를 기계적 에너지로 변환시켜주는 장치는?

① 모터 ② 밸브
③ 펌프 ④ 엔진

해설
엔진은 열에너지를 기계적 에너지로 변환시켜주는 장치이다.

**2.** 자연발화가 일어나기 쉬운 조건이 아닌 것은?

① 주위 온도가 높다.
② 열전도율이 크다.
③ 발열량이 크다.
④ 표면적이 넓다.

해설
열전도율이 작아야 발화되기 쉽다.

**3.** 디젤기관의 출력이 저하되는 원인이 아닌 것은?

① 실린더 압축압력이 낮을 때
② 연료 리턴파이프가 파손되었을 때
③ 연료 분사시기가 맞지 않을 때
④ 연료 분사펌프 작동불량 및 연료여과기가 막혔을 때

해설
출력이 저하되는 원인
- 실린더내 압축압력이 낮을 때
- 연료 분사량이 적을 때
- 노킹이 발생했을 때
- 연료 분사시기가 늦을 때
- 연료 분사펌프 작동불량일 때
- 연료 여과기가 막혔을 때
- 흡입 및 배기계통이 막혔을 때

**4.** 유압을 가장 적절히 표현한 것은?

① 수력을 이용하여 전기를 생산하는 것
② 큰 물체들 들어올리기 위하여 기계적인 이점을 이용한 것
③ 액체로 전환하기 위해 기체를 압축시키는 것
④ 액체의 압력에너지를 이용하여 기계적인 일을 하도록 하는 것

**5.** 디젤기관의 연소실 중 연료 소비율이 낮으며 연소압력이 가장 높은 연소실 형식은?

① 예연소실식
② 와류실식
③ 직접분사실식
④ 공기실식

해설
직접분사실식의 연소압력이 가장높다.

**6.** 유압장치의 특징 중 적당하지 않은 것은?

① 제어가 매우 신속하고 정확하다.
② 힘의 증폭이 용이하다.
③ 간단하고 안전하나, 비경제적이다.
④ 에너지 저장이 가능하다.

**7.** 12V축전지에 3Ω, 4Ω, 5Ω의 저항을 직렬로 연결했을 때 전류값은?

① 1 A ② 2 A
③ 3 A ④ 4 A

해설
전류(I) = $\frac{\text{전압(V)}}{\text{저항(R)}}$ 이므로, $\frac{12}{3+4+5}$ = 1(A)이다.

**8.** 유량제어밸브 회로중 그림에서 유압회로를 설명한 것으로 가장 적합한 것은?

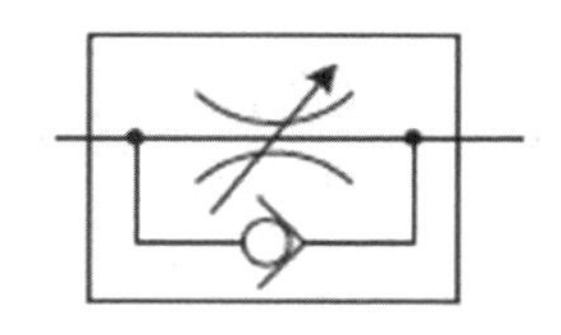

① 유로의 단면적을 적게하여 유량을 조정한다.
② 입 · 출구시 교축작용을 하며 역방향시 바이패스 기능을 한다.
③ 부하변동시 교축부 전후 압력차를 항상 일정하게 유지시킨다.
④ 오리피스를 이용한 단면적 축소로 유량을 조절한다.

해설
체크밸브를 통한 교축밸브로써 역방향시 체크밸브가 열려 바이패스 기능을 한다.

**9.** 다음 그림이 의미하는 밸브는?

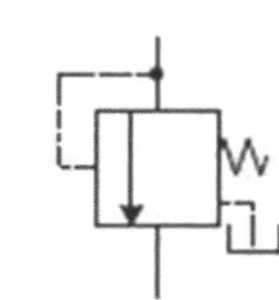

① 감압 밸브
② 릴리프 밸브
③ 시퀀스 밸브
④ 무부하 밸브

**10.** 다음 지게차 중 특수건설기계인 것은?

① 트럭형 지게차 ② 스트래들형 지게차
③ 사이드형 지게차 ④ 카운터 밸런스형 지게차

해설
특수건설기계지정
- 트럭지게차, 노면파쇄기, 노면측정장비, 도로보수트럭, 콘크리트 믹서트럭, 터널용 고소작업차, 아스팔트콘크리트재생기등

**11.** 일반적 지게차의 조향방식은?

① 앞바퀴 조향방식 ② 뒷바퀴 조향방식
③ 조인트 조향방식 ④ 가변식 조향방식

해설
지게차는 앞바퀴에 하중이 실리기 때문에 연비 효율성과 안정성 문제로 뒷바퀴로 조향한다.

**12.** 4행정 사이클 건설기계 기관에서 엔진이 4,000rpm일 때 분사펌프의 회전수는?

① 2,000rpm ② 4,000rpm
③ 8,000rpm ④ 10,000rpm

해설
4행정 사이클 기관에는 엔진 2회전에 1회 폭발을 하기위한 연료분사를 한다.

정답 1 ④ 2 ② 3 ② 4 ④ 5 ③ 6 ③ 7 ① 8 ② 9 ② 10 ① 11 ② 12 ①

**13.** 다음 중 여과기를 설치위치에 따라 분류할 때 관로용 여과기에 포함되지 않는 것은?

① 압력 여과기　② 리턴 여과기
③ 흡입 여과기　④ 라인 여과기

**14.** 유압장치의 장점이 아닌 것은?

① 작은 동력원으로 큰 힘을 낼 수 있다.
② 과부하 방지가 용이하다.
③ 운동방향을 쉽게 변경할 수 있다.
④ 고장원인의 발견이 쉽고 구조가 간단하다.

해설
구조가 복잡하다.

**15.** 디젤기관에서 연료가 정상적으로 공급되지 않아 시동이 꺼지는 현상이 발생되었다. 그 원인으로 적합하지 않은 것은?

① 프라이밍 펌프 고장　② 연료필터 막힘
③ 연료 노즐 막힘　④ 연료파이프 손상

**16.** 디젤기관의 연료계통에서 고압부분은?

① 인젝션 펌프와 연료탱크 사이
② 분사노즐과 연료탱크 사이
③ 인젝션 펌프와 노즐 사이
④ 연료탱크와 공급펌프 사이

해설
디젤기관의 고압계통은 인젝션 펌프와 노즐 사이다.

**17.** 유압장치의 일상 점검 항목이 아닌 것은?

① 오일 양 점검　② 탱크내부 점검
③ 변질상태 점검　④ 오일누유 점검

**18.** 그림의 유압기호는 무엇을 표시하는가?

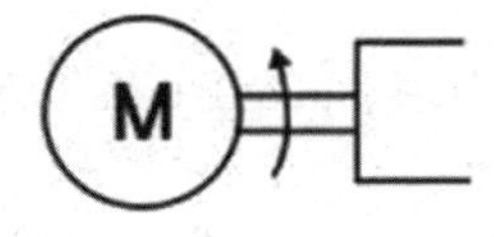


① 단동 가변식 전자 액추에이터
② 복동 가변식 전자 액추에이터
③ 회전형 전기모터 액추에이터
④ 직접 파일럿 조작 액추에이터

**19.** 타이어에 11.00 – 20 – 12PR 표시에서 11.00 은?

① 타이어 내경을 인치로 표시
② 타이어 폭을 센티미터로 표시
③ 타이어 외경을 인치로 표시
④ 타이어 폭을 인치로 표시

해설
저압타이어로 11.00은 타이어 폭을 인치로 표시한 것이고 20은 타이어 내경을 인치로 표시한 것이다.

**20.** 조향기어 백래시가 클 경우 발생될 수 있는 현상은?

① 핸들 유격이 커진다.
② 조향각도가 커진다.
③ 조향력이 작아진다.
④ 조향핸들이 한쪽으로 쏠린다.

해설
조향기어 백래시가 크면 핸들 유격이 커진다.

**21.** 건설기계 등록 시 필요 서류가 아닌 것은?

① 매수 증서　② 수입 면장
③ 건설기계 제작증　④ 건설기계 검사증 등록원부

**22.** 건설기계 내의 작동유가 갖추어야 할 필요성이 아닌 것은?

① 온도에 대한 점도변화가 적을 것
② 거품 발생이 적을 것
③ 방청 · 방식성이 있을 것
④ 물 · 먼지 등의 불순물과 혼합이 잘될 것

**23.** 유압의 특징 중 단점이 아닌 것은?

① 고압 사용으로 인한 위험성 및 이물질에 민감하다.
② 폐유에 의한 주변 환경이 오염될 수 있다.
③ 유온의 영향에 따라 정밀한 속도의 제어가 곤란하다.
④ 전기 · 전자의 조합으로 자동 제어가 곤란하다.

**24.** 유압의 단위가 아닌 것은?

① PSI　② $kg/cm^2$
③ N · m　④ kPa

**25.** 유동하고 있는 액체의 압력이 국부적으로 저하되어, 포화 증 기압 또는 공기 분리압력에 달하여 증기를 발생시키거나 용해 공기 등이 분리되어 기포를 일으키는 현상은?

① 캐비테이션 현상　② 서지현상
③ 채터링 현상　④ 역류현상

**26.** 캐비테이션에 의한 고장 원인이 아닌 것은?

① 액추에이터의 효율이 높아진다.
② 유압펌프 내부에서 국부적으로 매우 높은 압력이 발생한다.
③ 소음 · 진동 등이 발생하는 경우도 있다.
④ 유압펌프에서만 발생하는 것이 아니고 유압모터가 펌프로 작동할 때에도 일어나는 수가 있다.

**27.** 건설기계의 작업 도중에 유압 회로에 공동현상이 발생하면 그 조치 방법은?

① 작동유의 온도를 높인다.
② 작동유의 압력이 높인다.
③ 과포화 상태를 만든다.
④ 유압회로 내의 압력변화를 없앤다.

정답 13 ③ 14 ④ 15 ① 16 ③ 17 ② 18 ③ 19 ④ 20 ① 21 ④ 22 ④ 23 ④ 24 ③ 25 ① 26 ① 27 ④

**28.** 기어펌프(gear pump)의 폐입(閉入)현상에 관한 설명이다. 관계 없는 것은?

① 기어펌프의 소음, 진동의 원인이 된다.
② 베어링 하중 및 축 동력의 증대를 가져온다.
③ 방지책으로 회전수를 크게 한다.
④ 방지책으로 토출 홈을 만들거나 높은 압력의 기름을 베어링에 윤활한다.

해설
폐입현상
2개 기어 이가 동시에 맞물릴 때 기어 홈 상이에 갇힌 작동유가 앞뒤로 출구가 막혀 갇히게 되는 현상

**29.** 제동 유압장치의 작동원리는 어느 이론에 바탕을 둔 것인가?

① 열역학 제1법칙 ② 보일의 법칙
③ 파스칼의 원리 ④ 가속도 법칙

**30.** 유압회로 내에서 서지 압력이란?

① 과도적으로 발생하는 이상압력의 최대 값
② 정상적으로 발생하는 압력의 최소 값
③ 과도적으로 발생하는 이상압력의 최소 값
④ 정상적으로 발생하는 압력의 최대 값

**31.** 유압장치내의 작동유 온도가 120℃ 정도로 상승하면 어떻게 되는가?

① 작동유의 산화가 촉진되어 기계 각부의 마모가 빠르다.
② 이 정도의 높은 온도는 작동이 용이해진다.
③ 작동유의 온도와는 관계없이 압력이 규정값이면 된다.
④ 작동유는 냉각작용이 양호하여 바로 온도가 낮아진다.

**32.** 유압유의 사용온도 범위는 다음 중 어느 경우가 가장 좋은가?

① 10~50℃ ② 50~80℃
③ −10~10℃ ④ 0~25℃

**33.** 작동유에서 점도가 다른 것을 혼합하였을 때는?

① 혼합하여도 아무런 부작용이 없다.
② 혼합량에 비하여 점도가 달라지나 사용에는 지장이 없다.
③ 작동유의 첨가제의 좋은 부분만 작동하므로 바람직하다.
④ 첨가제의 작용으로 열화현상을 일으킨다.

**34.** 작동유의 선택 기준에서 다음 중 가장 먼저 고려할 사항은?

① 색깔 ② 점도
③ 가격 ④ 제작회사

**35.** 유압장치에서 작동 및 움직임이 있는 곳의 연결관으로 적합한 것은?

① 플렉시블 호스 ② 구리 파이프
③ 강 파이프 ④ PVC 호스

**36.** 유압펌프에서 토출량이라고 함은?

① 일반적으로 유압펌프가 단위시간에 유출하는 액체의 체적
② 일반적으로 유압펌프가 어느 체적 당 토출하는 액체의 체적
③ 일반적으로 유압펌프가 체적 당 용기에 가하는 액체
④ 유압펌프가 최대 시간 내에 토출하는 액체의 최대 체적

**37.** 다음 중 기어펌프의 파손원인이 될 수 없는 것은?

① 오물이 유입되었을 때
② 공기가 유입되었을 때
③ 주 압력이 너무 높게 조정되었을 때
④ 작동유량이 약간 많을 때

**38.** 안전 · 보건표지에서 그림이 표시하는 것으로 맞는 것은?

① 독극물 경고
② 폭발물 경고
③ 고압전기 경고
④ 낙하물 경고

**39.** 지게차의 운전방법으로 옳지 않은 것은?

① 주행방향 변경시는 정지 또는 저속에서 운행한다.
② 창고 출입 시 문의 크기를 알고자 팔을 밖으로 내밀어 운전한다.
③ 틸트는 적재물이 백레스트에 완전히 닿도록 한 후 운행한다.
④ 완충스프링이 없으므로 노면이 좋지 않을 때는 저속으로 운행한다.

해설
지게차 운행 시 팔이나 몸을 밖으로 내밀고 운행하지 않는다.

**40.** 도로교통법상 어린이로 규정되고 있는 연령은?

① 18세 미만
② 16세 미만
③ 13세 미만
④ 12세 미만

**41.** 교통정리가 행하여지지 않는 교차로에서 통행의 우선권이 가장 큰 차량은?

① 이미 교차로에 진입하여 좌회전하고 있는 차량이다.
② 좌회전하려는 차량이다.
③ 우회전하려는 차량이다.
④ 직진하려는 차량이다.

**42.** 중앙선이 황색 실선과 황색점선의 복선으로 설치된 때에는?

① 어느 쪽에서나 중앙선을 넘어서 앞지르기를 할 수 있다.
② 점선 쪽에서만 중앙선을 넘어서 앞지르기를 할 수 있다.
③ 실선쪽에서만 중앙선을 넘어서 앞지르기를 할 수 있다.
④ 어느쪽에서나 중앙선을 넘어서 앞지르기를 할 수 없다.

정답 28 ③ 29 ③ 30 ① 31 ① 32 ② 33 ④ 34 ② 35 ① 36 ① 37 ④ 38 ③ 39 ② 40 ③ 41 ① 42 ②

**43.** 맥동적 출력을 하나 다른 펌프에 비하여 일반적으로 최고 압력 토출이 가능하고, 펌프효율 에서도 전체 압력 범위가 높아 최근에 많이 사용되고 있는 펌프는?

① 피스톤 펌프　② 베인 펌프
③ 나사 펌프　④ 기어 펌프

**44.** 정기검사의 연기 사유가 아닌 것은?

① 건설기계 대여사업을 휴지한 때
② 건설기계를 압류당한 때
③ 건설기계를 도난당한 때
④ 소유자가 국내에서 여행 중인 때

**45.** 대형 건설기계의 특별표지 부착대상에 해당되는 것은?

① 축하중 8톤 이상
② 너비 2.3m 이상
③ 총중량 40톤 이상
④ 높이 3.5m 이상

**46.** 안전 보호구로 잘못된 것은?

① 안전화
② 안전장갑
③ 안전모
④ 안전 가드 레일

**47.** 지게차의 조종레버에 대한 설명으로 옳지 않은 것은?

① 리프트 레버를 당기면 포크가 올라간다.
② 틸트레버를 밀면 마스트가 앞으로 기울여 진다.
③ 틸트레버를 놓으면 자동으로 중립 위치로 복원된다.
④ 리프트 레버를 놓으면 자동으로 중립 위치로 복원되지 않는다.

해설
리프트 레버를 놓으면 자동으로 중립 위치로 복원된다.

**48.** 지게차에서 화물을 적재하고 주행할 때 포크와 지면과의 간격으로 적합한 것은?

① 지면에 밀착　② 20~30㎝
③ 50~75㎝　④ 80~90㎝

해설
화물을 적재하고 주행할 경우는 너무 높거나 너무 낮지 않게 20~30㎝ 높이를 유지한다.

**49.** 건설기계 조종사 면허가 취소되거나 효력정지 처분을 받은 후에도 계속하여 조종한자에 대한 벌칙은?

① 500만원 이하의 벌금
② 1,000만원 이하의 벌금
③ 1년이하 징역 또는 1천만원 이하 벌금
④ 2년이하 징역 또는 2천만원 이하 벌금

**50.** 다음은 해머 작업의 안전수칙이다. 틀린 것은?

① 공동으로 해머 작업시는 호흡을 맞출 것
② 장갑을 끼고 해머작업을 하지 말것
③ 열처리된 재료는 강하므로 힘껏 때릴 것
④ 해머를 사용할 때 자루 부분을 확인할 것

**51.** 그림과 같은 방법으로 조정 렌치를 사용하여야 하는 가장 중요한 이유는?

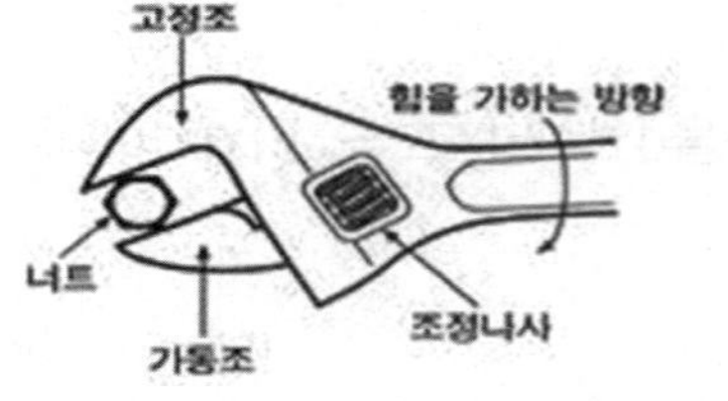


① 볼트나 너트의 머리 상을 방지하기위하여
② 작은 힘으로 풀거나 조이기 위하여
③ 작업의 자세가 편리하기 때문
④ 렌치 파손을 방지하기위함이며 또 안전한 자세이기 때문

**52.** 작업장에서 안전모를 쓰는 이유는?

① 작업자의 멋을 위해
② 작업자의 안전을 위해
③ 작업자의 사기 진작을 위해
④ 작업자의 합심을 위해

**53.** 동력으로 운전되는 프레스 및 절단기의 위험 방지를 하기위한 것과 거리가 먼 것은?

① 회전 장치를 한다
② 방호장치가 부착된 장비를 사용한다
③ 신체의 일부가 들어가지 않도록 한다
④ 안전장치를 제거하여서는 안된다

**54.** 지게차에서 리프트 실린더의 상승력이 부족한 원인과 거리가 먼 것은?

① 오일필터 막힘
② 유압펌프 불량
③ 틸트록 밸브의 밀착불량
④ 리프트 실린더의 유압 누출

해설
기관정지 시 틸트록 밸브가 회로를 차단하여 레버를 작동시켜도 마스트가 경사되지 않게한다.

**55.** 교차로에서의 좌회전 방법으로 가장 적절한 것은?

① 운전자 편한 대로 운전한다.
② 교차로 중심 바깥쪽으로 서행한다.
③ 교차로 중심 안쪽으로 서행한다.
④ 앞차의 주행방향으로 따라간다.

정답 43 ① 44 ④ 45 ③ 46 ④ 47 ④ 48 ② 49 ③ 50 ③ 51 ④ 52 ② 53 ① 54 ③ 55 ③

**56.** 도로교통법상 가장 우선하는 신호체계는?

① 신호기의 신호
② 운전자의 수신호
③ 안전표지의 지시
④ 경찰공무원의 수신호

해설
교통안전신호와 교통정리하는 경찰공무원 등의 신호가 다를 때는 경찰공무원 등이 지시하는 신호에 우선 따라야 한다.

**57.** 안전보호구 선택시 주의사항이 아닌 것은?

① 작업시 방해가 되지 않아야 한다.
② 착용이 쉽고 사용자에게 편리해야한다.
③ 식별하기 쉽기 제작되어 품질과는 큰 상관이 없다.
④ 보호구 검정에 합격한 보호성능이 보장되어야 한다.

**58.** 벨트 작업에 대한 설명으로 옳지 않은 것은?

① 고무벨트에는 기름이 묻지 않도록 한다.
② 벨트의 회전을 정지시킬 때 손으로 잡는다.
③ 벨트에는 적당한 장력을 유지하도록 한다.
④ 벨트 교환시 회전을 완전히 멈춘 상태에서 한다.

**59.** 다음 표지판이 나타내는 의미는?

① 차량 중량 제한
② 차높이 제한
③ 차간거리 제한
④ 차폭 제한

**60.** 다음 도로명판에 대한 설명으로 옳지 않은 것은?

① 중간지점을 나타낸다.
② 도로상 현 위치는 90
③ 남은거리는 160m
④ 앞쪽방향용 도로명판이다.

해설
앞쪽방향용 도로명판이다.
사임당로 : 중간지점
현위치 : 90(현재시작)~250(종료)
90~250 : 남은거리(250-90)×10m

정답 56 ④ 57 ③ 58 ② 59 ① 60 ③

# 실전모의고사 4회

**1.** 왕복형기관 엔진에서 상사점과 하사점까지의 거리는?

① 소기　② 행정
③ 주파수　④ 사이클

해설
행정 : 상사점에서 하사점까지의 거리

**2.** 기관의 6실린더 기관이 4실린더에 비해 좋은 점이 아닌 것은?

① 기관 진동이 적다.
② 가속이 좋고 신속하다.
③ 구조가 간단하고 제작비가 싸다.
④ 저속회전이 용이하고 기관 출력이 높다.

해설
6실린더 기관
진동이 적고, 가속이 원활하고 신속하며 저속회전 시 용이하다. 기관출력이 높은 반면 구조가 복잡하고 제작비가 비싼 단점이 있다.

**3.** 커먼레일 디젤기관의 공기유량센서로 많이 사용되는 방식은?

① 열막 방식　② 맵 방식
③ 베인 방식　④ 칼만와류 방식

해설
공기유량센서는 열막방식을 사용한다.

**4.** 엔진오일에 대한 설명으로 맞는 것은?

① 엔진을 시동한 후 점검한다.
② 엔진오일은 거품이 일어나면 좋다.
③ 겨울보다는 여름에 점도가 높은 오일을 사용한다.
④ 엔진오일 누유가 발생하면 오일을 보충해서 사용한다.

해설
- 여름철 : 기온이 높기 때문에 점도가 높아야 한다.
- 겨울철 : 기온이 낮기 때문에 점도가 낮아야 한다.(높은 오일 사용시 기동이 어렵다)

**5.** 오토기관에 대한 디젤기관의 장점으로 보기 어려운 것은?

① 열효율이 높다.
② 연료소비율이 낮다.
③ 화재의 위험이 적다.
④ 가속성이 좋고 운전이 정숙하다.

해설
디젤기관은 열효율이 높고 연료소비율이 적다. 인화점이 높아 화재의 위험도 적다.

**6.** 엔진오일의 오일점도가 가장 낮은 것은?

① SAE #10
② SAE #20
③ SAE #30
④ SAE #40

해설
SAE(미국자동차기술협회)번호가 클수록 점도가 높고, 번호가 작을수록 점도가 낮다.

**7.** 라디에이터를 다운 플로우 형식과 크로스 플로우 형식으로 나누는 기준은?

① 냉각수 온도　② 라디에이터 크기
③ 냉각수 흐름 방향　④ 냉각수 종류

해설
- 다운플로우 방식 : 아래로 흐르는 방식
- 크로스플로우 방식 : 옆으로 흐르는 방식

**8.** 냉각장치에서 냉각수의 비등점을 올리기 위한 방법으로 사용하는 것은?

① 드레인플러그　② 압력식 캡
③ 예열플러그　④ 진공식 캡

해설
냉각범위를 넓히고 비등점을 높이기 위해 압력식 캡을 사용한다.

**9.** 디젤기관 예열장치에서 코일형 예열플러그와 비교한 실드형 예열플러그의 설명으로 틀린 것은?

① 발열량 및 열용량이 크다.
② 회로는 병렬로 연결되어 있다.
③ 히트 코일이 가는 열선으로 되어있어 예열플러그 자체의 저항이 크다.
④ 흡입공기 속에 히트코일이 노출되어 있어 예열시간이 짧다.

해설
실드형 예열플러그
방열량과 열용량이 크고 병렬로 접속되며 히트코일이 보호금속튜브 속에 들어있다.

**10.** 디젤기관의 연료분사 노즐에서 섭동면의 윤활은 무엇으로 하는가?

① 연료　② 그리스
③ 윤활유　④ 첨가제

**11.** 건설기계가 시동이 안되는 이유로 시동장치 계통을 점검하는 내용과 관련없는 것은?

① 시동전동기 파손부위 점검
② 발전기 성능검사
③ 솔레노이드 스위치 검사
④ 축전지 배선 연결상태 검사

**12.** 직류발전기와 비교한 교류발전기의 특징으로 틀린 것은?

① 전류조정기만 있으면 된다.
② 브러시 수명이 길다.
③ 저속시에도 충전이 가능하다.
④ 소형 · 경량이다.

해설
특징 – 출력이 크고 고속회전에 잘 견딘다.
- 전압조정기만 필요함
- 소형 · 경량이며 브러시 수명이 길다.
- 저속에서 충전이 가능하다.

정답 1 ② 2 ③ 3 ① 4 ③ 5 ④ 6 ① 7 ③ 8 ② 9 ④ 10 ① 11 ② 12 ①

## 13. 축전지 충전 내용으로 옳지 않은 것은?

① 급속용량 - 축전지 용량의 50%
② 최대용량 - 축전지 용량의 30%
③ 최소용량 - 축전지 용량의 5%
④ 표준용량 - 축전지 용량의 10%

해설

**정전류 충전시 충전전류**

- 최대용량 : 축전지 용량의 20%
- 최소용량 : 축전지 용량의 5%
- 표준용량 : 축전지 용량의 10%

## 14. 납 축전지를 충전시 전해액의 온도가 상승하면 위험하다. 몇 ℃를 넘지 않아야 한는가?

① 5 ℃ ② 25 ℃
③ 45 ℃ ④ 60 ℃

해설

충전 중 전해액의 온도는 45℃이상 상승되지 않도록 해야 한다.(폭발위험)

## 15. 기동전동기 전기자 철심을 얇은 철판두께(0.3~1.0mm)로 절연해서 겹쳐 만든 이유는?

① 코일의 열을 방출하기 위해
② 맴돌이 전류를 감소하기 위해
③ 자력선의 방향을 바꾸기 위해
④ 전류의 흐름을 방해하기 위해

해설

전기자 철심은 자력선을 원활하게 통과시키고 맴돌이 전류를 감소시키기 위해 얇은 철판을 절연하여 겹쳐 만든다.

## 16. 건설기계 시동전동기 취급시 주의사항으로 틀린 것은?

① 시동전동기의 연속사용시간은 1분 정도로 한다.
② 배선의 굵기는 규정이하의 것을 사용하면 안된다.
③ 기관이 시동된 상태에서 시동스위치를 켜서는 안된다.
④ 시동전동기의 회전속도가 규정이하이면 오랜시간 연속 회전시켜도 시동이 되지 않으므로회전속도에 유의해야 한다.

해설

시동전동기의 연속사용 시간은 10 ~ 15초 정도로 한다.

## 17. 건설기계 운전 중 계기판에 충전 경고등이 점등 되었을 때 내용으로 맞는 것은?

① 시동계통에 문제가 있다.
② 연료계통에 문제가 있다.
③ 예열이 되지 않고 있다.
④ 충전이 되지 않고 있다.

## 18. 토크 컨버터의 3대 구성요소가 아닌 것은?

① 플런저 ② 터빈
③ 스테이터 ④ 펌프

해설

토크 컨버터의 3대 구서요소는 펌프, 터빈, 스테이터이다.

## 19. 건설기계 수동변속 장치에서 클러치가 미끄러지는 원인과 관련 없는 것은?

① 압력판의 마멸
② 클러치판의 오일유착
③ 클러치 페달의 자유간극 과소
④ 클러치판의 런아웃 과다

해설

클러치면의 마멸, 오일에 의한 미끄러짐, 자유간극 과소, 압력판 손상, 릴리스 레버 불량 등 미끄러지는 원인이다.

## 20. 지게차에서 수동변속기의 클러치판 비틀림 코일 스프링의 역할은?

① 클러치 작동시 충격을 흡수한다.
② 클러치 작동시 회전력을 크게 한다.
③ 클러치 작동시 압력을 증가시킨다.
④ 클러치 작동시 진동발생을 증가시킨다.

## 21. 브레이크 작동시 차가 한쪽 방향으로 쏠리는 원인과 관련 없는 내용은?

① 드럼의 변형
② 휠실린더 작동불량
③ 오일회로내 공기혼입
④ 타이어 좌우 공기압 불균일

해설

**브레이크 쏠림현상 원인**

- 휠실린더 작동 불량
- 라이닝 간극 조정불량
- 좌우 타이어 공기압 불균일 및 바퀴 정렬 불량
- 브레이크 드럼 변형

## 22. 유압유의 구비조건이 아닌 것은?

① 비압축성일 것
② 방청 및 부식방지성이 있을 것
③ 체적탄성계수가 크고 밀도가 높을 것
④ 소포성 및 기포분리성이 클 것

해설

**유압작동유의 구비조건**

- 비압축성일 것
- 내열성이 크고 거품이 적을 것
- 점도지수가 높고 방청 방식성이 좋을 것
- 온도에 의한 점도변화가 적을 것
- 체적탄성계수가 크고 밀도가 작을 것

## 23. 다음 유압회로에서 속도제어회로가 아닌 것은?

① 블리드 온 회로
② 블리드 오프 회로
③ 미터 아웃 회로
④ 미터 인 회로

해설

속도제어회로에는 미터 인 회로, 미터 아웃 회로, 블리드 오프 회로가 있다.

정답 13 ② 14 ③ 15 ② 16 ① 17 ④ 18 ① 19 ④ 20 ① 21 ③ 22 ③ 23 ①

**24.** 유압 회로에 흐르는 압력이 설정된 압력 이상으로 되는 것을 방지하기 위한 밸브는?

① 감압 밸브　② 릴리프 밸브
③ 시퀀스 밸브　④ 카운터 밸런스 밸브

해설
릴리프 밸브는 회로내 압력을 일정하게 유지하거나 최고 압력을 제어하기위해 각 부 기기를 보하하는 역할을 한다.

**25.** 유압라인에서 압력에 영향을 주는 요소로 관계가 없는 것은?

① 유체의 점도　② 관로 직경의 크기
③ 유체의 양　④ 관로의 좌우방향

해설
압력에 영향을 주는 점도, 유량의 크기, 관로의 크기가 좁을수록 압력은 높아진다.

**26.** 유압실린더 중 피스톤 양쪽에 유압유를 교대로 공급하여 양방향으로 작동시키는 형식은?

① 단동식　② 복동식
③ 스코핑식　④ 복합식

**27.** 체크밸브의 제어 방식은?

① 유량제어 밸브　② 방향제어 밸브
③ 압력제어 밸브　④ 속도제어 밸브

해설
체크밸브는 유체의 흐름을 한쪽 방향으로 흐르게하여 역방향으로 흐르지 않는다.

**28.** 유압 모터 종류에 해당하는 것은?

① 디젤 모터　② 플런저 모터
③ 터빈 모터　④ 플러싱 모터

해설
유압모터는 기어, 플런저, 베인 등이 있다.

**29.** 유압장치에서 액추에이터에 작동되는 곳의 연결되는 관으로 적당한 것은?

① PVC 호스　② 플렉시블 호스
③ 구리도금 호스　④ 강관 호스

해설
플렉시블호스는 구부러진 곳이나 휘어진 곳에 사용되며 내구성이 강하다.

**30.** 유압펌프의 종류에 해당하지 않는 것은?

① 진공 펌프　② 기어 펌프
③ 베인 펌프　④ 플런저 펌프

해설
유압펌프의 대표적인 종류로는 기어 펌프, 베인 펌프, 플런저 펌프(피스톤 펌프)가 있다.

**31.** 유압유의 기능이 아닌 것은?

① 마찰되는 열을 흡수한다.
② 동력을 전달한다.
③ 움직이는 부위의 열을 상승시킨다
④ 기계요소 부위를 밀봉한다.

해설
유압유의 기능
- 동력전달, 마찰열 흡수, 윤활, 밀봉작용

**32.** 유압모터의 특징으로 볼 수 없는 것은?

① 유압유가 인화하기 어렵다
② 무단변속이 가능하다.
③ 속도, 방향제어가 가능하다.
④ 유압유에 먼지,공기가 혼입되면 성능이 저하된다.

**33.** 유압모터의 장점이 아닌 것은?

① 무단변속이 용이하다.
② 속도나 방향 제어가 용이하다.
③ 소형 · 경량으로 큰 출력을 낼 수 있다.
④ 공기나 먼지가 침투해도 성능에 영향을 주지 않는다.

해설
유압모터의 장점
- 무단변속이 가능하다.
- 소형 · 경량으로 큰 출력을 낼 수 있다.
- 속도나 방향 제어가 용이하고 원격조작이 가능하다.

유압모터 단점
- 점도변화로 모터사용에 제약을 받는다.
- 작동유가 누유되면 성능에 문제가 된다.
- 작동유에 먼지나 이물질이 침입하지 않도록 보수에 신경써야 된다.

**34.** 지게차의 조향핸들로부터 바퀴까지의 동력전달 순서로 올바른 것은?

① 핸들 → 조향기어 → 피트먼 암 → 드래그링크 → 타이로드 → 조향너클암 → 바퀴
② 핸들 → 조향너클암 → 조향기어 → 드래그링크 → 피트먼 암 → 타이로드 → 바퀴
③ 핸들 → 드래그링크 → 조향기어 → 피트먼 암 → 타이로드 → 조향너클암 → 바퀴
④ 핸들 → 피트먼 암 → 드래그링크 → 조향기어 → 타이로드 → 조향너클암 → 바퀴

**35.** 지게차의 적재화물이 너무커서 전방 시야를 방해할 때 운전 방법으로 틀린 것은?

① 후진으로 주행한다.
② 주변상황에 따라 경적을 울린다.
③ 포크를 상승시켜 시야를 확보한다.
④ 안전지도자의 지시에 따라 주행한다.

해설
적재물을 높이 들면 추락의 위험과 더불어 장비의 균형을 깨뜨릴 위험이 있어 주의해야 한다.

**36.** 지게차 조종레버에 대한 설명으로 잘못된 것은?

① 리프트 레버를 당기면 포크가 상승한다.
② 틸트레버를 밀면 마스트가 앞으로 기울여 진다.
③ 틸트레버를 놓으면 자동적으로 중립위치로 복원된다.
④ 리프트레버를 놓으면 중립위치로 복원되지 않는다.

해설
리프트레버를 놓으면 자동으로 중립위치로 복원된다.

정답 24 ② 25 ④ 26 ② 27 ② 28 ② 29 ② 30 ① 31 ③ 32 ① 33 ④ 34 ① 35 ③ 36 ④

**37.** 지게차 운전 안전수칙으로 잘못된 내용은?

① 지게차의 포크는 바닥에서 20cm 이상 올려 주행해서는 안 되며, 주차 시는 바닥에 내려 놓는다.
② 경사로를 내려갈때는 후진으로 내려간다.
③ 화물이 앞을 가릴때는 몸을 옆으로 향해 보면서 주행한다.
④ 운전자외에 사람을 태우고 장비를 조작해서는 안된다.

**38.** 지게차 작업장치 중 종류가 아닌 것은?

① 리퍼 ② 힌지 포크
③ 하이 마스트 ④ 사이드 시프트

해설
지게차 작업장치 종류
• 힌지포크, 하이 마스트, 사이드 시프트, 로테이팅 클램프, 트리플 스테이지, 로드 스테이빌라이저 등

**39.** 깨지기 쉬운 화물이나 불안전한 화물낙하 방지를 위해 포크 상단에 상하 작동할 수 있는 압력판을 부착한 지게차는?

① 단동 마스트
② 사이드 시프트 마스트
③ 하이 마스트
④ 로드 스태빌라이저

해설
로드 스태빌라이저는 깨지기 쉬운 화물이나 불안전한 화물낙하 방지를 위해 포크 상단에 상하 작동이 가능한 압력판을 부착한 장치다.

**40.** 유압식 제동장치의 원리는?

① 파스칼의 원리 ② 베르누이의 원리
③ 보일 · 샤르의 원리 ④ 애커먼장토식 원리

해설
파스칼의 원리
• 밀폐된 용기안의 액체에 힘을 가하면 모든면에 수직으로 압력이 가해져 모두 같은 힘으로 작용한다.

**41.** 건설기계에서 저압타이어의 호칭치수는?

① 타이어 폭 – 림의지름 – 플라이수
② 타이어 폭 – 타이어 내경 – 플라이수
③ 타이어 외경 – 타이어 폭 – 플라이수
④ 타이어 내경 – 타이어 폭 – 플라이수

해설
저압 타이어 호칭 치수는 타이어 폭 • 타이어 내경 • 플라이수로 표시

**42.** 지게차의 카운터웨이트 기능에 대한 내용으로 옳은 것은?

① 차량의 급출발 방지 기능을 한다.
② 내리막길에서 제동성능을 향상 신킨다.
③ 작업시 안정성과 장비의 균형을 잡는다.
④ 더욱 무거운 짐을 들 수 있도록 해준다.

해설
카운터웨이트(균형추)
• 지게차 맨 뒤에 설치되어 앞쪽에 물건을 실었을 때 앞으로 쏠림을 방지하고 차체 균형을 유지한다.

**43.** 지게차의 마스트를 전 · 후로 기울도록 작동시키는 것은?

① 마스트 ② 틸트
③ 리프트 ④ 포크

해설
틸트레버
• 마스트를 앞으로 기울인다.(레버를 민다)
• 마스트를 뒤로 기울인다.(레버를 당긴다)

**44.** 지게차에서 조종사를 보호하기 위한 안전장치가 아닌 것은?

① 백레스트 ② 안전벨트
③ 아웃트리거 ④ 헤드가드

해설
지게차의 안전장치 : 안전벨트, 후방접근 경보장치, 대형 후사경, 헤드가드, 벡레스트 등등

**45.** 지게차로 화물을 운반할 때 포크의 높이는?

① 최대한 포크를 높이 유지한다.
② 지면으로부터 20 ~ 30㎝정도 높이를 유지한다.
③ 지면으로부터 40 ~ 80㎝정도 높이를 유지한다.
④ 지면과 최대한 가까이 붙여서 유지한다.

해설
화물 운반 주행시 포크와 지면과의 거리는 20 ~ 30㎝정도 유지하도록 한다.

**46.** 건설기계의 기종별 표시방법으로 옳은 것은?

① 01 – 불도저
② 03 – 지게차
③ 06 – 모터그레이더
④ 02 – 덤프트럭

해설
04 • 지게차, 06 • 덤프트럭, 08 • 모터그레이더

**47.** 지게차 포크의 수직으로부터 포크 위에 놓인 화물의 무게 중심까지의 거리를 무엇이라 하는가?

① 하중중심
② 자유유격
③ 최대인상
④ 옵셋간격

해설
하중중심 : 포크의 수직면으로부터 화물 무게 중심까지의 거리

**48.** 건설기계를 운전하여 교차로 전방 20m지점에 이르렀을 때 황색 등화로 바뀌었을 경우 운전자의 조치 방법은?

① 계속 진행한다.
② 서서히 정지선에 정지한다.
③ 일시 정지한 후 진행한다.
④ 주위차량을 보면서 진행한다.

해설
교차로에 진입하기 전에 황색신호일때는 서서히 정지해야 하고 진입한 상황이면 신속히 진행해서 교차로를 빠져 나가야 한다.

정답 37 ③ 38 ① 39 ④ 40 ① 41 ② 42 ③ 43 ② 44 ③ 45 ② 46 ① 47 ① 48 ②

**49.** **건설기계 조종사 면허를 발급하는 자는?**

① 대통령
② 경찰서장
③ 시 · 군도지사 또는 구청장
④ 해양국토교통부 장관

해설
건설기계를 조종하려는 자는 시 · 군도지사 및 구청장에게 면허를 받아야 한다.

**50.** **건설기계 조작 중 과실로 가스공급시설을 파괴할 경우 면허 처분 기준은?**

① 면허정지 10일 ② 면허정지 15일
③ 면허정지 180일 ④ 면허정지 1년

해설
건설기계 조작 중 고의 또는 과실로 가스공급시설을 손괴해서 가스공급을 방해했을때는 면허효력정지 180일을 부과한다.

**51.** **건설기계가 받지 않아도 되는 검사는?**

① 신규등록검사 ② 수시검사
③ 예비검사 ④ 정기검사

해설
건설기계 검사는 신규등록, 정기, 수시, 구조변경검사가 있다.

**52.** **건설기계 조종면허가 취소되었거나 정지처분을 받은 후에도 건설기계를 계속 조종한자에 대한 처벌은?**

① 50만원 이하의 벌금
② 100만원 이하의 벌금
③ 1년 이하의 징역 또는 1천만원 이하의 벌금
④ 2년 이하의 징역 또는 2천만원 이하의 벌금

해설
건설기계 조종사 면허가 취소 또는 효력정지처분을 받은 후에도 건설기계를 계속 조종한자는 1년 이하의 징역 또는 1천만원 이하의 벌금에 처한다.

**53.** **건설기계 등록을 말소할 수 있는 내용이 아닌 것은?**

① 건설기계를 폐기한 경우
② 건설기계를 장기간 운행하지 않은 경우
③ 건설기계를 교육 · 연구목적으로 사용한 경우
④ 건설기계를 수출하는 경우

**54.** **안전사고가 일어나는 가장 큰 원인은?**

① 불안전한 환경 ② 불안전한 지시
③ 불안전한 행위 ④ 불가항력

해설
안전사고의 가장 큰 원인은 불안전한 행동에 있다.

**55.** **감전의 위험이 많은 현장에서 착용해야 하는 보호구는?**

① 안전벨트 ② 안전로프
③ 방한복 ④ 보호장갑

**56.** **다음 중 드라이버 사용방법으로 잘못된 것은?**

① 날 끝의 홈의 깊이와 일치하는 날을 사용한다.
② 날 끝이 수평해야하고 둥글거나 찌그러진 것은 사용하지 않는다.
③ 작은 공작물이라도 손으로 잡지 말고 바이스로 고정해서 사용한다.
④ 전기작업시 모두 금속으로 사용된 것을 사용한다.

해설
전기작업시 절연되어 있는 손잡이를 사용한다.

**57.** **벨트를 풀리에 걸 때 올바른 방법은?**

① 회전을 정지시킨 상태에서 한다.
② 고속으로 회전하는 상태에서 한다.
③ 저속으로 회전하는 상태에서 한다.
④ 중속으로 회전하는 상태에서 한다.

해설
벨트를 풀리에 걸 때는 회전을 정지시킨 상태에서 안전하게 작업한다.

**58.** **유류 화재시 소화방법으로 부적절한 것은?**

① 모래를 뿌린다.
② 물을 부어 끈다.
③ B급 화재 소화기를 사용한다.
④ ABC소화기를 사용한다.

해설
유류화재시 물을 사용할 경우 도히려 화재가 확산될 우려가 있으므로 유류 화재 전용 소화기를 사용하여 소화한다.

**59.** **내부가 보이지 않는 병 속에 들어있는 약품을 냄새로 알아보고자할 때 안전한 방법은?**

① 종이를 적셔서 확인해 본다.
② 손바람을 이용하여 확인한다.
③ 내용물을 조금씩 쏟아서 확인한다.
④ 수저로 조금 떠서 냄새를 확인한다.

해설
병 속의 약품 냄새를 확인할때는 손바람을 이용하여 확인하는 것이 안전하다.

**60.** **수공구 작업시 잘못된 행동은?**

① 펀치 작업시 문드러진 펀치날은 연마해서 사용한다.
② 정 작업시에는 작업복 및 보호안경을 착용한다.
③ 해머 작업시 기름이 묻은 손이나 장갑을 끼고 작업하지 않는다.
④ 렌치 사용시 힘의 전달을 크게하기 위해 파이프 등을 끼워 사용한다.

해설
렌치사용시에는 막대, 파이프등과 같이 연결사용해서는 안된다.

정답 49 ③ 50 ③ 51 ③ 52 ③ 53 ② 54 ③ 55 ④ 56 ④ 57 ① 58 ② 59 ② 60 ④

# 실전모의고사 5회

**1. 조명 스위치가 실내에 있으면 안 되는 곳은?**

① 카바이드 보관소 ② 기계 보관소
③ 건설기계 창고 ④ 일반공구 보관소

해설
카바이드 저장소는 가스발생으로 위험하다.

**2. 오일탱크의 구성품이 아닌 것은?**

① 배플 ② 압력조정기
③ 스트레이너 ④ 드레인플러그

해설
구성품으로 주입구, 흡입구와 리턴구, 유면계, 배플, 스트레이너, 드레인플러그 등

**3. 터보차저에 사용하는 오일로 맞는 것은?**

① 기어오일 ② 유압오일
③ 기관오일 ④ 특수오일

해설
터보차저에는 기관오일을 사용한다.

**4. 배기관이 불량하여 배압이 높을 때 기관에 미치는 영향이 아닌 것은?**

① 기관 과열 ② 기관 출력감소
③ 피스톤 운동방해 ④ 냉각수 온도저하

해설
배압이 높을 때 냉각수 온도는 상승한다.

**5. 도로교통법상 어린이와 유아는 몇 살 미만기준으로 보는가?**

① 12세 – 6세 ② 13세 – 7세
③ 13세 – 6세 ④ 12세 – 7세

해설
어린이는 13세 미만, 유아는 6세 미만

**6. 건설기계 운전 작업 중 시동이 꺼지는 원인에 해당되는 내용은?**

① 발전기 고장
② 연료공급 펌프고장
③ 기동모터 고장
④ 물펌프 고장

**7. 디젤기관에서 연료라인에 공기가 혼입되었을 때의 현상으로 맞는 것은?**

① 분사압력이 높아진다.
② 연료 분사량이 많아진다.
③ 디젤노크가 발생한다.
④ 기관 부조 현상이 발생한다.

해설
연료계통에 공기가 혼입되면 불규칙한 연료공급현상으로 기관이 부조한다.

**8. 유압장치에 사용하는 유압호스로 가장 큰 압력에 견딜 수 있는 것은?**

① 고무호스
② 직물 블레이드
③ 나선 와이어 블레이드
④ 와이어레스 고무 블레이드

해설
큰 압력에 견딜 수 있는 호스는 나선 와이어 블레이드 호스이다.

**9. 베인펌프의 펌핑작용과 관련되는 주요 구성요소는?**

① 베인, 캠링, 로터 ② 배플, 베인, 캠링
③ 캐링, 로터, 스풀 ④ 로터, 스풀, 배플

해설
베인펌프의 구성은 베인, 캠링, 로터 이다.

**10. 건설기계 운전 중 운전석 계기판에서 확인해야 할 것이 아닌 것은?**

① 실린더 압력계 ② 충전 경고등
③ 연료량 게이지 ④ 냉각수 온도 게이지

해설
작업 중 운전자는 기관의 연료, 오일압력, 냉각수 온도, 충전상태등을 확인해야 한다.

**11. 전기 기기의 손상방지 대책에 관한 사항으로 옳은 것은?**

① 퓨즈 단선시는 철선으로 연결하여 임시 사용한다.
② 퓨즈 단선시는 전선으로 연결후 계속 사용한다.
③ 코드 연결은 가급적 길게한다.
④ 퓨즈 단선시는 정격 퓨즈로 교체 후 사용한다.

**12. 다음 중 기관오일의 여과방식이 아닌 것은?**

① 샨트식 ② 분류식
③ 전류식 ④ 자력식

**13. 교류 발전기 작동 중 소음발생의 원인으로 거리가 먼 내용은?**

① 축전지가 방전되었다.
② 벨트장력이 약화되었다.
③ 고정볼트가 풀려 있다.
④ 베어링이 소손되었다.

해설
발전기의 소음은 주로 기계적 체결 결함 또는 베어링 손상, 벨트장력약화 등으로 발생된다.

**14. 연료 분사노즐 테스터기로 노즐을 시험할 때 검사하지 않는 것은?**

① 연료 분포 상태 ② 연료 후적 유무
③ 연료 분사 시간 ④ 연료 분사개시 압력

해설
노즐테스터기로 분무상태, 분사각도, 후적유무, 분사개시 압력등을 점검한다.

정답 1 ① 2 ② 3 ③ 4 ④ 5 ③ 6 ② 7 ④ 8 ③ 9 ① 10 ① 11 ④ 12 ④ 13 ① 14 ③

**15.** 건설기계 기관의 냉각 장치에서 냉각수가 줄어든다. 원인과 정비방법은?

① 워터펌프 불량 – 부품 교환
② 라디에이터 캡 불량 – 부품 교환
③ 서머스탯 하우징 불량 – 개스킷 및 하우징 교환
④ 히터, 라디에이터 호스 불량 – 수리 및 부품 교환

해설
워터펌프 불량 – 부품 교환

**16.** 타이어식 건설기계의 타이어에서 저압타이어의 안지름이 20인치, 바깥지름이 32인치, 폭이 12인치, 플라이수가 18인 경우 표시방법은?

① 20.00 – 32 – 18PR
② 20.00 – 12 – 18PR
③ 12.00 – 20 – 18PR
④ 32.00 – 12 – 18PR

해설
저압타이어이므로 12.00 – 20 – 18PR

**17.** 유압펌프의 기능을 설명한 것 중 맞는 것은?

① 유압에너지를 동력으로 변환한다.
② 원동기의 기계적 에너지를 유압에너지로 변환한다.
③ 어큐뮬레이터와 동일한 기능이다.
④ 유압회로내의 압력을 측정하는 기구이다.

**18.** 타이어의 트레드에 대한 설명으로 틀린 것은?

① 트레드 마모시 구동력과 선회능력이 저하된다.
② 트레드 마모시 지면과 접촉 면적이 크게 됨으로써 마찰력이 증대되어 제동성능은 좋아진다.
③ 타이어의 공기압이 높으면 트레드의 양단부보다 중앙부의 마모가 크다.
④ 트레드 마모시 열의 발산이 불량하게 된다.

해설
트레드가 마모되면 미끄러짐이 발생하여 제동성능이 현저히 떨어진다.

**19.** 유압펌프에서 사용되는 GPM(또는 LPM)이란 용어의 뜻은?

① 계통 내에서 이동되는 액체의 양
② 복동 실린더의 치수
③ 계통 내에서 형성되는 유압의 크기
④ 흐름에 대한 저항

**20.** 다음 그림의 안전 표지판이 나타나는 것은?

① 안전제일
② 출입금지
③ 인화성 물질 경고
④ 보안경 착용

**21.** 유압장치의 기본 구성요소가 아닌 것은?

① 유압발생장치 ② 유압제어장치
③ 유압구동장치 ④ 유압안전장치

해설
유압장치는 유압발생, 제어, 구동장치로 구성되어있다.

**22.** 다음 중 유압 기기의 장점이 아닌 것은?

① 미세 조작이 용이하다.
② 원격조작이 가능하다.
③ 작동유의 온도에 따라 속도가 변화한다.
④ 진동이 작고, 작동이 원활하다.

**23.** 파스칼의 원리 중 틀린 것은?

① 액체의 압력은 모든 방향으로 같다.
② 각 점의 압력은 모든 방향으로 같다.
③ 정지해 있는 액체에 힘을 가하면 단면적이 적은 곳은 속도가 느리게 전달된다.(속도는 빠르게)
④ 밀폐된 용기 속의 액체 일부에 힘을 가하면 가해진 압력은 각부에 똑같은 세기로 전달된다.

**24.** 펌프에서 소음과 진동을 발생하고, 양정과 효율이 급격히 저하되며, 날개차 등에 부식을 일으키는 등 수명을 단축시키는 것은?

① 펌프의 비속도 ② 펌프의 동력저하
③ 펌프의 공동현상 ④ 펌프의 손실

**25.** 외접기어펌프에서 토출된 유량의 일부가 입구 쪽으로 되돌려 지므로 토출량 감소, 축 동력의 증가, 케이싱 마모 등의 원인을 유발하는 현상을 무엇이라고 하는가?

① 폐입 현상
② 공동현상
③ 숨돌리기 현상
④ 열화촉진현상

**26.** 해머는 어느 것을 사용해야 안전한가?

① 타격면이 평탄한 것
② 타격면에 홈이 있는 것
③ 머리가 깨어진 것
④ 쐐기가 없는 것

**27.** 유압 실린더에서 숨쉬기 현상(brething)현상이 발생하는 원인은?

① 유압유에 공기가 유입되어 있을 때
② 유압유에 물이 유입되어 있을 때
③ 관로의 회로저항이 클 때
④ 유압유의 열팽창 계수가 클 때

정답 15 ① 16 ③ 17 ② 18 ② 19 ① 20 ① 21 ④ 22 ③ 23 ③ 24 ③ 25 ① 26 ① 27 ①

**28.** 작동유의 온도가 과도하게 상승하면 나타나는 나쁜 현상과 관계 없는 것은?

① 작동유의 산화작용을 촉진한다.
② 실린더의 작동불량이 생긴다.
③ 스크래핑이 생긴다.
④ 유압기기의 작동이 원활해진다.

**29.** 다음 중 난연성 유압유가 아닌 것은?

① 터빈유 ② 함수형 유압유
③ 합성된 유압유 ④ 염화 탄화수소

해설
- 석유계 : 터빈유, 일반유압, 내마모성
- 합성계(비함수) : 인산에스테르계, 폴리에스테르계
- 수성계(함수) : 물 · 글리콜계, 수중유적(O/W), 유중수적(W/O)

**30.** 작동유의 구비조건에 대한 설명 중 틀린 것은?

① 적당한 유동성과 점성을 갖고 있을 것
② 필요한 압축성을 갖고 있을 것
③ 물리적으로 화학적으로 안정되어 장기간사용에 견딜 것
④ 실(seal)재료와의 적합성이 좋을 것

**31.** 다음 중 유압회로의 작동유 점도가 너무 클 때 일어나는 현상이 아닌 것은?

① 파이프내의 마찰손실이 커진다.
② 동력손실이 커진다.
③ 열 발생의 원인이 된다.
④ 유압이 낮아진다.

**32.** 현장에서 오일의 오염도 판정 방법 중 가열한 철판 위에 오일을 떨어뜨리는 방법은 다음 중 오일의 어느 것을 판정하기 위한 방법인가?

① 오일의 열화
② 산성도
③ 수분함유
④ 먼지나 이물질 함유

**33.** 현장에서 작동유의 열화를 찾아내는 방법이 아닌 것은?

① 색깔의 변화나 수분, 침전물의 유무 확인
② 흔들었을 때 생기는 거품이 없어지는 양상의 확인
③ 자극적인 악취의 유무 확인
④ 작동유를 가열하였을 때 냉각되는 시간의 확인

**34.** 그림에서 나타내는 교통 안전표지는?

① 유턴 금지 표지
② 횡단 금지 표지
③ 좌회전 표지
④ 회전 표지

**35.** 교통사고처리 특례법 상 12개 항목에 해당되지 않는 것은?

① 무면허 운전
② 신호위반
③ 중앙선 침범
④ 통행 우선순위 위반

**36.** 녹색 등화시의 통행 방법 중 틀린 것은?

① 보행자는 횡단보도를 횡단할 수 있다.
② 차마는 좌회전하여서는 아니 된다.
③ 차마는 다른 교통에 방해되지 않을 때 우회전할 수 있다.
④ 비보호 좌회전 표지 지역에서는 언제든지 좌회전을 할 수 있다.

**37.** 앞지르기 설명 중 틀린 것은?

① 앞지르기를 하는 때에는 안전한 속도와 방법으로 하여야 한다.
② 앞차가 다른 차를 앞지르고자 하는 때에는 그 차를 앞지를 수 있다.
③ 앞지르기를 하고자 하는 때에는 교통 상황에 따라 경음기를 울릴 수 있다.
④ 경찰 공무원의 지시에 따르거나 위험을 방지하기 위하여 정지 또는 서행하고 있는 다른 차를 앞지를 수 없다.

**38.** 베인 펌프의 날개를 반대로 했을 때 일어나는 현상은?

① 토출량이 적어지거나 작동이 불량해진다.
② 별 관계가 없다.
③ 토출량이 증가한다.
④ 유압이 상승한다.

**39.** 유압유의 교환기준을 판단하는 조건에 포함되지 않는 것은?

① 점도의 변화
② 색깔의 변화
③ 수분의 함량
④ 유량의 감소

**40.** 플런저가 회전축에 대하여 직각 방사형으로 배열되어 있는 플런저 펌프를 무슨 펌프라고 하는가?

① 기어 펌프
② 베인 펌프
③ 레이디얼 펌프
④ 액시얼 펌프

해설
레이디얼 펌프는 플런저가 축에 대해 직각 방사 형태로 배열되어 있다.

정답 28 ④ 29 ④ 30 ② 31 ④ 32 ③ 33 ④ 34 ① 35 ④ 36 ④ 37 ② 38 ① 39 ④ 40 ③

**41.** 공장에서 엔진을 이동시키려고 한다. 가장 좋은 방법은?

① 로프로 묶고, 살며시 잡아당긴다.
② 지렛대를 이용하여 움직인다.
③ 여러 사람들이 들고 조용히 움직인다.
④ 체인블록이나 호이스트를 사용한다.

**42.** 다음 유압 펌프의 종류 중 날개로 펌프 작용을 시키는 것은?

① 기어 펌프　② 플런저 펌프
③ 베인 펌프　④ 다이어프램 펌프

**43.** 피스톤 펌프에서 회전 경사판(swash plate)의 기능은?

① 펌프 압력을 조정
② 펌프 출구의 개폐
③ 펌프의 유량 조정
④ 펌프의 회전속도를 조정

**44.** 임시운행 사유가 아닌 것은?

① 확인검사를 받기 위하여 운행하고자 할 때
② 신규등록을 하기 위하여 건설기계를 등록지로 운행하고자 할 때
③ 정비명령을 받은 건설기계가 정비 공장과 검사소를 운행하고자 할 때
④ 신개발 건설기계를 시험 운행하고자 할 때

**45.** 플런저 펌프의 장점이 아닌 것은?

① 효율이 양호하다.
② 토출압력에 맥동이 적다.
③ 높은 압력이 잘 견딘다.
④ 토출량의 변화 범위가 넓다.

**46.** 지게차 작업시 안전수칙으로 틀린 것은?

① 주차시에는 포크를 완전히 지면에 내려야 한다.
② 포크를 이용하여 사람을 싣거나 장난치지 말아야 한다.
③ 경사지를 오르거나 내려올 때는 급회전을 금해야 한다.
④ 화물을 적재하고 경사지를 내려올 때는 운전 시야 확보를 위해 앞으로 운행한다.

해설
지게차의 화물 적재 후 내리막길 운행시에는 안전상 후진으로 주행해야 한다.

**47.** 안전관리를 통한 안전작업의 효과가 아닌 것은?

① 이직률이 낮아진다.
② 근로조건이 개선된다.
③ 생산성이 저하된다.
④ 효율성이 높아진다.

해설
안전사고예방을 통해 생산성 향상과 품질향상을 기대할 수 있다.

**48.** 오픈 엔드 렌치 사용 중 사용법이 틀린 것은?

① 볼트는 미끌리지 않도록 단단히 끼워 민다.
② 입(jaw)이 변형된 것은 사용하지 않는다.
③ 자루에 파이프를 끼워 사용하지 않는다.
④ 조정 렌치는 아래 턱 방향으로 돌려서 사용한다.

**49.** 가스용접의 안전작업 내용으로 적합하지 않은 것은?

① 작업자는 보안경, 보호장갑등의 보호구를 착용한다.
② 아세틸렌용기는 반드시 세워서 사용한다.
③ 토치에 점화시에는 성냥을 사용해도 된다.
④ 작업종료 후에는 토치나 조정기를 제거하여 제자리에 정리 정돈을 한다.

해설
토치의 점화는 반드시 전용 점화 라이터를 사용해야 하며 성냥등을 사용해서는 안된다.

**50.** 산업재해는 직접원인과 간접원인으로 구분되는 데 다음 직접원인 중에서 인적 불안전 행위가 아닌 것은?

① 기계의 결함
② 작업자 실수
③ 작업태도 불안전
④ 위험한 장소출입

**51.** 작업장의 안전수칙 중 틀린 것은?

① 작업복과 안전장구는 반드시 착용한다.
② 공구는 오래 사용하기 위해 기름을 묻혀 보관한다.
③ 각종 기계를 불필요하게 공회전 시키지 않는다.
④ 기계의 청소나 손질은 운전을 정지시킨 후에 실시한다.

**52.** 수공구 취급시 지켜야 할 수칙으로 틀린 것은?

① 정 작업시 보안경을 착용한다.
② 줄 작업으로 생긴 쇳가루는 입으로 불어낸다.
③ 해머 작업시 손에 장갑을 착용하지 않는다.
④ 기름이 묻은 해머는 즉시 닦은 후 작업한다.

해설
줄 작업 후 남은 쇳가루는 반드시 솔로 제거하여야 한다.

**53.** 폭발의 우려가 있는 가스발생장치 작업장에서 지켜야 할 사항으로 틀린 것은?

① 불연성 재료 사용금지
② 화기 사용금지
③ 인화성 물질 사용금지
④ 점화원 발생 기계 사용금지

해설
폭발우려가 있는 가스발생장치 작업에서는 가연성 재료를 사용해서는 안된다.

정답 41 ④　42 ③　43 ③　44 ③　45 ②　46 ④　47 ③　48 ①　49 ③　50 ①　51 ②　52 ②　53 ①

54. 벨트를 풀리에 걸때에는 어떤 상태에서 거는 것이 좋은가?

① 고속상태
② 저속상태
③ 중속상태
④ 정지상태

해설
벨트를 걸때는 반드시 회전을 멈춘 후 한다.

55. 다음 작업 중 장갑을 착용하고 해도 되는 작업은?

① 무거운 물건을 들어 낼 때
② 연삭 작업을 할 때
③ 해머작업을 할 때
④ 정밀기계를 작업할 때

56. 건설기계 주행 또는 작업 시 주의사항으로 틀린 것은?

① 운전석을 떠날 경우에는 기관을 정지시킨다.
② 주행 시 작업 장치는 진행 방향으로 한다.
③ 주행 시 평탄한 지면으로 주행한다.
④ 후진 시는 후진 후 사람 및 장애물 등을 확인한다.

57. 방독마스크를 착용하지 않아도 되는곳은?

① 산소 발생장소
② 아황산가스 발생장소
③ 일산화탄소 발생장소
④ 암모니아 발생장소

58. 다음 안전 제일 이념에 해당되는 것은?

① 재산보호
② 품질향상
③ 인명보호
④ 생산성 향상

59. 그림에서 Y자형 도로표지가 아닌 것은?

①

②
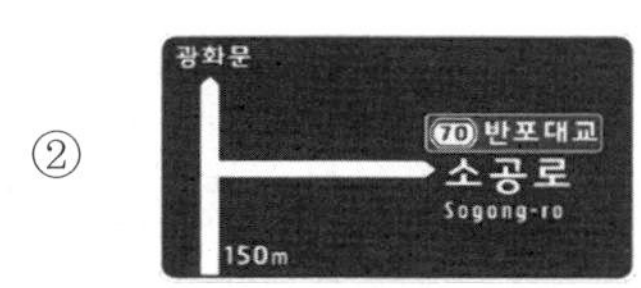


③

④

60. 다음 건물번호판 중 관공서용으로 사용되는 것은?

① 세종대로 Sejong-daero 209

②

③

④

정답 54 ④ 55 ① 56 ④ 57 ① 58 ③ 59 ② 60 ③

# 실전모의고사 6회

**1. 기관에서 크랭크축을 회전시켜 엔진을 기동시키는 장치는?**

① 시동장치 ② 점화장치
③ 예열장치 ④ 충전장치

**2. 기관에 사용하는 윤활유의 성질 중 가장 중요한 것은?**

① 온도 ② 점도
③ 습도 ④ 건도

**3. 측압을 받지 않는 스커트부의 일부를 절단하여 중량과 피스톤 슬랩을 경감시켜 스커트부와 실린더 벽과의 마찰 면적을 줄여주는 피스톤은?**

① 슬리퍼 피스톤
② 스플릿 피스톤
③ 솔리드 피스톤
④ 오프셋 피스톤

해설
- 스플릿 : 스커트와 링 지대 사이에 가늘게 홈을 가공하여 스커트로 열이 전달되는 것을 제한하고 열팽창을 적게하기 위한 방식
- 솔리드 : 스커트부에 홈이 없고 스커트부 상,중,하 지름이 동일한 피스톤으로 강도가 높아 운전이 가혹한 디젤기관에 적합
- 오프셋 : 슬랩을 피할 목적으로 핀의 위치를 중심으로부터 오프셋하여 피스톤 경사 변환시기가 늦어지도록 한 피스톤

**4. 디젤기관 연료여과기에 설치된 오버플로우 밸브의 기능이 아닌 것은?**

① 여과기 각 부분 보호
② 운전 중 공기배기 작용
③ 연료공급 펌프 소음 발생 억제
④ 인젝터의 연료분사시기 제어

해설
오버플로우밸브 기능
- 운전 중 공기 배기작용
- 여가기 각 부분 보호
- 연료공급펌프의 소음 발생 억제
- 공급펌프와 분사펌프 내의 연료 균형유지

**5. 라디에이터 구비조건이 아닌 것은?**

① 단위면적당 방열량이 커야 한다.
② 냉각수 흐름 저항이 적어야 한다.
③ 가볍고 작으며 강도가 커야 한다.
④ 공기흐름 저항이 커야 한다.

**6. 에어클리너가 막혔을 때 배기가스의 색깔과 출력은?**

① 배기가스 색깔은 검은색이고 출력은 감소한다.
② 배기가스 색깔은 검은색이고 출력은 무관하다.
③ 배기가스 색깔은 흰색이고 출력은 무관하다.
④ 배기가스 색깔은 흰색이고 출력은 증가한다.

**7. "밀폐된 용기 안에 정지하고 있는 액체의 일부에 가해진 압력은 세기가 변하지 않고 용기 안의 모든 액체에 전달되며 벽면에 수직으로 작용한다" 의 설명으로 맞는 것은?**

① 파스칼(Pascal)의 원리
② 아르키메데스(Archimedes)의 정리
③ 베르누이(Bemoullil)의 정리
④ 토리첼리(Tomicelli)의 원리

**8. 유압 기기의 장치 내에 검이나 슬러지 등이 생겼을 때 이것을 용해하여 장치 내를 깨끗이 하는 작업을 무엇이라고 하는가?**

① 코킹 ② 트램핑
③ 서징 ④ 플러싱

**9. 전기회로의 안전사항으로 잘못된 것은?**

① 전기장치는 반드시 접지해야 한다.
② 퓨즈는 용량이 맞는 것을 사용해야 한다.
③ 전선의 접속은 접촉저항을 크게 하는 것이 좋다.
④ 모든 계기 사용시 최대 측정범위를 초과하지 않도록 해야 한다.

**10. 지게차로 화물을 운반할 때 포크 높이는 얼마정도가 안전한가?**

① 지면에 밀착한다.
② 지면으로부터 20~30㎝ 정도
③ 지면으로부터 50~80㎝ 정도
④ 높이에 관계없이 편한대로 한다.

해설
화물을 적재와 하역시 포크와 지면과의 간격은 20~30㎝를 유지해야 하며 하역시에는 마스트를 수직으로 한다.

**11. 평탄한 노면에서 지게차를 운전하여 하역 작업 시 올바른 방법이 아닌 것은?**

① 불안전하게 적재한 경우에는 빠르게 작업을 진행한다.
② 포크를 삽입하고자 하는 곳과 평행하게 한다.
③ 화물 앞에서 정지한 후 마스트가 수직이 되도록 기울여야 한다.
④ 파레트에 실은 화물이 안정되고 확실하게 실려 있는가를 확인한다.

**12. 지게차의 카운터 웨이트 기능에 대한 설명으로 옳은 것은?**

① 접지압을 높여준다.
② 접지면적을 높여준다.
③ 작업시 안정성을 주고 장비의 균형을 잡아준다.
④ 더욱 무거운 중량을 들 수 있도록 조절해 준다.

해설
평형추(카운터웨이트) : 지게차 맨 뒤에 설치되어 차체 앞쪽 화물을 실었을 때 쏠림을 방지해 준다.

정답 1 ① 2 ② 3 ① 4 ④ 5 ④ 6 ① 7 ① 8 ④ 9 ③ 10 ② 11 ① 12 ③

## 13. 유압 작동유의 중요 역할이 아닌 것은?

① 압력에너지를 이송한다.
② 부식을 방지한다.
③ 작동부를 윤활시킨다.
④ 열을 방출한다.

해설
유압 작동유의 역할은 열 흡수, 윤활, 밀봉, 동력전달 등이다.

## 14. 유압모터에서 소음과 진동이 발생할 때의 원인이 아닌 것은?

① 내부 부품 파손　② 체결 볼트 이완
③ 작동유의 공기 혼입　④ 펌프 최고속도 저하

해설
내부부품이 파손되거나 체결볼트 이완, 작동유에 공기혼입 되었을 때 소음과 진동이 발생할 수 있다.

## 15. 안전보건표지의 종류 및 형태에서 그림의 표지로 맞는 것은?

① 방독 마스크 착용
② 방진 마스크 착용
③ 미세먼지 마스크 착용
④ 유해가스 마스크 착용

## 16. 유압 작동유의 점도가 너무 높을 때 발생되는 현상으로 맞는 것은?

① 동력손실 증가　② 펌프효율 증가
③ 내부누설 증가　④ 마찰마모 감소

해설
유압유 점도가 높을 경우 유압이 상승하며 열이 발생한다. 이에 소음이나 공동현상이 발생할 수 있다.

## 17. 축압기의 용도로 적합하지 않은 내용은?

① 압력보상
② 충격흡수
③ 유압에너지 저장
④ 유량분배 및 제어

해설
축압기 : 펌프에서 발생한 유압을 저장하고 맥동을 소멸시키는 장치로 압력보상, 에너지 축적, 회로보호, 맥동감소, 충격압력 흡수, 일정압력유지 등의 기능을 한다.

## 18. 다음 중 압력스위치를 나타내는 것은?

① 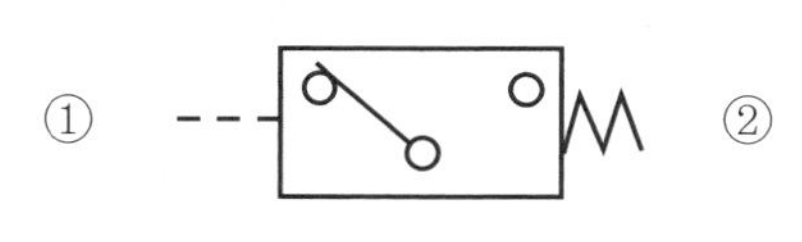
② 
③ 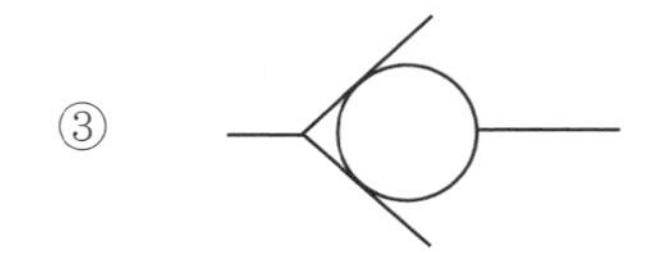
④ 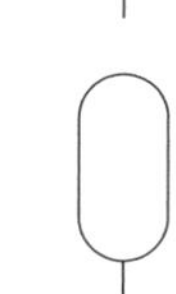

## 19. 건설기계 수동변속 장비에서 클러치 페달에 유격을 두는 이유는?

① 엔진 출력을 증가하기 위해
② 클러치 미끄러짐을 방지하기 위해
③ 클러치 용량을 크게하기 위해
④ 제동 성능을 증가하기 위해

해설
클러치 페달 자유간극이 작으면 클러치가 미끄러져 기관의 회전속도는 증가하지만 출발이 안되거나 주행속도가 증가되지 않는다.

## 20. 동력전달장치에서 클러치판은 어떤 축의 스플라인에 끼워져 있는가?

① 추진축　② 차동기어장치
③ 변속기 입력축　④ 변속기 출력축

해설
클러치판은 변속기 입력축의 스플라인에 끼워져 변속을 위한 동력을 단속해주는 역할을 한다.

## 21. 타이어식 건설기계에서 앞바퀴 정렬의 역할과 거리가 먼 것은?

① 브레이크 수명을 길게 한다.
② 타이어의 마모를 최소로 한다.
③ 조향핸들의 조작을 작은 힘으로 쉽게 할 수 있다.
④ 방향 안정성을 준다.

## 22. 타이어식 건설기계에서 조향바퀴의 토인을 조정하는 것은?

① 핸들　② 타이로드
③ 드래그링크　④ 조향축

해설
토인은 조향바퀴의 사이드슬립과 타이어 마멸을 방지하고 앞바퀴를 평행하게 회전시키기 위한 것으로 조정은 타이로드로 한다.

## 23. 브레이크 파이프내에 베이퍼록이 발생하는 원인과 거리가 먼 내용은?

① 잔압의 저하
② 과도한 브레이크 조작
③ 드럼의 과열
④ 라이닝과 드럼의 간극 과대

해설
베이퍼록 원인
- 브레이크 드럼과 라이닝의 끌림에 의한 가열
- 긴 내리막길에서 풋브레이크를 과도하게 사용
- 마스터 실린더, 브레이크 슈 리턴 스프링 파손에 의한 잔압 저하등

## 24. 기어펌프의 특징이 아닌 것은?

① 효율이 낮다.
② 구조가 간단하다.
③ 고장이 많다.
④ 가격이 저렴하다.

정답 13 ④　14 ④　15 ②　16 ①　17 ④　18 ①　19 ②　20 ③　21 ①　22 ②　23 ④　24 ③

**25.** 지게차로 적재작업을 할 때 유의사항으로 틀린 것은?

① 화물 앞에서는 일단 정지한다.
② 운반하려고 하는 화물 가까이이 가면 속도를 줄인다.
③ 화물이 무너지거나 파손 등의 위험성 여부를 확인한다.
④ 화물을 높이 들어 올려 아래부분을 확인하여 서서히 출발한다.

해설
화물적재시 포크를 지면으로부터 20~30㎝ 정도 들고 천천히 주행한다.

**26.** 지게차 주차시 주의사항으로 잘못된 것은?

① 포크를 지면에 닿게 놓는다.
② 기관을 정지한 후 주차 브레이크를 작동시킨다.
③ 시동을 끈 후 시동스위치는 그대로 둔다.
④ 포크의 선단이 지면에 닿도록 마스트를 전방으로 적절히 경사시킨다.

해설
주차시 핸드브레이크 레버를 당기고 시프트레버는 중립에 놓고 포크는 바닥에 내려 놓는다. 기관이 완전히 정지한 후 시동스위치에서 키를 빼어 잘 보관한다.

**27.** 지게차에서 리프트 실린더의 상승력이 부족한 원인과 거리가 먼 것은?

① 리프트 실린더에서 유압 누출
② 틸트록 밸브의 밀착불량
③ 오일필터 막힘
④ 유압펌프의 불량

해설
틸트록 장치 : 기관 정지시 틸트록 밸브가 회로를 차단하여 틸트레버를 밀어도 마스트가 경사되지 않게 한다.

**28.** 지게차 조종레버에 대한 설명으로 잘못된 것은?

① 전후진 레버를 앞으로 밀면 후진한다.
② 전후진 레버를 뒤로 당기면 후진한다.
③ 틸트 레버를 뒤로 당기면 마스트는 뒤로 기운다.
④ 리프트 레버를 앞으로 밀면 포크가 내려간다.

해설
전후진 레버를 앞으로 밀면 전진하고 뒤로 당기면 후진한다.

**29.** 지게차의 일상점검이 아닌 것은?

① 작동유의 양
② 타이어 손상 및 공기압 점검
③ 토크 컨버터의 오일 점검
④ 틸트실린더의 오일 누유상태

**30.** 지게차를 작업용도에 따라 분류할 때 원추형 화물을 조이거나 회전시켜 운반 또는 적재하는데 적합한 것은?

① 힌지 포크 ② 힌지 버킷
③ 로테이팅 클램프 ④ 로드 스태빌라이저

해설
로테이팅 클램프는 수평으로 잡아주는 클램프가 달려있어 양쪽에서 화물을 조일 수 있다.

**31.** 지게차의 리프트 실린더 작동회로에서 사용되는 플로우 레귤레이터(슬로우 리턴 밸브)의 역할은?

① 포크 하강속도를 조절하여 포크가 천천히 하강하도록 한다.
② 포크 상승시 작동유의 압력을 높여준다.
③ 짐을 하강할 때 신속하게 내려오게 한다.
④ 포크를 상승시키다가 실린더 중간쯤에서 정지 한 후 다시 상승한다.

해설
플로우 레귤레이터는 포크를 천천히 하강하도록 작용한다.

**32.** 지게차에서 조종사를 보호하기 위한 안전장치가 아닌 것은?

① 헤드가드
② 백레스트
③ 안전벨트
④ 아웃트리거

해설
지게차의 안전장치로는 안전벨트, 후방접근 경보장치, 대형 후사경, 헤드가드, 백레스트 등이 있다.

**33.** 지게차의 하중을 지지해 주는 것은?

① 차동장치
② 구동차축
③ 최종 구동장치
④ 마스터 실린더

**34.** 유압회로에서 오일을 한쪽 방향으로만 흐르게 하는 밸브는?

① 릴리프 밸브
② 시퀀스 밸브
③ 파일럿 밸브
④ 체크 밸브

해설
체크밸브는 유압의 흐름을 한쪽방향으로 흐르게 하여 역방향의 흐름을 막는다.

**35.** 지게차에 부하가 걸릴 때 토크 컨버터의 터빈 속도는?

① 일정하다. ② 빨라진다.
③ 느려진다. ④ 관계없다.

**36.** 건설기계의 검사유효기간이 끝난 후 받아야 하는 검사는?

① 정기검사 ② 수시검사
③ 신규등록검사 ④ 구조변경검사

**37.** 차로에 대한 설명으로 옳지 않은 것은?

① 차로의 설치는 지방경찰청장이 한다.
② 일방통행로에서는 도로 우측부터 1차로이다.
③ 비포장도로에는 차로를 설치할 수 없다.
④ 차로를 설치할 경우 도로의 중앙선으로부터 1차로로 한다.

해설
일방통행로에서는 도로의 왼쪽부터 1차로로 한다.

정답 25 ④ 26 ③ 27 ② 28 ① 29 ③ 30 ③ 31 ① 32 ④ 33 ② 34 ④ 35 ③ 36 ① 37 ②

**38.** **건설기계에 사용되는 12볼트(V) 80암페어(A)축전지 2개를 병렬로 연결하면 전압과 전류는 어떻게 변하는가?**

① 24볼트(V), 160암페어(A)가 된다.
② 12볼트(V), 80암페어(A)가 된다.
③ 24볼트(V), 80암페어(A)가 된다.
④ 12볼트(V), 160암페어(A)가 된다.

해설
병렬로 연결 시 용량은 개수만큼 증가, 전압은 1개일 때와 같다.

**39.** **지게차의 유압탱크 유량을 점검하기 전 포크의 적절한 위치는?**

① 포크를 지면에 내려놓고 점검한다.
② 포크를 최대로 높여 점검한다.
③ 포크를 중간높이에 두고 점검한다.
④ 최대 적재량 하중으로 포크는 지상에서 떨어진 높이에서 점검한다.

**40.** **건설기계 조종사 면허증의 반납 사유에 해당하지 않는 것은?**

① 면허가 취소된 때
② 면허의 효력이 정지된 때
③ 건설기계 조종을 하지 않을 때
④ 면허증의 재교부를 받은 후 잃어버린 면허증을 찾은 때

**41.** **화재에 대한 설명으로 옳지 않은 것은?**

① 연소의 3요소는 가연물, 점화원, 공기다.
② B급 화재는 유류 등의 화재로 포말소화기를 사용한다.
③ D급 화재는 전자기기로 인한 화재이다.
④ 화재란 사람의 의도에 반하거나 고의에 의해 발생하는 연소 현상이다.

해설
D급 화재는 마그네슘, 지르코늄, 나트륨, 칼륨 등의 가연성 금속화재이다.

**42.** **다음 중 지게차의 후경각은?**

① 6~9° 정도의 범위이다.
② 10~12° 정도의 범위이다.
③ 15~18° 정도의 범위이다.
④ 20 이상 범위이다.

**43.** **건설기계 조종사 면허를 받지 않고 건설기계를 운행하면 어떻게 되는가? (단, 소형건설기계는 제외)**

① 1개월 이내에 면허를 발급받으면 처벌받지 않는다.
② 사고만 일으키지 않으면 처벌받지 않는다.
③ 도로에서 운행하지 않는다면 처벌받지 않는다.
④ 1년이하의 징역 또는 1천만 원 이하의 벌금에 처한다.

해설
건설기계 조종사 면허를 받지 않고 건설기계를 조종한 자는 1년 이하의 징역 또는 1천만 원 이하의 벌금에 처한다.

**44.** **산업공장에서 재해의 발생을 줄이기 위한 방법 중 틀린 것은?**

① 폐기물은 정해진 위치에 모아둔다.
② 소화기 근처에 물건을 적재한다.
③ 공구는 일정한 장소에 보관한다.
④ 통로나 창문 등에 물건을 세워 놓아서는 안된다.

해설
소화기는 유사 시 긴급 사용해야 하기 때문에 주변에 물건을 적재해 놓아서는 안된다.

**45.** **다음 중 교차로에서 금지되는 내용은?**

① 우회전 ② 좌회전
③ 앞지르기 ④ 일시정지

해설
앞지르기 금지장소 : 교차로, 터널 안, 다리 위

**46.** **도로교통법상 서행 또는 일시정지 할 장소로 지정된 곳은?**

① 안전지대 좌측
② 가파른 내리막
③ 좌우를 확인할 수 있는 교차로
④ 교량위를 통행할 때

해설
서행 또는 일시정지 해야 하는 장소
- 도로가 구부러진 곳
- 비탈길의 고갯마루 부근
- 가파른 비탈길의 내리막
- 교통정리를 하고 있지 않은 교차로

**47.** **아세틸렌 용접기의 방호장치는?**

① 밸브 ② 안전기
③ 덮개 ④ 스위치

해설
아세틸렌 용접장치 또는 가스용접장치의 방호장치는 안전기이다.

**48.** **지게차가 무부하 상태에서 최저속도, 최소회전할 때 바깥부분이 그리는 원의 반경은?**

① 최소 선회반경 ② 최소 회전반경
③ 최대 조향반경 ④ 최대 지상반경

해설
최소 회전반경 : 최저속도로 최소회전을 할 때 지게차의 가장 바깥부분이 그리는 원의 반경

**49.** **건설기계 조종사의 적성검사에 대한 설명으로 맞는 것은?**

① 60세까지 적성검사를 받는다.
② 두 눈의 시력이 각각 0.5 이상이어야 한다.
③ 적성검사를 받지 않으면 면허를 받을 수 없다.
④ 언어변별력이 90% 이상이어야 한다.

해설
적성검사의 기준
- 시각은 150° 이상일 것
- 두 눈을 뜨고 잰 시력이 0.7 이상이고 두 눈의 시력이 각각 0.3 이상일 것
- 55dB(보청기를 사용하는 사람은 40dB)의 소리를 들을 수 있고 언어분별력이 80% 이상일 것
- 정신질환자 또는 뇌전증환자, 마약·대마·향정신성의약품 또는 알콜 중독자가 아닐 것

정답 38 ④ 39 ① 40 ③ 41 ③ 42 ② 43 ④ 44 ② 45 ③ 46 ② 47 ② 48 ② 49 ③

**50.** **교통사고 사상자 발생 시 조치 순서는?**

① 즉시 정차 → 사상자 구호 → 신고
② 즉시 정차 → 위해 방지 → 신고
③ 즉시정차 → 신고 → 위해 방지
④ 증인확보 → 정차 → 사상자 구호

**51.** **스패너 작업 시 유의사항으로 틀린 것은?**

① 스패너의 자루에 파이프를 이어서 사용해서는 안된다.
② 스패너의 입이 너트의 치수에 맞는 것을 사용해야 한다.
③ 스패너와 너트 사이에는 쐐기를 넣고 사용하는 것이 좋다.
④ 너트에 스패너를 깊이 물리게 하여 조금씩 당기면서 풀고 조인다.

해설
스패너는 볼트, 너트와 치수가 꼭 맞는 것을 사용한다.

**52.** **감전되거나 전기화상을 입을 위험이 있는 곳에서 작업 시 작업자가 착용해야 하는 것은?**

① 구명구　② 방호구
③ 보호구　④ 방한복

해설
전기작업시 감전, 전기로 인한 화상이 발생할 우려 시에는 반드시 보호구를 착용해야 한다.

**53.** **먼지가 많이 발생하는 건설기계 작업장에서 사용하는 마스크의 종류로 가장 적당한 것은?**

① 산소 마스크　② 가스 마스크
③ 방독 마스크　④ 방진 마스크

해설
방진 마스크는 먼지가 많은 곳에서 사용하는 보호구이다.

**54.** **건설기계 관리법규에서 건설기계 조종사 면허의 취소처분 기준이 아닌 것은?**

① 건설기계 조종 중 고의로 1명에게 경상을 입힌 때
② 거짓 그 밖의 부정한 방법으로 건설기계 조종사의 면허를 받은 때
③ 건설기계 조종사 면허의 효력정지기간 중 건설기계를 조종한 때
④ 건설기계 조종 중 고의 또는 과실로 가스공급시설의 기능에 장애를 입혀 가스의 공급을 방해한 때

해설
건설기계의 조종 중 고의 또는 과실로 가스공급시설을 손괴하거나 가스공급시설의 기능에 장애를 입혀 가스의 공급을 방해한 경우에는 면허효력정지 180일이 발생한다.

**55.** **건설기계의 개조 범위에 속하지 않는 것은?**

① 건설기계의 길이, 너비, 높이 변경
② 적재함의 용량 증가를 위한 변경
③ 조종장치의 형식 변경
④ 수상작업용 건설기계 선체의 형식 변경

**56.** **안전상 장갑을 끼고 작업할 경우 위험성이 높은 작업은?**

① 판금 작업　② 줄 작업
③ 해머 작업　④ 용접 작업

해설
장갑 착용금지 작업 : 선반, 드릴, 목공, 그라인더, 해머, 기타 정밀기계작업 등

**57.** **수공구 작업 시 옳지 않은 행동은?**

① 펀치 작업시 문드러진 펀치 날은 연마하여 사용한다.
② 정 작업시에는 작업복 및 보호안경을 착용한다.
③ 줄 작업시 줄의 손잡이가 줄 자루에 정확하고 단순하게 끼워져 있는지 확인한다.
④ 스패너 사용시 스패너로 볼트를 죌 때는 앞으로 당기고 풀 때는 뒤로 민다.

해설
스패너를 죄고 풀 때는 항상 앞으로 당기며 몸 쪽으로 당길 때 힘이 가하도록 한다.

**58.** **다음 도로명판에 대한 설명으로 옳지 않은 것은?**

1←65 반포대로23길
Banpo-daero 23-gil

① 반포대로 시작점 부근에 설치된다.
② 반포대로 종료지점에 설치된다.
③ 반포대로는 총 650m이다.
④ 반포대로 시작점에서 230m에 분기된 도로이다.

**59.** **다음 건물번호판에 대한 설명으로 맞는 것은?**

① 평촌길은 도로명, 60은 건물번호이다.
② 평촌길은 주 출입구, 60은 기초번호이다.
③ 평촌길은 도로시작점, 60은 건물주소이다.
④ 평촌길은 도로별 구분기준, 60은 상세주소이다.

**60.** **세척작업 중 알카리 또는 산성 세척유가 눈에 들어갔을 때 가장 먼저 해야 할 응급처치는?**

① 먼저 수돗물로 씻어낸다.
② 눈을 크게뜨고 바람 부는 쪽을 향해 눈물을 흘린다.
③ 산성 세척유가 눈에 들어가면 병원으로 후송해사 알카리성으로 중화한다.
④ 알카리성 세척유가 눈에 들어가면 붕산수를 구입하여 중화시킨다.

해설
중화작업시 주의해야 하며 가장 먼저 조치해야 할 사항은 흐르는 물에 씻어내는 것이다.

정답 50 ① 51 ③ 52 ③ 53 ④ 54 ④ 55 ② 56 ③ 57 ④ 58 ① 59 ① 60 ①

# 실전모의고사 7회

**1.** 디젤기관에서 연소실 내의 공기를 가열하여 기동이 쉽도록한 장치는?

① 연료장치 ② 감압장치
③ 점화장치 ④ 예열장치

해설
디젤기관은 압축착화방식으로 실린더내 흡입온도를 미리 예열하여 연료의 착화가 쉬워져 기동이 쉽도록 한다.

**2.** 다음 표지판이 나타내는 의미는?

① 연속된 언덕길
② 연속된 과속방지턱
③ 노면이 고르지 못함
④ 비포장 노면도로 보수중

**3.** 디젤기관의 감압장치에 대한 설명으로 옳은 것은?

① 엔진 압축압력을 높인다.
② 크랭킹을 원활히 해준다.
③ 냉각팬을 원활히 회전시킨다.
④ 흡 · 배기 효율을 높인다.

해설
감압장치 : 크랭킹시 밸브를 강제로 열어 실린더내 압력을 낮추어 엔진이 쉽게 기동되도록하며 디젤엔진의 작동을 정지시킬 수도 있는 장치이다.

**4.** 커먼레일 디젤기관의 공기유량센서로 많이 사용되는 방식은?

① 열막 방식 ② 맵 방식
③ 베인 방식 ④ 칼만와류 방식

해설
공기유량센서는 열막방식을 사용한다.

**5.** 측압을 받지 않는 스커트부의 일부를 절단하여 중량과 피스톤 슬랩을 경감시켜 스커트부와 실린더 벽과의 마찰 면적을 줄여주는 피스톤은?

① 슬리퍼 피스톤 ② 스플릿 피스톤
③ 솔리드 피스톤 ④ 오프셋 피스톤

해설
- 스플릿 : 스커트와 링 지대 사이에 가늘게 홈을 가공하여 스커트로 열이 전달되는 것을 제한하고 열팽창을 적게하기 위한 방식
- 솔리드 : 스커트부에 홈이 없고 스커트부 상,중,하 지름이 동일 한 피스톤으로 강도가 높아 운전이 가혹한 디젤기관에 적합
- 오프셋 : 슬랩을 피할 목적으로 핀의 위치를 중심으로부터 오프셋하여 피스톤 경사 변환시기가 늦어지도록 한 피스톤

**6.** 기관에 사용되는 오일 여과기에 대한 내용으로 잘못된 것은?

① 여과기가 막히면 유압이 높아진다.
② 여과능력이 불량하면 부품의 마모가 빠르다.
③ 엘리먼트 청소는 압축공기를 사용한다.
④ 작업조건이 나쁘면 교환시기를 빨리한다.

해설
오일여과기는 소모성 부품으로 교환해야 한다.

**7.** 디젤기관에서 속도 변화에 따라 자동적으로 분사시기를 조정하여 안정된 운전을 하게 하는 것은?

① 노즐 ② 디콤프
③ 터보 ④ 타이머

해설
타이머는 분사펌프에서 기관의 회전속도 및 부하에 따른 연료 분사시기를 조절하여 엔진이 원활히 작동될 수 있도록 한다.

**8.** 배기가스 완전연소시 인체에 가장 무해한 가스는?

① CO
② $CO_2$
③ HC
④ NOX

**9.** 디젤기관에 과급기를 부착하는 목적은?

① 출력증대
② 배기정화
③ 냉각증대
④ 시동향상

해설
과급기는 흡기매니폴드를 통해 실린더내로 다량의 신선한 공기를 넣어 흡입효율을 향상시킴과 동시에 출력을 증대시킨다.

**10.** 건설기계 시동전 점점해야 할 사항으로 맞지 않는 것은?

① 배터리 충전 상태 확인
② 기관의 윤활유량 점검
③ 기관의 냉각수량 확인
④ 발전기 충전상태 확인

해설
발전기 충전상태 확인은 시동후 점검해야 한다.

**11.** 기관의 오일펌프 유압이 낮아지는 원인이 아닌 것은?

① 윤활유 점도가 너무 높을 때
② 윤활유 양이 부족할 때
③ 베어링의 오일 간극이 클 때
④ 오일 스트레이너가 막힐 때

해설
윤활유 점도가 너무 높으면 유압이 올라간다.

**12.** 수냉식 기관의 과열원인이 아닌 것은?

① 냉각수 부족
② 수온조절기 열린 채 고장
③ 구동벨트 장력이 작거나 파손
④ 라디에티터 코어 막힘

해설
과열원인은 냉각수 부족, 냉각팬 파손, 구동벨트 장력 약화, 수온조절기 닫힌 채 고장, 라디에이터 코어 파손등이 있다.

정답 1 ④ 2 ③ 3 ② 4 ① 5 ① 6 ③ 7 ④ 8 ② 9 ① 10 ④ 11 ① 12 ②

**13.** 라디에이터에 대한 설명으로 틀린 것은?

① 단위면적당 발열량이 커야한다.
② 냉각 효율을 높이기 위해 방열핀이 있다.
③ 라디에이터의 재료는 알루미늄 합금이다.
④ 공기흐름 저항이 커야 냉각 효율이 높다.

해설
라디에이터 구비조건
- 가볍고 작으며 강도가 클 것
- 단위면적당 방열량이 클 것
- 냉각수 흐름 저항이 적을 것
- 공기 흐름 저항이 적을 것

**14.** 연소에 필요한 공기를 실린더로 흡입할 때 먼지 등의 불순물을 여과하여 피스톤 등의 마모를 방지하는 역할을 하는 장치는?

① 과급기　② 에어클리너
③ 냉각장치　④ 윤활장치

**15.** 축전지가 서서히 방전하기 시작해서 일정전압이하로 방전될 경우 방전을 멈추는데 이때의 전압을 무엇이라 하는가?

① 방전 전압　② 충전 전압
③ 방전종지 전압　④ 방전완료 전압

**16.** 지게차의 스프링 장치에 대한 설명으로 맞는 것은?

① 판 스프링 장치이다.　② 코일 스프링 장치이다.
③ 탠덤 스프링 장치이다.　④ 스프링 장치가 없다.

해설
지게차는 현가스프링 장치가 없어 저압 타이어를 사용한다.

**17.** 전조등 회로의 구성으로 맞는 것은?

① 전조등 회로 작동 전압은 5V이다.
② 전조등 회로는 퓨즈와 병렬로 연결된다.
③ 전조등 회로는 직 · 병렬로 연결된다.
④ 전조등회로는 직렬로 연결된다.

해설
전조등 회로는 좌우 각각 1개씩 설치되고 병렬로 연결된 복선식 구조이다.

**18.** 지게차 운전 중 다음과 같은 경고등이 나타났다. 경고등의 명칭은?

① 배터리 경고등
② 에어크리너 경고등
③ 차량방전 경고등
④ 냉각불량 경고등

**19.** 지게차가 커브를 선회할 때 장비의 회전을 원활히 하는 장치는?

① 변속기　② 추진축
③ 토크컨버터　④ 차동기어장치

해설
차동기어장치는 차량의 좌우 바퀴 회전수를 다르게 하여 선회시 무리없이 회전할 수 있게 하는 장치이다.

**20.** 지게차 사용 중 브레이크를 자주 사용하여 마찰열 축적으로 드럼과 라이닝의 과열로 제동력이 낮아지는 현상은?

① 페이드 현상　② 채터링 현상
③ 베이퍼록 현상　④ 하이드로 플래닝 현상

해설
페이드현상은 마찰열이 축적되어 마찰계수의 저하로 인해 제동력이 감소되는 현상이다.

**21.** 타이어에서 트레드 패턴과 관계없는 것은?

① 제동능력　② 편평률
③ 구동능력　④ 배수능력

해설
트레드 패턴과 편평률과는 관련없다.

**22.** 지게차의 등속 조인트의 종류가 아닌 것은?

① 훅형　② 제파형
③ 더블옵셋　④ 이중십자형

해설
제파조인트, 더블옵셋 조인트, 이중십자 조인트, 벨 타입 조인트 등

**23.** 그림이 나타내는 유압기기 기호는?

① 유압 펌프
② 유압 모터
③ 유압 필터
④ 유압 로드

**24.** 기어식 유압펌프의 특징이 아닌 것은?

① 구조가 간단하다.
② 플런저 펌프에 비해 효율이 떨어진다.
③ 유압 작동유의 오염에 강한 편이다.
④ 가변 용량형 펌프로 적당하다.

해설
가변용량형 펌프는 플런저 펌프가 적당하다.

**25.** 유압회로의 압력을 점검하는 위치로 적당한 것은?

① 유압오일 탱크에서 유압펌프사이
② 유압펌프에서 컨트롤밸브 사이
③ 유압오일 탱크에서 직접 점검
④ 실린더에서 유압오일 탱크사이

해설
유압펌프와 컨트롤밸브 사이에 존재하는 릴리프 밸브는 회로내의 오일 압력을 제어한다.

**26.** 2개이상의 회로를 갖는 분기회로에서 작동순서를 압력에 의해 제어하는 밸브는?

① 서보 밸브　② 시퀀스 밸브
③ 메인 밸브　④ 체크 밸브

해설
시퀀스 밸브는 2개이상의 분기회로가 있는 회로에서 작동순서를 회로의 압력 등으로 제어하는 밸브다.

정답 13 ④　14 ②　15 ③　16 ④　17 ②　18 ②　19 ④　20 ①　21 ②　22 ①　23 ③　24 ④　25 ②　26 ②

**27.** 유압오일 내에 기포가 발생하는 이유로 맞는 것은?

① 오일의 누설　② 오일의 열화
③ 오일속 수분혼입　④ 오일속 공기혼입

해설
흡입된 공기가 오일내에서 기포를 형성해서 공동현상(캐비테이션)을 발생시킨다. 이 현상으로 회로내 이상작동 또는 이상소음이 발생한다.

**28.** 유압장치에 사용되는 오일 실의 종류 중 O링이 갖추어야 할 조건은?

① 압축변형이 적을 것
② 체결력이 작을 것
③ 작동시 마모가 클 것
④ 오일 입·출입이 가능할 것

해설
O링은 탄성이 좋고 압축변형이 적어야 한다.

**29.** 베인펌프 구성요소가 아닌 것은?

① 피스톤
② 베인
③ 케이싱
④ 회전자

해설
베인펌프 : 케이싱속에 회전하는 로터가 여러날개의 베인에 의해 유체를 흡입·토출하는 펌프이다.

**30.** 지게차 운전 중아래 그림과 같은 경고등이 점등되었다. 명칭은?

① 에어크리너 경고등
② 연료수분함유 경고등
③ 트랜스미션 경고등
④ 타이어공기압 경고등

**31.** 지게차로 화물 운반 시 적절한 마스트의 각도는?

① 3°　② 6°
③ 9°　④ 12°

해설
마스트를 뒤로 약 4~6°정도 파렛트가 빠지지않게 경사시킨다.

**32.** 안전기준을 초과하는 화물 적재허가를 받은 자는 그 길이 또는 그 폭의 양 끝에 몇 ㎝ 이상의 빨간 헝겊으로 된 표지를 달아야 하는가?

① 너비 15㎝, 길이 30㎝
② 너비 20㎝, 길이 40㎝
③ 너비 30㎝, 길이 50㎝
④ 너비 70㎝, 길이 90㎝

해설
안전기준을 넘는 화물의 적재허가를 받은 사람은 그 길이 또는 그 폭의 양끝에 너비 30㎝, 길이 50㎝ 이상의 빨간 헝겊으로 된 표지를 달아야 한다. 다만, 밤에 운행 할 경우는 반사체로 된 표지를 달아야 한다.

**33.** 지게차를 전후진 방향으로 서서히 화물에 접근시키거나 빠른 유압 작동으로 신속히 화물을 상승 또는 적재시킬 때 사용하는 것은?

① 인칭 페달　② 브레이크 페달
③ 액셀레이터 페달　④ 디셀레이터 페달

해설
인칭페달은 작업시 빠른 하역작업을 하게 하여 작업능력을 향상시키고 브레이크 마모를 줄여준다.

**34.** 지게차의 체인장력 조정법으로 잘못된 내용은?

① 조정 후 로크 너트를 풀어둔다.
② 포크를 지상에 조금 올린 후 조정한다.
③ 좌우 체인이 동시에 평행한가 확인한다.
④ 손으로 체인을 눌러보아 양쪽이 다르면 조정 너트로 조정한다.

해설
체인 장력을 조정한 후에 반드시 로크 너트를 고정시켜야 한다.

**35.** 축압기의 용도로 적합하지 않은 것은?

① 압력 보상　② 충격 흡수
③ 유량분배 및 제어　④ 유압에너지 저장

해설
축압기 기능
• 압력보상, 에너지 축적, 유압회로 보호, 맥동감소, 충격압력 흡수, 일정압력 유지등

**36.** 유압장치 회로도에 사용되는 유압기호 표시방법으로 잘못된 내용은?

① 기호는 흐름의 방향을 표시한다.
② 각 기기의 기호는 정상상태 또는 중립상태를 표시한다.
③ 기호는 어떠한 경우에도 회전해서는 안된다.
④ 기호에는 각 기기의 구조나 작용 압력을 표시하지 않는다.

해설
유압기호의 표시방법
• 기호에는 흐름의 방향을 표시한다.
• 기호에는 각 기기의 구조나 작용 압력을 표시하지 않는다.
• 오해의 위험이 없을 때는 기호를 뒤집거나 회전할 수 있다.

**37.** 지게차로 화물을 적재 후 주행할 때 포크와 지면과의 간격으로 적당한 것은?

① 지면에 밀착　② 20~30㎝
③ 40~60㎝　④ 높을수록 좋다

해설
포크와 지면과의 간격은 20~30㎝를 유지해야 하며 높이가 너무 높으면 안정성이 떨어져 위험하다.

**38.** 지게차 틸트 실린더에서 사용하는 유압 실린더의 형식으로 맞는 것은?

① 왕복식　② 복동식
③ 단동식　④ 텔레스코핑식

해설
지게차의 틸트실린더는 복동식이다.

정답 27 ④　28 ①　29 ①　30 ②　31 ②　32 ③　33 ①　34 ①　35 ③　36 ③　37 ②　38 ②

**39.** 지게차 장비 뒤쪽에 설치되며 작업시 안전성 및 균형을 잡기위한 것은?

① 클러치 ② 변속기
③ 종감속장치 ④ 카운터웨이트

해설
카운터웨이트(균형추)는 지게차 뒤에 설치되어 차체의 쏠림을 방지하는 역할을 한다.

**40.** 지게차의 적재 방법으로 틀린 내용은?

① 화물을 올릴 때는 포크를 수평으로 한다.
② 화물을 올릴 때는 가속페달을 밟는 동시에 레버를 조작한다.
③ 포크로 물건을 찌르거나 물건을 끌어서 올리지 않는다.
④ 화물이 무거우면 사람 또는 중량물로 균형을 잡는다.

해설
지게차 용량 이상의 중량물을 실을 경우 안전상 위험하며 장비에 무리를 줄 수 있다.

**41.** 지게차의 마스트를 기울일 때 갑자기 시동이 정지하면 어떤 밸브가 작동하여 그 상태를 유지하는가?

① 틸트 밸브 ② 틸트록 밸브
③ 리프트 밸브 ④ 릴리프 밸브

해설
틸트록 밸브 : 엔진 정지시 틸트 실린더의 작동을 억제

**42.** 응급구호표지의 바탕색으로 맞는 것은?

① 황색 ② 흰색
③ 주황 ④ 녹색

해설
응급구호표지의 바탕은 녹색, 부호 및 그림은 흰색을 사용한다.

**43.** 지게차 장치 중 출입구가 제한되어 있거나 높은 곳에 있는 물건을 운반하기에 적합한 장치는?

① 하이 마스트 ② 힌지드 포크
③ 3단 마스트 ④ 시프트 마스트

해설
3단 마스트는 천정이 높은 장소나 출입구가 제한된 장소에서 작업하는데 적합하다.

**44.** 주행차량의 신호에 대한 설명으로 잘못된 것은?

① 진로변경시 손이나 등화로써 할 수 없다.
② 신호의 시기 및 방법은 운전자 편한대로 한다.
③ 신호는 그 행위가 끝날 때가지 해야 한다.
④ 방향전환, 유턴, 서행, 정지 또는 후진 시 신호를 해야 한다.

**45.** 건설기계관리법에 의한 건설기계가 아닌 것은?

① 트레일러 ② 덤프트럭
③ 아스팔트피니셔 ④ 불도저

해설
건설기계 26종(관리법 시행령 별표1)

**46.** 건설기계관리법상 건설기계형식이 의미하는 것은?

① 건설기계의 구조
② 건설기계의 규격
③ 건설기계의 구조 · 규격
④ 건설기계의 구조 · 규격 및 성능

해설
건설기계 형식은 건설기계의 건설기계의 구조 · 규격 및 성능에 관해 일정하게 정한 것을 말한다.

**47.** 도로교통법상 1차로의 의미는?

① 중앙선으로부터 첫 번째 차로
② 좌측 차로 끝에서 2번째 차로
③ 우측 차로 끝에서 3번째 차로
④ 좌, 우로부터 첫 번째 차로

해설
차로의 순위는 도로의 중앙선 쪽 차로부터 1차로로 한다.

**48.** 사고원인으로 작업자의 불안전한 행위는?

① 안전조치 불이행
② 기계의 결함상태
③ 작업장 환경불량
④ 기계의 이상소음

**49.** 체인이나 벨트, 풀리 등 기계 운동부분 사이에서 신체가 끼는 사고는?

① 얽힘
② 접촉
③ 협착
④ 절단

해설
산업안전사고는 기계설비, 화재, 폭발, 추락, 감전사고 등이 있으며 끼임과 같은 사고를 협착이라 한다.

**50.** B급 화재에 대한 설명으로 맞는 것은?

① 금속화재
② 유류화재
③ 전기화재
④ 일반화재

**51.** 산업재해의 분류내용 중 잘못된 것은?

① 사망 – 업무로 인해 목숨을 잃은 경우
② 중상해 – 부상으로 15일 이상 노동 상실을 가져온 경우
③ 경상해 – 부상으로 1일 이상 7일 이하의 노동 상실을 가져온 경우
④ 무상해 사고 – 응급처치 이하의 상처로 작업에 임하면서 치료를 받는 경우

해설
중상해 : 부상으로 8일 이상의 노동상실을 가져온 상해정도

정답 39 ④ 40 ④ 41 ② 42 ④ 43 ③ 44 ② 45 ① 46 ④ 47 ① 48 ① 49 ③ 50 ② 51 ②

**52.** 화재시 소화원리에 대한 설명으로 잘못된 것은?

① 기화소화법은 가연물을 기화시키는 것이다.
② 냉각소화법은 열원을 발화온도 이하로 냉각하는 것이다.
③ 제거소화법은 가연물을 제거하는 것이다.
④ 질식소화법은 가연물에 산소공급을 차단하는 것이다.

해설
연소의 3요소는 가연물, 점화원, 산소이며 소화작업의 기본요소는 연소의 3요소를 차단하는 것이다.

**53.** 1종 대형면허를 취득할 수 있는 경우의 내용으로 맞는 것은?

① 적색 · 녹색 및 황색을 구별할 수 없는 경우
② 19세 미만이거나 자동차 운전경험이 1년 민만인 사람
③ 55데시벨(보청기를 이용하는 사람은 40데시벨)의 소리를 들을 수 있는 경우
④ 두 눈을 동시에 뜨고 잰 시력이 0.8 미만이고 두 눈의 시력이 각각0.5미만인 경우

해설
제1종 대형면허 또는 특수면허를 취득하려는 경우에는 55데시벨(보청기를 이용하는 사람은 40데시벨)의 소리를 들을 수 있어야 한다(도로교통법 시행령 제 45조 1항 3호).

**54.** 건설기계 조종사 면허를 받지 아니하고 건설기계를 조종한자에게 부과하는 벌칙은?

① 1년 이하의 징역 또는 5백만원 이하의 벌금
② 1년 이하의 징역 또는 1천만원 이하의 벌금
③ 2년 이하의 징역 또는 2천만원 이하의 벌금
④ 2년 이하의 징역 또는 5백만원 이하의 벌금

해설
건설기계 조종사 면허를 받지 아니하고 건설기계를 조종한 자는 1년 이하의 징역 또는 1천만원 이하의 벌금에 처한다.

**55.** 볼트나 너트의 머리를 완전히 감싸고 미끄러질 위험이 적은 공구 명칭은?

① 복스렌치 ② 오픈렌치
③ 헤드렌치 ④ 멍키렌치

해설
복스렌치 : 볼트나 너트의 머리를 감싸 미끄럼없이 사용할 수 있다.

**56.** 개인용 수공구로 보기 어려운 것은?

① 펀치 ② 해머
③ 렌치 ④ 드릴링머신

**57.** 보안경을 필수로 착용해야 하는 작업이 아닌 것은?

① 연삭작업
② 그라인더 작업
③ 건설기계 운전 작업
④ 전기용접 작업

해설
보안경은 날아오는 물체에 의한 위험 또는 유해광선에 의한 시력을 보호하기 위해 착용한다.

**58.** 작업장 안전사항과 거리가 먼 내용은?

① 운전 전 점검을 시행한다.
② 작업 종류 후 장비의 전원을 끈다.
③ 연료통의 연료를 비우지 않고 용접한다.
④ 전원콘센트 및 스위치등에 물이 묻지 않도록 한다.

해설
용접시 발생하는 불꽃에 의해 연료통에 불이 붙어 화재발생 위험이 있다.

**59.** 차량의 승차인원 · 적재중량에 대해 안전기준을 초과하여 운행하고자 할 때 누구에게 허가를 받는가?

① 국토교통부장관
② 관할경찰서장
③ 시 · 도지사
④ 관할정비소장

**60.** 다음 도로명판에 대한 설명으로 맞는 것은?



① 왼쪽과 오른쪽 양 방향용 도로명판이다.
② "1→"의 위치는 도로가 끝나는 지점이다.
③ 강남대로는 699m 이다.
④ "강남대로"는 도로이름을 나타낸다.

해설
강남대로 : 큰길(도로명), 남→북
"1→" : 도로시작점
1→699 : 6.99㎞(699×10m)

정답 52 ① 53 ③ 54 ② 55 ① 56 ④ 57 ③ 58 ③ 59 ② 60 ④

# 기발한 지게차운전기능사 필기 총정리문제


발 행 일 2025년 3월 10일 개정5판 1쇄 발행
2025년 6월 10일 개정5판 2쇄 발행

저 자 김준한

발 행 처 크라운출판사 http://www.crownbook.co.kr

발 행 인 李尙原
신고번호 제 300-2007-143호
주 소 서울시 종로구 율곡로13길 21
공 급 처 02) 765-4787, 1566-5937
전 화 02) 745-0311~3
팩 스 02) 743-2688, (02) 741-3231
홈페이지 www.crownbook.co.kr
I S B N 978-89-406-4936-7 / 13550

**특별판매정가 13,000원**





이 도서의 문의를 편집부(02-6430-7028)로 연락주시면
친절하게 응답해 드립니다.

# ① 지게차

### [지게차의 방호장치]

① 지게차의 방호장치

- 전조등 및 후미등 : 야간작업 시 지게차의 전후방 조명을 확보하기 위한 장치
- 백레스트(Backrest) : 화물이 떨어지는 것을 방지하기 위한 짐받이 틀
- 헤드가드(Head guard) : 적재물의 추락으로 인한 운전자의 부상을 방지하기 위한 덮개
- 좌석 안전띠 : 지게차의 전복 시, 운전석에서의 이탈을 방지하기 위한 장치

② 지게차의 방호장치(안전장치)

- 후사경 : 후방에 위치한 근로자나 물체를 인지하기 위해 운전석 좌 우측면에 설치
- 룸미러 : 후사경(대형) 외에도 외에도 지게차 뒷면의 사각지역 해소를 위해 장착
- 포크 위치표지 : 바닥으로부터 포크의 위치를 운전자가 쉽게 알 수 있도록 마스트와 포크 후면에 부착
- 형광테이프 : 조명이 어두운 작업장에서 지게차의 위치와 움직임 등을 식별할 수 있도록 지게차의 태두리(좌우 및 후면)에 형광테이프를 부착
- 경광등 : 지게차의 운행 상태를 알릴 수 있도록 설치함, 작동시 스피커에서 경고음이 발생
- 지게차 안전문 : 운전자가 밖으로 튕겨나가는 것을 방지하고 소음, 기상의 악조건 등 작업환경의 변화에도 작업이 가능하도록 설치
- 포크 받침대 : 지게차를 수리하거나 점검할 때 포크의 갑작스러운 하강을 방지하기 위하여 받침대(안전블록 역할)를 설치

### [주요 위험요인]

① 지게차의 전복 · 붕괴 · 도괴

- 급선회, 급제동 오조작 등의 운전결함에 의한 전복 위험
- 요철 바닥면의 미정비 및 적재 하중이 편중, 화물의 과적재로 인한 붕괴 위험
- 내리막 경사로 운행 시 부주의 운전에 의한 전복 위험

② 지게차와의 충돌 · 접촉 위험

- 작업 구역 내 접근에 따른 충돌 위험
- 감시자(유도자)의 미배치
- 경보장치 등 안전장치 미설치 운행

③ 지게차로부터의 추락, 낙하 · 비래 위험
- 안전벨트 미착용
- 운전석 이외장소에 탑승
- 포크를 이용한 고소작업 수행

**[안전수칙]**

- 운전석에 앉으면 안전벨트를 반드시 착용한다.
- 사내 규정 속도를 준수한다(10 km/hr 이내).
- 물체를 높이 올린 상태로 주행 및 선회하지 않는다.
- 운전자 이외의 근로자를 탑승시키지 않는다.
- 자리를 이탈 할 경우에는 반드시 열쇠를 휴대한다.
- 경보장치 작동 여부를 확인한다.
- 마스트를 뒤로 젖힌 상태에서 가능한 포크를 낮추고 운행한다.
- 운반 적재물이 시야를 가릴 때는 후진하여 주행한다.
- 경사로를 올라가거나 내려갈 때는 적재물이 경사로의 위쪽을 향하도록 하여 주행한다.
- 후륜이 뜬 상태로 주행을 금지한다.
- 옥내 주행 시에는 전조등을 켜고 주행한다.
- 운전석에서 전방 눈높이 이하로 적재하여야 한다.
- 모서리에서 회전할 때는 일단 정지 후 서행하여야 한다.
- 선회하는 경우 후륜이 크게 회전하므로 천천히 선회한다.
- 허용적재 하중을 초과하는 하물의 적재는 금한다.
- 경사면에서는 주차하지 않는다.
- 주차 시에는  주차 브레이크를 확실히 작동시켜 둔다.
- 경보등을 부착하였더라도 작업 범위를 확인한다.
- 포크 아래로 근로자가 통행하지 않도록 한다.
- 지게차 운전은 면허를 가진 지정된 근로자가 하여야 한다.

**[안전대책]**

① **지게차 전용통로 확보** : 근로자 통행용 통로와 지게차 전용 통로를 별로로 구획하여 충돌 사고 예방

② **화물 과다 적재 금지** : 운전자 시야 확보 및 전용 파래트 사용으로 화물낙하 예방

③ **급회전 금지 및 사각지대 해소**

㉠ 운행 시 급회전 방지를 위해 핸들에 부착된 knob제거 조치

㉡ 경사로 구간 서행안내(제한 속도) 표지판 부착  및 사각지대 반사경 부착으로 시야 확보

④ **안전벨트 설치 및 착용** : 지게차 전도 시 운전자 협착재해 예방

⑤ **고소작업용도로 사용금지** : 고소작업을 위해 사용할 경우 안전 난간이 설치된 포크 삽입용 전용 운반구 사용

⑥ **지게차 전복 방지**

㉠ 급선회, 급제동, 오조작 등이 발생하지 않도록 조심해서 운전

㉡ 운전 시에는 반드시 안전벨트 착용

㉢ 지게차에 충돌 및 협착 방지

㉣ 하역 · 운반 등이 이루어지는 작업 장소에 근로자의 출입 금지

- 급선회, 급제동, 오조작 등을 하지 않도록 교육 및 관리감독 철저히 함
- 경광등, 후방카메라 등을 설치하고 필요시 야광페인트를 도색하여 밤에도 눈에 잘 띄게 함

㉤ 유자격자에 의한 지게차 운행 : 하역운반기계인 지게차(디젤)는 유해위험 작업의 취업제한에 관한 규칙에 따라 면허 등 자격이 있는 자에 의해 운전토록 함

**[지게차 일일안전점검 사항 점검]**

① 타이어

- 엔진시동 전 타이어의 공기압 점검
- 타이어의 손상 점검
- 림의 변형 점검
- 휠너트의 헐거움 점검

② 브레이크

- 엔진시동 전 오일량을 점검
- 엔진시동을 건 후에는 페달의 간격 및 작동상태 점검

③ 주차 브레이크 : 시동을 건 후 레버의 당김과 작동 상태점검

④ 클러치

- 엔진시동 후 페달의 간격 점검
- 클러치의 끊김 및 발진 상태 점검

⑤ 하역장치

- 시동을 걸기 전에 마스트 체인의 장력 점검
- 포크, 백레스트의 변형이나 균열 점검
- 유압실린더 로크의 헐거움 점검
- 시동을 건 후에는 상승 및 하강 시 작동상태 점검

**[수공구 취급 시 안전사항]**

① 해머 작업 시 안전사항

- 장갑을 끼고 해머작업을 하지 않는다.
- 해머로 공동 작업시에는 호흡을 맞추어야 한다.
- 열처리된 재료는 해머 작업을 하지 않는다.
- 기름 묻은 손으로 작업하지 않는다.
- 타격 하려는 곳에 시선을 고정한다.
- 해머 자루 고정부분 끝에 쐐기를 박는다.

② 정 작업 시 안전사항

- 쪼아내기 작업 시 보안경을 착용한다.
- 열 처리한 재료는 정 작업을 하지 않는다.
- 버섯 머리된 재료는 그라인더에 갈아서 사용한다.
- 마주보고 작업하지 않는다.

③ 렌치 작업시 안전사항

- 볼트 및 너트에 맞는 것을 사용하여야 풀거나 조일 때는 볼트 및 너트 머리에 끼운 후 사용한다.
- 스패너에 연장대를 끼워서 사용하지 않는다.
- 스패너는 올바르게 끼우고 앞으로 잡아당겨 사용한다.

④ 드라이버 작업시 안전사항

- 공작물을 손으로 잡고 작업한다.
- 규격에 맞는 공구를 사용한다.

⑤ 산소 · 아세틸렌 사용시 안전사항

- 산소는 산소병에 35℃에서 150기압으로 압축 충전한다.

- 아세틸렌 도관의 색상(적색), 산소 도관의 색상(흑색)
- 아세틸렌은 1.5기압 이상이면 폭발할 위험이 있다.
- 산소 용기의 온도는 40℃ 이하에서 보관한다.

⑥ 산업현장 안전색채
- 녹색 : 안전지도 표시
- 황색 : 주의표시
- 진보라 : 방사능 위험표시
- 청색 : 수리중. 송전중
- 적색 : 위험표시

⑦ 화재의 분류
- A급화재 : 일반 가연물 화재
- B급화재 : 유류화재
- C급화재 : 전기화재
- D급화재 : 금속화재

⑧ 기타
- 프레스의 안전장치 : 클러치페달
- 프레스 작업시 다치기 쉬운곳 : 손
- 연삭숫돌 교환 시 3분 이상 시운전 후 작업을 하여야 한다.
- 동력 전달 장치 중 가장 재해가 많은 것은 벨트
- 카바이트 저장소에는 옥내에 전등 스위치가 있으면 폭발할 위험이 있으므로 옥외에 전등스위치를 설치한다.
- 옷에 묻은 먼지를 털 때 압축공기를 사용하면 먼지가 섬유 속으로 파고 들어가므로 사용해서는 안 된다.

**[지게차 시동 전후 확인사항]**
- 기어변속, 각 작동레버가 중립에 있는지 확인한다.
- 핸드브레이크가 확실히 당겨져 있는지 확인한다.
- 시동 후에는 저속 회전인지 확인한다.
- 엔진의 회전음, 폭발음, 배기가스의 상태, 엔진의 이상 유무를 확인한다.
- 기계의 작동 상황을 확인한다.

- 각 작동레버의 작동 상태를 확인한다.

### [지게차 작업 종료 후 점검사항]

- 청소를 하고 더러움이 심하면 물로 씻는다.
- 점검은 정해진 항목에 따라 실시한다.
- 각 회전부를 손질한 다음 급유와 주유를 한다.
- 연료, 윤활유, 냉각수를 충전시켜둔다.
- 겨울에는 냉각수 전부를 빼둔다. 다만, 부동액이 첨가될 경우에는 빼지 않아도 좋다.
- 주행일지에 기록한다.

### [용어정리]

- 전도모멘트 – 포크에 화물을 실을 때 화물에 의해 차체를 앞으로 넘어지게 하려는 힘
- 복원모멘트 – 차체의 하중에 의해 차체를 안정시키려는 힘
- 지게차의 적재물을 적재할 때에는 복원모멘트가 전도모멘트보다 같거나 커야 한다(M1≤M2).

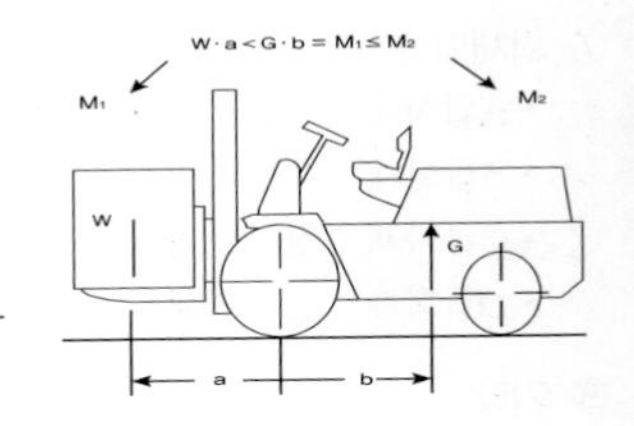


### [화물의 하역순서]

- 내리고자 하는 화물의 바로 앞에 오면 속도를 감속한다.
- 화물 앞에 가까이 접근하였을 때에는 일단 정지한다.
- 적재되어 있는 화물의 붕괴나 그 밖의 위험이 없는지 확인한다.
- 마스트를 수직으로 하고 포크를 수평으로 하여 팔레트, 스키드의 위치까지 상승시킨다.
- 포크 꽂는 위치를 확인한 후 정면으로 향하여 천천히 꽂는다.
- 꽂아 넣은 후 5~10cm 들어올리고, 팔레트와 스키드를 10~20cm 정도 앞으로 당겨서 일단 내린다.
- 다시 한번 포크를 끝까지 깊숙이 꽂아 넣고, 화물이 포크의 수직전면 또는 백레스트에 가볍게 접촉하면 상승시킨다.
- 화물을 상승시킨 후 안전하게 내릴 수 있는 위치까지 천천히 내린다.
- 지상으로부터 5~10cm의 높이까지 내리고, 마스트를 충분히 뒤로 기울인 후 포크를 바닥에서 약 15~20cm의 위치에 놓고 목적하는 장소로 운반한다.

**[수신호 조건]**

- 신호는 사용에 알맞고 지게차 운전자에게 충분히 이해되어야 한다.
- 신호는 오해를 피하기 위해 명확하고 간결하여야 한다.
- 불특정한 한 팔 신호는 어떤 팔을 사용해도 수용되어야 한다(좌우 방향을 가리키는 것은 특정한 신호이다).

**[신호수 조건]**

- 신호수는 안전한 곳에 위치하여야 하며 운전사를 명확히 볼 수 있어야 한다.
- 화물 또는 장비를 명확하게 볼 수 있어야 한다.
- 운전사에게 수신호를 보내는 사람은 한 사람이어야 한다(단, 비상정지 신호 제외).
- 적용 가능한 경우, 신호를 조합하여 사용할 수 있다.

**[지게차 관리]**

- 경사면에서는 주차하지 않는다.
- 포크를 바닥까지 완전히 내리고 마스트는 포크가 바닥에 닿을 때까지 앞으로 기울인다.
- 방향전환 레버는 중립 위치에 놓는다.
- 시동을 끄고 열쇠는 운전자 또는 별도 장소에 보관 · 관리한다.
- 주차 브레이크를 확실히 작동시켜 둔다.
- 주차 시 운전자 신체의 일부를 차체 밖으로 나오지 않게 한다.
- 지게차에서 뛰어내리지 않는다.

## 2 건설기계

**[건설기계 관리법 목적]**

- 건설기계의 효율적인 관리
- 건설공사의 기계화 촉진
- 건설기계의 안전도 확보

**[건설기계의 등록 : 대통령령에 따라 시. 도지사에 등록]**

- 등록 관련 신고사항
- 등록변경 신고 : 소유자 ⇒ 시 · 도지사

- 기한 : 30일 이내(비상시 5일)
- 제출서류 : 변경신고서, 변경사유 증명서류, 검사증

**[등록말소 : 시. 도지사는 건설기계를 말소할 수 있다.]**

① 직권말소 사유 : 허위 또는 부정한 방법으로 등록 시

② 직권 말소 할 수 있는 사유

- 차대번호가 등록 시와 다른 때
- 건설기계 구조 및 성능이 기준에 부적합 시
- 기한 내 정기검사를 받지 않았을 때

③ 자의 말소 사유

- 멸실 또는 해체(30일 이내 신청)
- 용도 폐지(30일 이내 신청)
- 장비 도난 시(2개월 이내 신청)
- 수출 시
- 폐기 시

**[임시운행 허가]**

① 허가권자 : 시장, 군수, 구청장

② 사유

- 신규등록 검사 또는 확인검사 시
- 신규등록 전 수출을 위한 선적지 운행
- 신개발 장지 시험운행

③ 허가기한 : 2개월 이내(신개발 장비 : 2년)

**[건설기계 사업]**

① 임대업

- 종합 대여업 : 20대 이상 보유
- 단종 대여업 : 5대 이상 20대 미만 보유
- 개별 대여업 : 4대 이하 보유

② 정비업

- 종합 정비업
- 부분 정비업

- 전문 : 유압. 엔진

③ 해체재활용업

### [건설기계 검사의 종류]

- 신규등록검사 : 건설기계를 신규 등록 시 실시하는 검사
- 정기검사 : 도로를 운행하는 건설기계로 정기검사 유효 만료일 후에 계속 운행하고자 할 때 실시하는 검사
- 구조변경검사 : 건설기계의 주요 구조를 변경 또는 개조 시 실시하는 검사
- 수시검사 : 성능이 불량하거나 사고가 빈발하는 건설기계의 성능을 점검하는 검사

### [건설기계 조종사 면허]

① 결격사유

㉠ 만 18세 미만인 사람

㉡ 정신병자. 정신미약자. 간질병자

㉢ 마약. 대마. 향 전신성 의약품 또는 알콜 중독자

② 일정 기간 결격 사유

㉠ 건설기계 조종사 면허가 취소된 날로부터 1년 이내

- 음주 운전으로 면허가 취소된 때
- 적성검사 기준 미달(알콜. 마약 등 중독)

㉡ 건설기계 조종사 면허가 취소된 날로부터 2년 이내

- 부정한 방법으로 조종사 면허를 받아서 취소 시
- 조종면허 효력 정지 기간 중 건설기계 조종 중 취소 시

### [건설기계 조종사 적성검사]

① 신청 : 시 · 도지사에게 신청

② 검사기준

- 두 눈을 뜨고 잰 시력(교정시력 포함)이 0.7 이상, 두 눈의 각각 시력이 0.3 이상
- 55데시벨 소리를 들을 수 있고 언어 분별력 80% 이상
- 시각 150도 이상
- 한쪽 팔 또는 한쪽 다리 이상을 쓸 수 없는 자
- 한쪽 다리 발목 이상의 관절 잃은 자
- 한쪽 손 이상의 엄지 또는 엄지를 제외한 손가락 마디 3개 이상 잃은 자

## 3 신호기 및 수신호 방법

신호기 및 신호등 설치 · 관리 : 지방 경찰청장 또는 경찰서장

**[신호기 종류와 뜻]**

① 녹색등화
- 보행자는 횡단보도를 횡단 할 수 있다.
- 차마는 직진할 수 있고 천천히 우회전 할 수 있다.
- 비보호 좌회전 표지가 있는 곳에서는 좌회전을 할 수 있다.

② 황색등화 : 보행자는 횡단을 해서는 안 되며, 이미 횡단중인 보행자는 신속히 횡단 또는 되돌아와야 한다.

③ 적색등화
- 보행자는 횡단해서는 안 된다.
- 차마는 횡단보도 또는 정지선이 있을 때는 그 직전에 정지해야 한다.
- 차마는 신호에 따라 직진하는 측면 교통에 방해가 되지 않도록 우회전 할 수 있다.

④ 녹색화살 표시 등화 : 차마는 화살표 방향으로 진행할 수 있다.

⑤ 적색등화 점멸
- 보행자는 주의하면서 횡단할 수 있다.
- 차마는 정지선, 횡단보도 직전에서 일시 정지한 후 다른 교통에 주의하면서 진행할 수 있다.

⑥ 황색등화 점멸
- 보행자는 주의하면서 횡단할 수 있다.
- 차마는 다른 교통에 주의하면서 진행할 수 있다.

**[신호등의 배열순서]**
- 3색등 : 적색 · 황색 · 녹색
- 4색등 : 적색 · 황색 · 녹색화살 · 녹색

**[신호의 순서]**
- 3색 등화 : 녹색 · 황색 · 적색
- 4색 등화 : 적색 및 녹색화살 · 황색 · 녹색 · 황색 · 적색

### [신호등의 성능]

- 신호등의 발산 각도 : 45도 이상
- 신호등의 밝기 : 낮에 150미터 앞쪽에서 확인 가능

### [신호 또는 지시에 따를 의무]

신호기, 경찰공무원, 경찰관 보조자의 신호에 따른다.

- 경찰보조자 : 모범운전자회, 해병전우회
- 가장 우선 하는 신호 : 경찰관의 수신호

## 4 도로의 통행 방법

### [통행의금지 및 제한]

지방경찰청장은 도로에서의 위험방지를 위하여 보행자나 차마의 통행을 금지할 수 있다.

### [차로에 따른 통행 구분]

① 차로의 설치기준

- 차로를 설치할 때에는 중앙선을 표시해야 한다.
- 차로의 순위는 중앙으로부터 1차로로 한다.
- 일방통행로에서는 도로 좌측, 가변차로는 신호기가 지시하는 제일 왼쪽 차로로부터 1차로 로 한다.

② 차로의 너비 : 3m 이상으로 한다. 단 부득이한 경우 2.75m 이상으로 한다.

### [진로변경 제한선]

교차로, 횡단보도 직전 또는 지하차도 및 터널 등에 주로 백색실선으로 설치

### [차마의 통행의 우선순위]

- 행정자치부령에 따라 정한다.
- 긴급자동차, 승용차, 승합차, 원동기장치 자전거순

### [보행자의 통행방법]

- 보행자는 보도와 차도가 구분된 도로에서 보도를 통행 하여야 한다.
- 보 · 차도가 구분되지 않은 도로에서는 도로의 좌측 또는 길가장자리 구역을 통행하여야 한다.

**[행렬 등의 통행방법]**

① 차도의 우측을 통행 하여야 하는 경우
- 학생의 대열, 군부대, 그 밖의 단체 행렬
- 기 또는 현수막 등을 휴대한 행렬 및
- 말, 소 등의 큰 동물을 몰고 가는 사람
- 사다리, 목재 등 보행자 통행에 지장을 줄 물건을 운반중인 사람
- 도로의 청소, 보수 등 도로 에서 작업중인 사람

② 차도 중앙을 통행할 수 있는 경우 : 사회적으로 중요한 행사에 따른 시가행진

**[맹인 및 어린이 등의 통행방법]**

① 맹인 : 흰색 지팡이를 가지고 보행 하여야한다.

② 맹인에 준하는 사람
- 듣지 못하는 사람
- 신체 평행기능 장애자
- 의족 등을 사용하지 않고는 보행이 불가능 한자
- 신체 장애인용 의자차에 의지하여 이동하는 사람

③ 어린이 : 13세 미만

④ 유아 : 6세 미만

## 5 앞지르기와 자동차의 속도

**[앞지르기 방법]**
- 앞차의 좌측을 통행
- 안전한 방법으로 앞지르기 실시

**[앞지르기 금지]**
- 앞차가 다른 차와 나란히 진행할 때
- 앞차가 다른 차를 앞지르고 있을 때

☞ 앞지르기를 하려는 차가 신호를 하는 때는 속도를 높여 견제 하거나 앞을 가로 막는 등의 방해를 해서는 안 된다.

**[앞지르기 금지장소]**

- 교차로
- 도로의 구부러진 부근
- 비탈길의 고갯마루 부근
- 가파른 비탈길의 내리막
- 터널 안
- 다리 위
- 지방 경찰청장이 지정한곳

**[신호의 시기]**

손이나 방향지시기 또는 등화로서 변경행위가 끝날 때 까지 신호를 함

**[신호의 방법]**

좌우회전, 횡단, 유턴 진로 변경 시 : 방향지시등을 켠다.

**[이상 기후 시 감속]**

① 최고 속도의 20/100
- 비가 내려 노면에 습기가 있는 때
- 눈이 20mm 미만 쌓인 때

② 최고 속도의 50/100
- 폭우. 폭설 등으로 가시거리가 100m 이내인 때
- 노면이 얼어붙은 때
- 눈이 20mm 이상 쌓인 때

**[자동차의 견인]**

- 견인 할 수 있는 대수 : 1대
- 거리 : 견인 차량의 앞부터 피 견인차의 뒤까지 25미터 초과 금지

**[철길 건널목 통과]**

– 철길 건널목 통과 방법
  - 건널목 앞에서 일단 정지하여 안전을 확인한 후 통과
  - 신호등이 진행신호 또는 간수가 진행 신호할 경우 정지하지 않고 통과
  - 차단기가 내려져있거나 내려지려고 할 때 에는 진입금지

## 6 서행 및 주 · 정차 금지사항

**[서행 및 일시정지]** ☞ 서행 : 차가 즉시 정지 할 수 있는 속도로 주행하는 것

① 서행장소
- 도로가 구부러진 부근
- 비탈길의 고갯마루 부근
- 가파른 비탈길의 내리막
- 교통정리가 안되고 좌우를 확인할 수 없는 교차로
- 지방 경찰청장이 지정한 장소

② 일시정지 장소
- 교통정리가 안 되고 교통이 빈번한 교차로
- 지방 경찰청장이 지정한 장소

**[주차 금지장소]**

① 절대금지
- 터널 안 및 다리 위
- 지방경찰청장이 지정한곳

② 화재경보기로부터 5m 이내

**[정·주차 금지장소]**

① 절대금지
- 터널 안 및 다리 위
- 지방경찰청장이 지정한곳

② 5m 이내
- 교차로의 가장자리
- 도로의 모퉁이 부근

③ 10m 이내
- 안전지대 사방의 각 부근
- 건널목 가장자리 또는 횡단보도
- 버스정류장 표시 기둥이나 판 또는 선이 설치된 부근

## ⑦ 승차 또는 적재의 제한

[운행상의 안전 기준]

① 인원 : 승차 정원의 11할 이내(고속버스, 화물자동차 제외)

② 적재량
- 길이 : 자동차 길이의 1/10을 더한 길이
- 높이 : 지상으로부터 3.5m

[안전기준을 초과하는 적재]

출발지를 관할하는 경찰서장의 허가(폭의 양 끝에 너비 30cm, 길이 50cm 빨간 헝겊 표지 부착)

☞ 허가할 수 있는 경우 : 전신, 전화, 수도, 전기, 제설작업용 화물자동차의 승차인원 및 분할이 불가능한 적재물을 운반할 때

[고장표시판 설치]

비상등을 켜고 차량내에 비치된 삼각대를 그 자동차의 후방에서 접근하는 자동차의 운전자가 확인할 수 있는 위치에 설치

## ⑧ 기관 일반

[사이클]

사이클은 주기를 말하며, 엔진은 크랭크축의 회전으로 흡입 · 압축 · 폭발 · 배기 작용을 반복하여 1 사이클을 완성한다.

[4행정 사이클 기관]

크랭크축이 2회전 하면 캠축은 1회전하여 1사이클을 완성하는 기관

[2행정 사이클 기관]

크랭크축 1회전으로 1사이클을 완성하는 기관.

[실린더 헤드 가스켓]

실린더와 실린더 헤드 사이에 설치하여 냉각수와 오일의 누출을 방지

☞ 구비조건

- 복원성과 적당한 강도가 있을 것
- 내압성이 클 것
- 내열성이 좋을 것
- 기밀유지가 좋을 것

**[실린더]**

피스톤 행정의 2배 길이의 원통으로 피스톤이 왕복운동 하여 기계적 운동 에너지로 변환시켜 동력을 발생

① 실린더 행정과 내경비

- 장 행정기관 : 행정/내경 의 값이 1.0 이상인 기관. 측압이 적고 회전력이 크다.
- 정방 행정기관 : 행정/내경 의 값이 1.0 인 기관. 회전속도가 빠르다.
- 단 행정기관 : 행정/내경 의 값이 1.0 이하인 기관. 회전속도가 빠르나 측압이 많다.

☞측압 : 피스톤의 행정이 바뀔 때 실린더 벽에 압력을 가하는 것

**[피스톤]**

폭발행정에서 받은 압력을 커넥팅로드를 통하여 회전력을 발생시키고 다른 행정에서는 크랭크축으로부터 동력을 받아 왕복운동

① 피스톤 간극

피스톤 간극은 피스톤의 재질 및 형상에 따라 다르나 피스톤과 실린더 벽 사이에는 피스톤 의 열팽창을 고려하여 알맞는 간극을 두어야한다.

㉠ 피스톤 간극이 클 경우 기관에 미치는 영향

- 압축압력이 낮아진다.
- 오일이 연소실에 유입되어 오일의 소비가 많아진다.
- 엔진 출력이 저하된다.

㉡ 피스톤 간극이 적을 경우 기관에 미치는 영향

- 오일 간극의 저하로 마찰열로 소결된다.

② 피스톤의 구비조건

- 폭발압력을 유효하게 이용할 것
- 가스 및 오일의 누출이 없을 것

③ 피스톤 링

압축 링과 오일 링이 있으며, 실린더내의 기밀유지 작용, 오일제어 작용, 열전도 작용 등 3가지 작용을 하며, 재질은 특수 주철이며 실린더 벽의 마멸을 감소시키기 위하여 실린더 벽보다 경도가 낮게 제작을 한다.

**[크랭크축]**

피스톤의 직선운동을 회전운동으로 바꾸어 외부로 전달하는 축으로, 메인저널, 크랭크 핀, 크랭크 암, 평형추 등으로 구성

① 크랭크축의 형식

크랭크축의 형식은 실린더 수, 실린더 배열, 메인 저널수, 폭발순서 등에 따라 달라진다.

- 4기통 기관 폭발순서 : 4기통 기관의 위상차는 180° 이며, 폭발순서는 1·3·4·2 또는 1·2·4·3 이 있다.

  ☞4기통 기관의 위상차 : 크랭크 축 2회전에 1사이클이 완성

  (360°×2회전÷실린더 수= 720°÷실린더 수=180°)

② 크랭크축 베어링

플레인 베어링(평면 베어링)을 사용하며, 건설기계용 기관에서는 구리(60~70%), 납(30~40%)의 합금인 켈밋 합금을 사용한다.

**[플라이 휠]**

기관의 맥동적인 출력을 관성력을 이용하여 원활한 회전으로 바꾸어 주며, 무게는 회전수와 실린더에 관계한다.

**[밸브기구]**

밸브기구는 캠축, 밸브리프터(태핏), 푸시로드, 로커암축 조립품, 밸브 등으로 구성된다.

① 캠축

캠축은 기관의 밸브 수와 같은 수의 캠이 배열된 축으로, I 헤드형 기관에서는 크랭크축과 평행하게 설치되고, OHC 기관에서는 실린더헤드에 설치한다.

캠축과 캠의 구조

☞ 양정 : 기초원과 노스와의 거리로 리프트 라고도 한다.

② 밸브 리프터(밸브 태핏)

캠의 회전 운동을 상하 운동으로 바꾸어 푸시로드로 전달하는 부품이며, 기계식 및 유압식이 있다.

③ 유압식 밸브 리프터의 특징

- 기관 오일의 순환압력과 오일의 비압축성을 이용한 것이다.
- 기관의 작동온도에 관계없이 밸브간극이 항상 0 이다.
- 밸브 장치의 수명이 길고, 진동 소음이 없다.
- 밸브 간극을 점검 및 조정하지 않아도 된다.
- 구조가 복잡하고, 가격이 비싸다.

④ 밸브, 밸브 시트 및 밸브 스프링

㉠ 밸브

- 연소실에 설치된 흡기 및 배기구멍을 개폐하고 공기를 흡입하고, 연소가스를 내보내는 일을 한다.
- 작동 중 열 팽창을 고려하여 1/4 · 1° 정도의 차이를 두어 작동 온도가 되면 밸브면과 시트의 접촉이 완전하게 되도록 한다.

㉡ 밸브 시트: 밸브 면과 밀착되어 연소실의 기밀을 보존하며 밸브헤드의 열을 냉각한다.

㉢ 밸브 스프링 : 로커 암에 의해 열린 밸브를 닫는 일을 한다.

㉣ 밸브스템 : 밸브헤드의 열을 냉각 시킴

㉤ 마진 : 밸브 재 사용 여부 결정. 0.8mm 이하 시 교한

⑤ 밸브 구비조건

- 고온에서 견딜 것
- 고온가스에 부식되지 않을 것
- 열전도율이 클 것
- 무게가 가볍고 내구성이 클 것

## 9 윤활 장치

**[역할]**

- 실린더 내 기밀 유지 작용
- 냉각 작용(열전도 작용)

- 응력 분산 작용(충격완화작용)
- 부식 방지 작용
- 마찰 감소 및 마멸 방지 작용
- 청정작용

**[구비 조건]**

- 점도가 적당하고 점도지수가 클 것
- 인화점 및 발화점이 높을 것
- 강인한 유막을 형성 할 것
- 비중과 점도가 적당할 것

**[윤활유 점검]**

장비를 평탄한 지면에 위치한 후 오일레벨 게이지로 점검하는데 오일량이 "F"와 “L" 선의 중간에 위치하여야 한다.

– 오일량 점검 시 오일 색상 점검
  - 우유색 : 냉각수가 혼입 된 경우
  - 검은색 : 교환시기가 지난 경우

## ⑩ 냉각장치

**[수온 조절기(정온기)]**

냉각수 온도에 따라 개폐되어 엔진의 온도를 방열기 구조 알맞게 유지하는 역할을 하며 일반적으로 65℃에서 열리기 시작하여 85℃ 에서 완전히 열린다.

**[엔진의 과열 원인]**

- 수온조절기의 완전 열림 온도가 높다.
- 라디에이터 코어가 20%이상 막혔다.
- 라디에이터 코어가 오손 및 파손되었다.
- 팬 벨트 장력이 헐겁다.
- 물재킷 내에 물때(스케일)가 과다하다.
- 물 펌프의 작동 불량 및 냉각수 양이 부족하다.

**[엔진 과냉 시 영향]**

- 연료 소비율이 증가한다.
- 연료가 엔진오일에 희석되어 베어링의 마멸을 촉진한다.
- 카본이 실린더벽. 연소실 등에 퇴적된다.
- 불완전 연소로 엔진의 출력이 저하한다.

**[부동액의 구비조건]**

- 비등점이 물 보다 높아야 하며 응고점은 물보다 낮을 것
- 물과 혼합이 잘될 것
- 내 부식성이 크고 팽창계수가 적을 것
- 침전물이 없을 것

## ⑪ 연료장치

**[분사노즐 구비조건]**

- 연료를 안개 모양으로 하여 쉽게 착화하게 할 것
- 분무를 연소실 구석구석 까지 뿌려지게 할 것
- 후적이 일어나지 않게 할 것
- 가혹한 조건에서 장시간 사용 할 수 있을 것
  - ☞ 경유의 비중 : 0.82~0.84 정도
  - ☞ 발화(착화) : 외부에서 불꽃을 가까이 하지 않아도 자연히 발화 되는 것
  - ☞ 착화온도 : 경유 350℃. 가솔린 550℃
  - 경유의 착화 온도가 낮기 때문에 경유가 착화성이 좋다.

**[디젤 노크]**

디젤 노크란 착화지연 기간이 길면 분사된 다량의 연료가 화염 전파 기간 중에 일시적으로 연소하여 압력 급상승에 원인 하여 실린더에 충격을 주는 현상이다.

– 방지방법
  - 연료의 착화온도를 낮게 한다.
  - 착화성이 좋은 연료(세탄가가 높은 연료)를 사용하여 착화지연 기간을 짧게 한다.

- 압축비 · 압축 온도 및 압축 압력을 높인다.
- 연소실 벽의 온도를 높이고, 흡입 공기에 와류를 준다.
- 분사시기를 알맞게 조정한다.

## ⑫ 흡 · 배기장치

**[과급기(터보차저)]**

과급기는 엔진의 흡입효율을 높이기 위하여 흡입공기에 압력을 가해주어 출력을 증대시키는 장치이다.

**[소음기(머플러)]**

소음기에 카본이 끼면 엔진이 과열되며, 피스톤에 배압이 커져 출력이 저하된다.

**[배기가스 색으로 연소상태 확인 방법]**

- 무색 : 정상 연소
- 백색 : 윤활유 연소
- 흑색 : 혼합비 농후, 에어크리너 막힘

## ⑬ 축전지

**[축전지에 충전이 안 되는 경우]**

- 발전기 전압 조정기의 조정 전압이 너무 낮다.
- 충전회로에서 누전이 있다.
- 전기 사용량이 과다하다.

**[축전지가 충전되는 즉시 방전되는 경우]**

- 축전지 내부에 불순물이 과다하게 축적 되었다.
- 방전종지 전압까지 된 상태에서 충전 하였다.
- 격리 판 파손으로 양쪽 극판이 단락 되었다.

## ⑭ 기동 장치

### [기동 시 주의사항]

- 엔진이 시동된 후에는 시동키를 조작해서는 안 된다.
- 기동 전동기의 회전 속도가 규정 이하이면 기동이 되지 않으므로 회전 속도에 유의한다.
- 배선용 전선의 굵기가 규정 이하의 것은 사용하지 않는다.

### [기동전동기가 회전하지 않는 원인]

- 기동 스위치 접촉 불량 및 배선이 불량하다.
- 계자코일이 단선(개회로)되었다.
- 브러시와 정류자(코뮤테이터)의 밀착이 불량하다.
- 축전지 전압이 저하되었다.
- 기동전동기 자체가 소손되었다.

## ⑮ 충전 장치

### [교류발전기의 특징]

- 저속에서 충전이 가능하다.
- 전압조정기만 필요하다.
- 소형 · 경량이다.
- 브러시 수명이 길다.

## ⑯ 계기 · 등화 장치

### [계기장치]

- 속도계 : 건설기계의 주행속도를 ㎞/h로 나타내는 게이지
- 엔진오일 유압계 : 엔진오일의 순환 압력을 나타내는 게이지
- 온도계 : 엔진의 물 재킷내의 온도를 나타내는 게이지
- 연료계 : 연료 탱크내의 잔류 연료량을 나타내는 게이지
- 전압계 : 축전지 전압을 나타내는 게이지

**[등화장치]**

- 전조등 : 전조등 에는 실드빔 식, 세미실드빔 식이 있다.
  - 실드 빔형: 이 형식은 반사경. 렌즈 및 필라멘트가 일체로 된 형식이다.
  - 세미 실드 빔형: 이 형식은 반사경. 렌즈 및 필라멘트가 별도로 되어 있어 필라멘트 단선 시 전구만 교환하면 된다. 단점은 반사경이 흐려지기 쉽다.

  ☞ 전조등은 병렬로 연결한다.

## ⑰ 동력전달장치

☞ 댐퍼스프링(토션스프링)은 접속시 회전충격을 흡수한다.

☞ 쿠션스프링은 직각 충격을 흡수하여 디스크의 편마멸, 변형, 파손등을 방지한다.

**[클러치의 구비조건]**

- 회전 관성이 적어야 한다.
- 방열이 잘되고 과열되지 않아야 한다.
- 구조가 간단하고 고장이 적어야 한다.
- 조작이 쉬어야 한다.

① 변속기의 필요성
- 엔진의 회전력을 증대시키기 위해
- 후진을 하기 위해
- 엔진 기동 시 무부하 상태 유지

② 변속기의 구비조건
- 단계없이 연속적으로 변속될 것
- 소형 · 경량일 것
- 변속조작이 쉽고 정숙, 정확하게 이루어 질 것
- 전달효율이 좋을 것
- 정비성이 좋을 것

**[토크컨버터]**

- 크랭크축 · 펌프

- 변속기 입력축 · 터빈
- 스테이터 · 오일의 흐름 방향을 변화
- 토크컨버터의 날개 · 곡선 방사선 상
- 회전력 변환율 · 2~3:1
- 가이드 링 · 오일의 충돌에 의한 효율 저하를 방지

**[타이어 호칭 치수]**

- 저압 타이어의 : 타이어 폭(인치) · 타이어 내경(인치) · 플라이 수
- 고압 타이어의 : 타이어 외경(인치)×타이어 폭(인치) · 플라이 수
  ☞ 굴착기 및 지게차에는 고압 타이어를 사용한다.
  ☞ 1kg/㎠ 는 14.2PSI 이다.

## ⑱ 조향장치

조향장치는 주행 또는 작업 중 방향을 바꾸기 위한 장치이다.

① 캠버

자동차 앞바퀴를 앞에서 보았을 때 바퀴가 수직선과 이루는 각

– 필요성
  - 조향핸들의 조작력 경감
  - 수직하중에 의한 액슬축의 휨 방지
  - 하중을 받았을 때 앞바퀴의 아래 부분이 벌어지는 것을 방지한다.

② 캐스터

앞바퀴를 옆에서 보면 조향 너클과 앞 액슬축을 고정하는 킹핀의 중심선이 수직선과이루는 각

– 필요성
  - 주행 중 조향바퀴의 직진성 부여
  - 조향 시 바퀴에 복원성 부여

③ 토인 : 앞바퀴를 위에서 내려다 보았을 때 앞쪽이 뒤쪽보다 좁게 된 상태

– 필요성
  - 앞 바퀴를 평행하게 회전 시킨다.

- 타이어의 사이드슬립과 마멸을 방지한다.
- 주행 중 토우 아웃을 방지한다.

④ 킹핀 경사각 : 차량을 앞에서 보면 킹핀의 중심선이 수직에 대하여 7~9도 정도의 각도를 두고 설치되는 각

– 필요성

- 캠버와 함께 조향핸들의 조작력을 가볍게 한다,
- 캐스터와 함께 앞 타이어에 복원성을 준다.
- 앞바퀴가 시미 현상을 일으키지 않도록 한다.

[조향장치의 점검 정비]

① 조향핸들이 한쪽으로 쏠리는 원인

- 타이어 공기압력의 불균형
- 앞바퀴 정렬 불량
- 브레이크 드럼의 간극 불량
- 허브 베어링의 마모

② 조향핸들의 조작이 무거운 원인

- 타이어 공기압이 낮다.
- 조향 링키지 급유 부족
- 앞바퀴 정렬의 불량
- 타이어의 심한 마모

## ⑲ 제동 장치

[구비조건]

- 작동이 확실하고 제동 효과가 클 것
- 내구성이 클 것
- 점검 및 정비가 쉬울 것

[고장 진단]

① 브레이크가 풀리지 않는 원인

- 마스터 실린더 리턴구멍이 막혔다.
- 마스터 실린더 푸시로드의 길이가 길다.
- 브레이크 슈, 마스터실린더 리턴 스프링 장력이 약하거나 절손되었다.
- 휠 실린더 피스톤 컵이 팽창되었다

② 브레이크 페달의 유격이 크게 되는 원인
- 베이퍼록이 발생하였다.
- 브레이크 오일이 부족하거나 누출 된다
- 드럼과 슈의 간극이 과다하거나 라이닝이 마멸되었다.
- 회로 내 잔압이 저하되었다.

③ 브레이크가 한쪽으로 쏠리는 원인
- 브레이크 슈 간극이 불량하다.
- 휠 실린더 컵이 불량하다.
- 브레이크 슈 리턴 스프링이 불량하다.
- 브레이크 드럼의 평형이 불량하다.

④ 제동할 때 소리가 나는 원인
- 라이닝이 경화 되었거나 마멸되었다.
- 마찰계수가 저하되었다.
- 라이닝의 리벳 머리가 돌출 되었다.
- 브레이크 드럼의 풀림 및 편심 되었다.

## ⑳ 유압 일반

유압이란 액체에 능력을 주어 일을 시키는 것으로 엔진에서 발생한 동력 에너지를 일 에너지로 변화시키는 장치로서, 파스칼의 원리를 응용하여 힘의 증대 및 감소시키는 장치

**[파스칼의 원리]**

파스칼의 원리란 밀폐된 용기 내에 액체를 가득 채우고 그 용기에 힘을 가하면 그 내부 압력은 용기의 각 면에 수직으로 작용하며, 용기 내의 어느 곳이든지 똑같은 압력으로 작용한다.

**[유압 장치의 장점 및 단점]**

① 유압 장치의 장점
- 소형으로 성능이 좋다.
- 회전 및 직선운동이 용이하다.
- 과부하 방지가 용이하다.
- 원격조작 및 무단변속이 용이하다.
- 원격 조정이 용이하다.
- 내구성이 좋다.

② 유압 장치의 단점

- 배관이 까다롭고 오일 누설이 많다.
- 오일은 연소 및 비등 하므로 위험하다.
- 유압유의 온도에 따라 기계의 작동 속도가 변한다.
- 에너지 손실이 많다.
- 원동기의 마력이 커진다.

## 21 유압유

**[구비 조건]**

- 강인한 유막을 형성하여야한다.
- 적당한 점도와 유동성이 있어야 한다.
- 비중이 적당해야 한다.
- 인화점 및 발화점이 높아야 한다.
- 압축성이 없고 윤활성이 좋아야 한다.
- 점도지수가 커야 한다.(온도와 점도와의 관계가 좋아야함)
- 물리적 · 화학적 변화가 없고 안정성이 커야한다.
- 체적 탄성 계수가 커야 한다.
- 유압 장치에 사용되는 재료에 대하여 불활성 이어야 한다.
- 밀도가 작아야 한다.

**[유압유의 관리]**

① 유압유의 오염과 열화 원인

- 유압유의 온도가 너무 높을 때
- 다른 유압유와 혼합하여 사용하였을 때
- 먼지 · 수분 및 공기 등의 이물질이 혼입 되었을 때

② 열화 검사 방법 : • 냄새 • 점도 • 색체

③ 열화 찾는 방법

- 색깔의 변화 및 수분 · 침전물의 유무 확인
- 흔들었을 때 거품이 없어지는 양상의 확인
- 자극적인 악취 유무 확인

**[유압유의 온도]**

정상적인 유압유의 온도는 55℃± 5℃ 이다.

– **유압유의 온도 상승의 원인**

- 과부하로 연속 작업을 할 때
- 유압 회로에서 유압손실이 클 때
- 캐비테이션(공동현상)이 발생될 때
- 높은 태양열 이 작용할 때
- 유압유 냉각기의 작동이 불량할 때
- 유압유 탱크 내의 작동유가 부족 할 때
- 유압유가 점도가 부적당할 때
- 유압펌프의 효율이 불량할 때
- 유압조절 밸브의 작동 압력이 너무 낮을 때
- 유압유 냉각기의 냉각 핀 등에 오손이 있을 때

## ㉒ 유압기기

**[유압유 탱크]**

작동유를 저장하며 오일에서 발생한 열을 냉각시키는 작용을 한다.

① **기능**

- 적정 유량의 확보
- 유압유의 기포 발생 방지 및 기포의 소멸
- 적정 유온 유지

② **세척** : 유압유 탱크는 경유로 세척한 다음 압축 공기로 건조시킨다.

**[유압펌프]**

유압펌프는 기관이나 전동기의 기계적 에너지를 받아 유압 에너지로 변환 시키는 장치이며 유압탱크 내의 오일을 흡입 가압하여 작동자에 유압유를 공급한다. 기어식, 플런저식, 베인식등이 있다.

- 기어펌프 : 구동기어가 회전을 히면 피동기어도 회전을 하여 펌프설 내의의 부압 발생으로 유압유가 흡입되는 방식으로 내구성은 좋으나 소음이 크다. 외접 기어펌프와 내접기어펌프가 있다.
- 베인펌프 : 베인펌프는 둥근 하우징 속에 로터가 회전을 하면서 펌프작용을 한다. 맥동 방지에 가장 좋은 펌프이다.
- 플런저펌프 : 펌프실내의 플런저가 실린더 내를 왕복운동 하면서 펌프 작용을 하는 펌프로 토출압력이 높고 펌프 효율이 좋다.

**[제어밸브]**

제어밸브는 압력제어밸브, 유량제어밸브, 방향제어밸브 등이 있다.

– 역할

- 압력제어밸브 : 일의 크기 결정
- 유량제어밸브 : 일의 속도 결정
- 방향제어밸브 : 일의 속도 결정

① 압력제어밸브의 종류

- 릴리프 밸브: 유압 회로의 압력이 설정값에 도달하면 유체의 일부 또는 전부를 되돌아가는 측에 보내 회로내의 압력을 일정하게 유지하는 밸브.
- 감압 밸브 : 유압 회로에서 분기회로의 압력을 주 회로의 압력보다 저압으로 사용할 때 사용하는 밸브
- 시퀀스 밸브 : 2개 이상의 분기회로가 있는 회로에서 작동순서를 회로의 압력 등으로 제어하는 밸브
- 언로더 밸브 : 유압 회로내의 압력이 설정압력에 도달하면 펌프로 부터의 전 유량을 탱크로 리턴 시키는 밸브

② 유량제어밸브

- 유량제어밸브 에는 교축밸브, 분류밸브, 니들밸브, 오리피스밸브 등이 있으며 특히교축밸브는 점도가 달라져도 유량이 많이 변화하지 않도록 하기 위하여 설치된다.

③ 방향제어밸브

- 스풀밸브 : 1개의 회로에 여러 개의 밸브면을 두고 있으며 직선 또는 회전운동으로 유압유의 흐름방향을 변환시킨다.
- 체크밸브 : 한쪽 방향으로의 흐름은 자유로우나 역 방향의 흐름을 허용하지 않는 밸브.

**[구동기(액추에이터)]**

유압펌프에서 가해진 기름의 압력에너지를 직선운동이나 회전운동을 하여 기계적인 에너지로 변환시키는 장치로 유압모터와 유압실린더가 있다.

- 유압실린더 : 직선운동
- 유압모터 : 회전운동

☞ 고압대출력에 사용하는 모터 : 피스톤모터

**[축압기(어큐뮬레이터)]**

유압기기중 유압펌프 에서 발생한 유압을 저장하고 회로 내에 발생되는 맥동 및 충격파를 완화시켜주는 장치

– 역할

- 유압유 누출 시 보충 해준다.
- 온도 변화에 따른 유압유의 체적변화에 대한 보상
- 유체 에너지를 축적한다
- 맥동을 방지한다.

☞ 어큐뮬레이터에는 가스 오일식이 가장 많이 사용되며 주로 질소 가스를 사용한다.

**[부속장치]**

- 유압파이프 : 강관이나 철심 고압호스를 사용하며 내압성. 내열성 및 내 부식성이 좋아야한다. 파이프 교환 후 플러싱을 하여야 한다.

  ☞ 플러싱 : 관로를 신규로 설치하거나, 유압장치 내에 슬러지 등이 생겼을 때 이물질을 제거하는 작업

- 실 : 유압 회로내의 유압유 누출을 방지하기 위하여 사용하며, 종류에는 O링, U패킹, 금속패킹, 더스트 실 등이 있으며 특히, 유압 고압 작동부에는 U패킹을 사용한다.

## ㉓ 유압장치 이상현상

**[공동현상(캐비테이션)]**

유압회로 내에 기포가 발생되면 이 기포가 유압기기의 표면을 파손 시키거나 국부적인 고압또는 소음을 발생하는 현상

– 방지법

- 작업 전 작동유의 유온을 높인다(약 27℃ 정도 까지)
- 동일 제작사의 동일한 점도의 작동유를 사용한다.
- 작동유 부족시 보충한다

☞ 캐비테이션이 발생 시 유압유의 상태 : 과포화 상태

☞ 캐비테이션 발생 시 조치법 : 압력의 변화를 없애준다.

[서징현상]

서징현상은 회로 내에 과도적으로 발생하는 이상 현상으로, 서지압은 과도적으로 발생하는 이상 압력의 최댓값을 말한다.

[공기 혼입 원인]

- 유압유 탱크 내의 오일이 부족할 때
- 유압유의 점도가 부적당 할 때
- 유압유 휠터가 막혔을 때
- 유압펌프의 마멸이 클 때
- 유압펌프 흡입 라인 연결부가 이완 및 헐거움 으로 유압유의 누출이 있을 때

## 24 지게차의 구조

[지게차의 작업장치]

지게차의 작업장치는 마스트, 핑거보드, 백레스트, 리프트 체인 및 리프트, 틸트 실린더로 구성되어 있다.

- 마스트 : 아웃 마스터와 인너 마스트로 구성되며 롤러 베어링에 의하여 작동이 된다.
- 리프트 체인 : 포크의 좌우 수평 높이를 조정해 주는 부분으로 리프트 실린더와 함께 포크의 상승 및 하강을 도와주는 부분이다.
- 백레스트 : 포크로 화물 적재 시 화물 후면을 받쳐주는 부분이다.
- 포크
- 틸트 실린더 : 마스트를 전경 또는 후경 시키는 실린더로 복동식 실린더를 사용한다.
  ☞ 틸트 록 장치 : 기관이 정지되었을 때 틸트록 밸브 스프링에 의하여 틸트 록 밸브가 유압회로를 차단하여 레버를 밀어도 마스트가 경사되지 않게 하는 장치.
- 리프트 실린더 : 포크를 상승 또는 하강 시키는 실린더로 포크를 상승 시킬 때에는 유압이 가해지고 하강 시에는 포크 및 적재물의 자중으로 하강되는 단동 실린더를 사용한다.
  ☞ 포크를 상승시킬 때에는 가속 페달을 밟고 리프트 레버를 당기며, 하강시에는 가속 페달을 밟지 않고 리프트 레버를 밀어준다.

[동력전달]

- 지게차의 구조상 특징은 앞바퀴 구동, 뒷바퀴 조향 방식을 사용한다.
  ☞ 지게차는 롤링이 발생하면 적재물이 추락하므로 현가장치(스프링)을 사용하지 않는다.

**[지게차 운전 시 주의사항]**

- 주행 시 포크를 지면에서 약 20㎝정도 들고 이동한다.
- 화물을 내릴 때에는 마스트를 수직으로 한다.
- 정격용량 이상을 초과해서는 안 된다.
- 포크로 물건을 끌어서 올리지 않는다.
- 운전자 외 타인을 태우고 운전을 해서는 안 된다.
- 후진 시 반드시 뒤를 살펴야 한다.
- 전 · 후진 변속시 에는 지게차를 정지 시킨 후 변속한다.
- 주 · 정차 시 에는 포크를 지면에 내려놓고 주차브레이크를 체결한다.
- 화물 적재 후 경사지를 내려올 때에는 반드시 후진으로 주행한다.
- 급선회, 급가속, 급제동은 피하고 내리막 길에서는 저속으로 운행한다.

**[지게차의 난기 운전]**

- 기관을 기동한 후에 5분 정도 저속운전을 실시한다.
- 리프트 레버를 사용하여 포크를 상승 및 하강 시킨다.
- 틸트 레버를 사용하여 포크를 전 · 후 경사 시킨다.
  - ☞ 지게차 난기운전 : 작업전 작동유의 온도를 상승 시키는것.

**[창고 및 공장 출입 시 주의사항]**

- 부득이 포크를 올려서 출입하는 때에는 출입구 높이에 주의한다.
- 차폭 및 입구 폭을 확인한 후 출입한다.
- 얼굴, 손 및 발 등을 차체 밖으로 내밀지 않도록 한다.
- 반드시 주위의 안전상태를 확인한 후 출입한다.

**[조종레버 조작방법]**

① 틸트레버
- 앞으로 밂(마스트 앞으로 기울임)
- 뒤로당김(마스트 뒤로 기울어짐)

② 리프트레버
- 앞으로 밂(포크하강)
- 뒤로당김(포크상승)

③ 전 · 후진레버
- 앞으로 밂(전진)
- 뒤로당김(후진)